U0182808

谨以此书献给中国职业技术教育学会
成立30周年

新时代教育创新系列丛书

丛书主编 陈 锋

Excellent Campus and Architecture Atlas of Higher Vocational Colleges in New Era

新时代高职院校优秀校园与建筑图集

教育部学校规划建设发展中心 组编

中国建筑工业出版社

图书在版编目（CIP）数据

新时代高职院校优秀校园与建筑图集 / 教育部学校规划建设发展中心组编. — 北京：中国建筑工业出版社，2020.8

（新时代教育创新系列丛书 / 陈锋主编）

ISBN 978-7-112-25315-9

Ⅰ.①新… Ⅱ.①教… Ⅲ.①高等学校—教育建筑—建筑设计—中国—图集 Ⅳ.① TU244.3-64

中国版本图书馆CIP数据核字（2020）第122261号

教育部学校规划建设发展中心组织有关单位，对高职院校校园规划和建筑进行专题研究，精心遴选优秀案例，内容涵盖了项目的基本概况、设计理念、实训特色、新技术运用、运营维护及获得的经济、社会、环境效益等方面，同时配有设计图、实景照片等可视化信息，力求提升图集的示范价值和实际效用，希望能给予教育工作者一定的启迪，能为学校建设提供有益借鉴，引领新时代高职院校校园规划与建筑设计的新方向。本书适用于高校管理者、高校建设者、广大设计师、高校城市规划、建筑学等专业师生。

责任编辑：毕凤鸣　封　毅　刘　江
责任校对：李美娜

新时代教育创新系列丛书
丛书主编　陈锋
新时代高职院校优秀校园与建筑图集
教育部学校规划建设发展中心　组编
*
中国建筑工业出版社出版、发行（北京海淀三里河路9号）
各地新华书店、建筑书店经销
北京建筑工业印刷厂制版
北京富诚彩色印刷有限公司印刷
*
开本：880毫米×1230毫米　1/16　印张：15　字数：451千字
2020年11月第一版　2020年11月第一次印刷
定价：**198.00**元
ISBN 978-7-112-25315-9
（36092）

版权所有　翻印必究
如有印装质量问题，可寄本社图书出版中心退换
（邮政编码 100037）

“新时代教育创新系列丛书”编委会

主　编：陈　锋

副主编：邬国强　陈建荣

编　委：（按姓氏笔画排序）

王　晴　王丽萍　王真龙　刘志敏　关　欣　张　智　张振笋

易辉明　郑德林　郭　军　葛佑勇

《新时代高职院校优秀校园与建筑图集》

顾　问

何镜堂（中国工程院院士、华南理工大学建筑设计研究院有限公司董事长）
吴志强（中国工程院院士、同济大学副校长）
王有为（中国城市科学研究会绿色建筑与节能专业委员会主任）
孙光初（中国勘察设计协会高等院校勘察设计分会秘书长）
庄惟敏（中国工程院院士、清华大学建筑设计研究院有限公司院长）
梅洪元（全国工程勘察设计大师、哈尔滨工业大学建筑设计研究院院长）
丁洁民（全国工程勘察设计大师、同济大学建筑设计研究院（集团）有限公司总工程师）

编 委 会

主　　任：陈　锋

常务副主任：邬国强

副 主 任：（按姓氏笔画排序）
王真龙　刘玉龙　牟延林　何　奇

编　　委：（按姓氏笔画排序）
王　珏　王旭峰　王高升　孔　毅　史少杰　白利明　吉欣豪　朱光辉　华国春　刘桂华　闫忠明
江立敏　李　一　李　军　李　明　李　锋　李　睿　李丛笑　李亚军　李旭新　李典龙　李秉阳
李堂荣　杨光宇　汪　旸　宋庆喜　张志东　张爱民　陈志端　范　凡　周　翔　胡璎琦　秦夷飞
黄献明　景　慧　薛　谦

参编单位（排名不分先后）
PARTICIPATED ORGANISATIONS

清华大学建筑设计研究院有限公司
天津大学建筑设计规划研究总院有限公司
东南大学建筑设计研究院有限公司
同济大学建筑设计研究院（集团）有限公司
浙江大学建筑设计研究院有限公司
华南理工大学建筑设计研究院有限公司
哈尔滨工业大学建筑设计研究院
湖北省建筑设计院
云南省设计院集团有限公司
上海华东发展城建设计（集团）有限公司
北方工程设计研究院有限公司
常州市建筑设计研究院有限公司
北京竞业达数码科技股份有限公司

丛书总序

SERIES FOREWORD

党的十九大报告明确提出，到 2035 年基本实现社会主义现代化，到 21 世纪中叶把我国建成富强民主文明和谐美丽的社会主义现代化强国；建设教育强国是中华民族伟大复兴的基础工程，必须把教育事业放在优先位置，深化教育改革，加快教育现代化，办好人民满意的教育。这明确了新时代教育事业改革发展的总体方向，教育要承担起新的历史重任。

习近平总书记在全国教育大会上指出："新时代新形势，改革开放和社会主义现代化建设、促进人的全面发展和社会全面进步对教育和学习提出了新的更高的要求。"从现在开始到 2050 年的 30 年时间里，将有 6 亿多学生进入国民教育体系，他们是到 2035 年和 2050 年实现国家现代化的生力军和主力军。教育工作者必须面向未来，思考未来。当前，随着中国特色社会主义进入新时代，我国经济由高速增长阶段转向高质量发展阶段，落实创新驱动发展战略，提高国家综合竞争力，需要加快培养创新人才；人民对美好生活的期盼要求教育不断提高质量、优化结构、促进公平，进行结构性改革；新兴产业的蓬勃发展与传统产业的深刻重塑对未来人才培养结构和人的知识技能结构也提出新的要求；科学技术革命，特别是人工智能、大数据、云计算、区块链等新技术正在不断改变人类社会生活，正在对学校形态和教学方式产生重大冲击；"一带一路"倡议的全面推进和人类命运共同体思想获得更广泛的认可，全球化格局的深刻变化，同样对教育提出了一系列新任务、新挑战。

创新是民族进步的灵魂，是国家兴旺发达的不竭动力，我们必须跟上国家战略的需求和时代发展的步伐，以未来为导向，认真思考教育面临的重大问题，不断推动教育创新发展。教育部学校规划建设发展中心自成立之初，就同相关学校、地方政府、行业组织、科研院所、专业化服务机构、新闻媒体和国际组织等广泛合作，汇聚来自理论研究、行政管理、产业发展、一线工作领域的专家学者，聚焦教育改革创新发展和人的全面发展等重大教育问题，开展了多层次、多领域、多方面的理论研究和实践探索，推动实施"建设绿色、智慧和面向未来的新校园"、"智慧学习工场"和"未来学校研究与实验计划"，致力于将教育部学校规划建设发展中心打造成教育创新要素聚集的平台和全球教育变革影响力的中心。在这一过程中，我们形成了一些阶段性研究和实践的成果，现遴选其中部分内容形成了这套"新时代教育创新系列丛书"，供各级政府、教育战线的同志和研究人员参考。由于时间仓促、水平有限，本丛书难免存在不足之处，敬请各位读者批评指正。

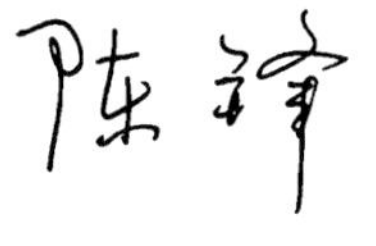

2020 年 10 月

序
PREFACE

我国教育改革历史波澜壮阔，职业教育的大发展构成了其中重要的篇章。自 2014 年国务院《关于加快发展现代职业教育的决定》提出加快构建现代职业教育体系以来，我国职业教育改革发展有序推进，顶层设计取得新进展，改革试点取得新成效，产教融合实现新突破，国际合作实现新开局。2019 年国务院印发的《国家职业教育改革实施方案》提出“职业教育与普通教育是两种不同类型的教育，具有同等重要地位”，明确了新时代职业教育改革发展的施工图；2020 年教育部等九部门印发的《职业教育提质培优》进一步聚焦职业教育改革发展的重点难点，我国现代职业教育改革发展蓝图愈加清晰。

党的十八大以来，以习近平同志为核心的党中央提出了“创新、协调、绿色、开放、共享”的新发展理念。在职业教育类型教育身份认同的逻辑中，我们的思维当从模仿基础教育、追赶高等教育转向应用型的特色化创新发展，高职院校的校园与建筑当从单一满足功能性需求过渡到人文、生态、智慧等理念的整体贯穿。

一是人文性。建设人文校园是落实立德树人根本任务的基础性创新工程。每所院校都有自己的历史传承和独特气质，且凡事物皆有美观、实用二义，得其中庸之道即校园与建筑的最高标准。既要有“言中之物”，即实用美，服务院校发展和人才培养；又要有“物外之言”，即建筑美，服务审美发展和环境育人，从而呈现具有深度极致的人文关怀和独特创新的有机学习场景的生动样本。

二是生态性。建设绿色校园是习近平生态文明思想在高职院校的具体体现。结合国家战略规划和学校自身发展，与其密切相关联的还有绿色理念的树立、生态行为的养成、复合型人才的培养、科学技术的创新以及相关产业的孵化等等。图集中绿色校园愿景的提出、各项专项方案的实践、生态融合的校园风貌展示，皆为广大高职院校校园及建筑规划设计提供了系统性的理论和路径支持。

三是智慧性。建设智慧校园是新时代高职院校承担职业教育新使命的重要载体。借力高水平的智力支持和创新性的智慧手段，提供开放包容的数字智能服务，推动高职院校发展迈入新阶段，实现新突破，面向新未来。通过持续推动“智慧学习工场”建设，搭建集成、智慧、因变的新学习场景。广泛融合及共享教育、人才、科技、信息、产业等相关要素，从而为建设以人才和科技为支撑、以创新驱动为核心的高职院校生态提供有益借鉴。

“人”促发展，“绿”领创新，“慧”创未来。随着科技革命、经济社会转型和教育的发展，高职院校学校形态变革的势能在逐渐积累，我们有责任、也有能力阐述其发展历史，探索其发展轨迹，总结其发展经验。面对新技术革命带来的全方位变革和全球化及信息化带来的深刻挑战，我们应当未雨绸缪、超前布局，积极探索适应时代发展的新型学校和新型业态。

新时代如何规划和建设高职院校人文、绿色、智慧的新校园，当好环境育人的排头兵，我国的职业院校交出了自己答卷。高职院校校园与建筑，“图”在于体现新时代背景下，高职院校外在形象和生命内涵的真实性，“集”在于呈现我们从教育大国向教育强国迈进的进程中，高职院校前沿探索和生动实践的多元性，图集凝聚的是集体智慧，旨在为新时代高职院校校园规划建设提出中国方案。希望《新时代高职院校优秀校园与建筑图集》的出版，能够更好地助推我国高等职业教育事业高水平发展，为新型职业院校校园规划建设提供更多的创新思路。相信未来我们的校园建设会从新时代教育的新使命出发，开启新征程，产生更深、更广的积极影响。

鲁 昕

中国职业技术教育学会会长

教育部原副部长

2020 年 10 月

目录 | CONTENTS

渤海船舶职业学院新校区实训中心建筑设计 / 037
DESIGN OF TRAINING CENTER OF
BOHAISHIPBUILDING VOCATIONAL COLLEGE
清华大学建筑设计研究院有限公司

吉林铁道职业技术学院新校区规划设计 / 043
PLANNING OF NEW CAMPUS OF JILIN RAILWAY
TECHNOLOGY COLLEGE
哈尔滨工业大学建筑设计研究院

上海出版印刷高等专科学校新校区规划及建筑设计 / 051
PLANNING AND ARCHITECTURAL DESIGN OF NEW
CAMPUS OF SHANGHAI PUBLISHING AND PRINTING
COLLEGE
上海华东发展城建设计（集团）有限公司

上海民航职业技术学院徐汇校区改扩建工程规划设计 / 059
PLANNING OF XUHUI CAMPUS RECONSTRUCTION
AND EXPANSION PROJECT OF SHANGHAI CIVIL
AVIATION COLLEGE
上海华东发展城建设计（集团）有限公司

江苏护理职业学院新校区规划设计 / 067
PLANNING OF NEW CAMPUS OF JIANGSU COLLEGE
OF NURSING
东南大学建筑设计研究院有限公司

南京城市职业学院溧水新校区规划设计 / 075
PLANNING OF LISHUI CAMPUS OF NANJING CITY VOCATIONAL COLLEGE
东南大学建筑设计研究院有限公司

无锡汽车工程高等职业技术学校规划设计 / 083
PLANNING OF WUXI VOCATIONAL AND TECHNICAL HIGHER SCHOOL OF AUTOMOBILE & ENGINEERING
同济大学建筑设计研究院（集团）有限公司

常州工程职业技术学院主校区规划设计 / 091
PLANNNING OF CHANGZHOU VOCATIONAL INSTITUTE OF ENGINEERING
常州市建筑设计研究院有限公司

徐州工业职业技术学院重大装配制造实训中心设计 / 099
DESIGN OF MAJOR ASSEMBLY MANUFACTURING TRAINING CENTER OF XUZHOU VOCATIONAL COLLEGE OF INDUSTRIAL TECHENOLOGY
北方工程设计研究院有限公司

杭州科技职业技术学院新校区规划设计 / 105
PLANNING OF NEW CAMPUS OF HANGZHOU POLYTECHNIC
浙江大学建筑设计研究院有限公司

宁波国际职业技术学院规划设计 / 113

PLANNING OF NINGBO INTERNATION VOCATIONAL AND TECHINICAL COLLEGE

浙江大学建筑设计研究院有限公司

宁波市民用建筑设计研究院有限公司

合肥职业技术学院合肥校区规划设计 / 121

PLANNING OF HEFEI TECHNOLOGY COLLEGE

东南大学建筑设计研究院有限公司

鹤壁职业技术学院新校区总体规划设计 / 129

PLANNING OF NEW CAMPUS OF HEBI POLYTECHNIC

华南理工大学建筑设计研究院有限公司

武汉城市职业学院汽车教学实训教学楼设计 / 137

DESIGN OF TRAINING CENTER OF WUHAN CITY POLYTECHNIC

湖北省建筑设计院

常德财经职业技术学院规划设计 / 143

PLANNING OF CHANGDE FINANCIAL AND ECONOMIC SCHOOL

华南理工大学建筑设计研究院有限公司

湖南工贸技师学院规划设计 / 151
PLANNING OF HUNAN TECHNICIAN COLLEGE OF INDUSTRY AND COMMERCE
华南理工大学建筑设计研究院有限公司

湖南铁路科技职业技术学院规划设计 / 159
PLANNING OF HUNAN VOCATIONAL COLLEGE OF RAILWAY TECHNOLOGY
华南理工大学建筑设计研究院有限公司

东莞职业技术学院校园规划设计 / 167
PLANNING OF DONGGUAN POLYTECHNIC
华南理工大学建筑设计研究院有限公司

南海东软信息技术职业学院（现广东东软学院）三期规划设计 / 175
PLANNING OF NEUSOFT INSTITUTE GUANGDONG
哈尔滨工业大学建筑设计研究院

重庆工程职业技术学院江津校区规划设计 / 183
PLANNING OF JIANGJIN CAMPUS OF CHONGQING VOCATIONAL INSTITUTE OF ENGINEERING
华南理工大学建筑设计研究院有限公司

四川城市职业学院眉山新校区规划设计 / 191
PLANNING OF MEISHAN NEW CAMPUS OF URBAN VOCATIONAL COLLEGE OF SICHUAN
同济大学建筑设计研究院（集团）有限公司
上海同济城市规划设计研究院有限公司

贵州水利水电职业技术学院规划设计 / 199
PLANNING OF GUIZHOU VOCATIONAL AND TECHNICAL COLLEGE OF WATER RESOURCES AND HYDROPOWER
华南理工大学建筑设计研究院有限公司

保山中医药高等专科学校新校区规划设计 / 207
PLANNING OF NEW CAMPUS OF BAOSHAN COLLEGE OF TRADITIONAL CHINESE MEDICINE
云南省设计院集团第三建筑设计研究院

宝鸡职业技术学院规划设计 / 215
PLANNING OF BAOJI VOCATIONAL & TECHNICAL COLLEGE
浙江大学建筑设计研究院有限公司

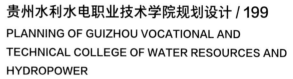

唐山工业职业技术学院规划设计

PLANNING OF TANGSHAN POLYTECHNIC COLLEGE

同济大学建筑设计研究院（集团）有限公司

项目简介

唐山工业职业技术学院于2001年5月经河北省政府批准建立。其前身是唐山陶瓷职工大学和由唐山陶瓷技校升格建立的唐山市高级技校。学院属高等专科层次的职业教育学校，2003年5月经省政府批准，加挂河北省唐山技师学院牌子。建院以来为国家培养各类职业技术人才7000余人。学院设有“五系一部”共35个专业，包括机械工程系、自动化工程系、计算机工程系、管理工程系、艺术设计系和基础部。有以重点专业为龙头构建的五个专业群，即数控技术专业群、汽车专业群、物流管理专业群、艺术设计专业群、电气自动化专业群。

唐山工业职业技术学院曹妃甸新校区位于唐山市曹妃甸生态城内的科教城园区，是生态城首批动迁入驻的高职院校，与曹妃甸工业新区产业对接最紧密。曹妃甸新校区规划办学规模：各类全日制在校生规模15000人，各类职业培训15000人/年，教职工1500人。专业初步设置为7个专业大类，35个招生专业，到2010年底，专业总数达40～45个。

项目概况

项目名称：唐山工业职业技术学院规划设计
建设地点：河北省唐山市曹妃甸生态城科教城园区
设计/建成：2007年/2009年
用地面积：109.6公顷
占地面积：26.9万 m^2
建筑面积：51万 m^2
建筑密度：21%
容积率：0.8
绿化率：37.4%
在校生总体规模：15000人
教职工规模：1500人
建设单位：唐山市工业职业技术学院
设计单位：同济大学建筑设计研究院（集团）有限公司
主创设计师：王文胜、严佳仲
合作设计师：邱金宏、卢西、仲勇、李震寰

■ 南向整体鸟瞰图

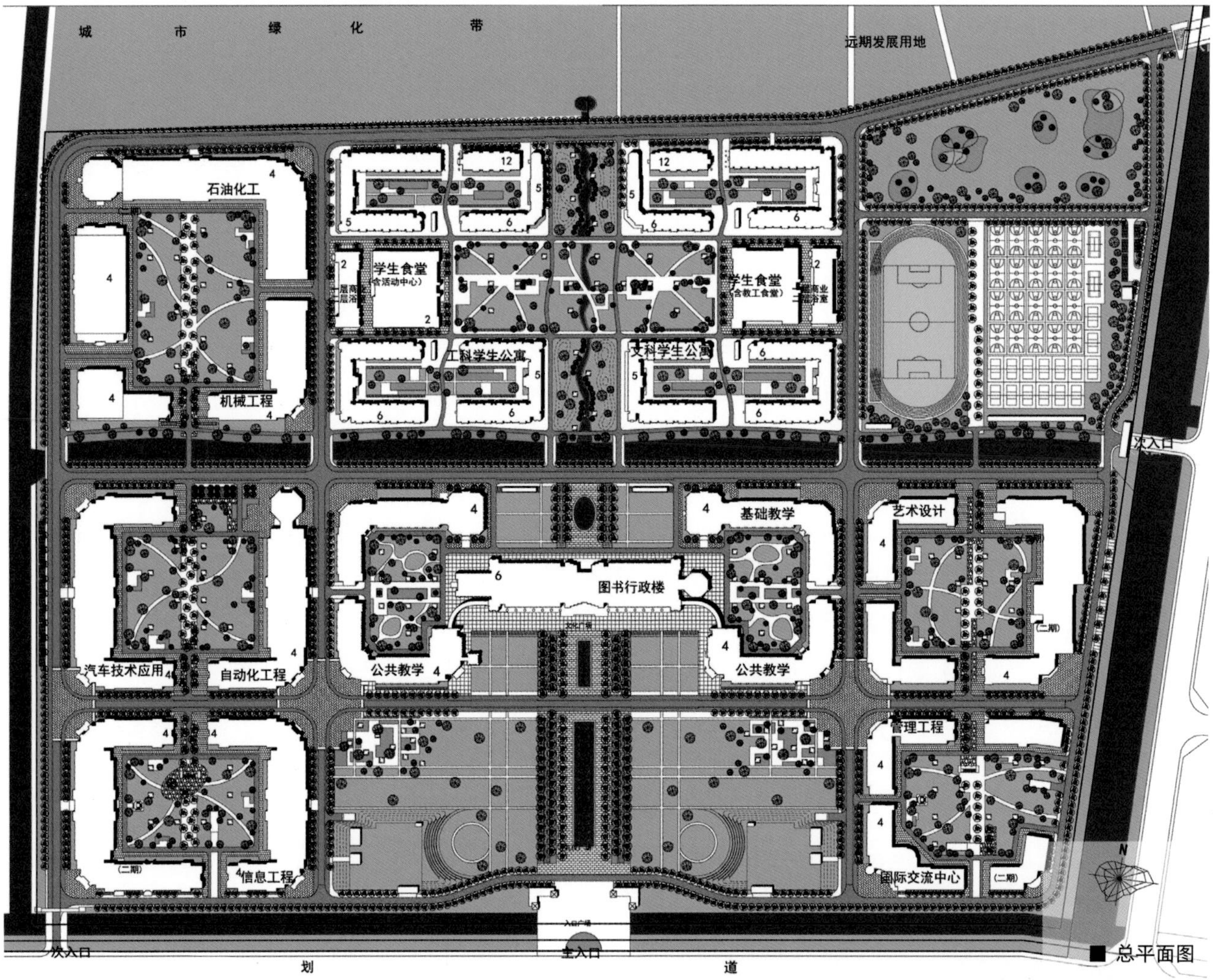
城 市 绿 化 带
远期发展用地
石油化工
学生食堂
(含活动中心)
学生食堂
(含教工食堂)
工科学生公寓
文科学生公寓
机械工程
次入口
基础教学
艺术设计
图书行政楼
汽车技术应用
自动化工程
公共教学
公共教学
管理工程
(二期)
信息工程
国际交流中心
(二期)
次入口
主入口
划
道
■ 总平面图

■ 校园主广场

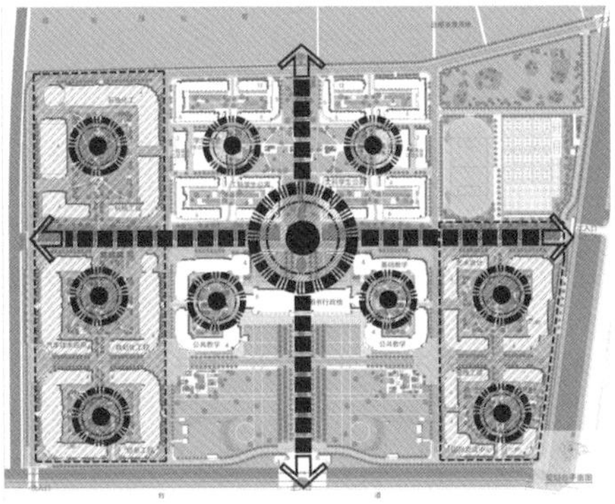

■ 规划结构分析图

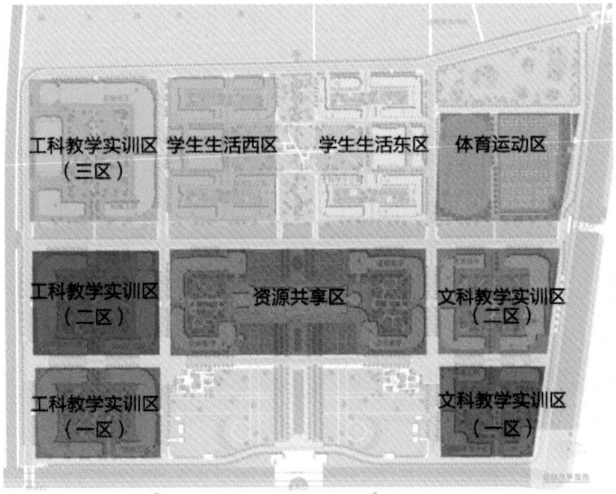
工科教学实训区（三区）
学生生活西区
学生生活东区
体育运动区
工科教学实训区（二区）
资源共享区
文科教学实训区（二区）
工科教学实训区（一区）
文科教学实训区（一区）

■ 功能分区分析图

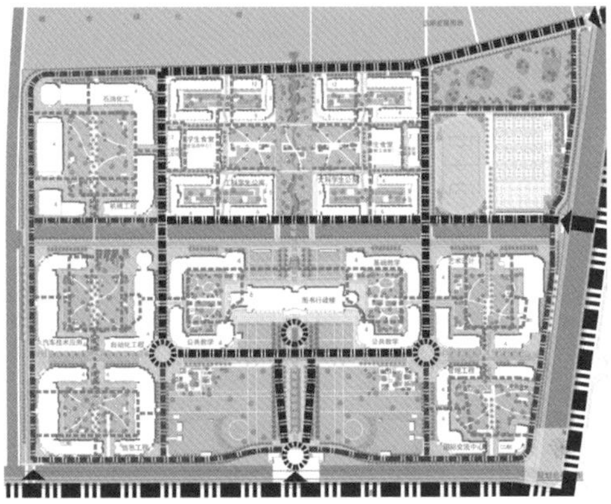

■ 道路系统分析图

城市道路
校园主要车行道　校园次要车行道
校园主要人行道　校园次要人行道

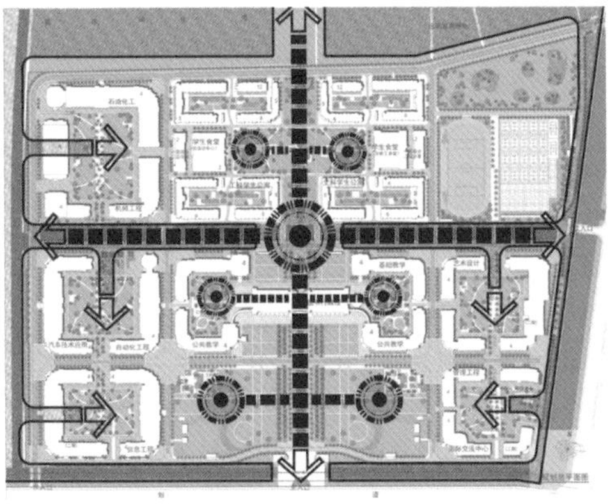

绿化点　绿化线　■ 绿地系统分析图
绿化渗透　绿化面

街区——营造百年经典高校校园空间气质

从曹妃甸国际生态城 12km^2 起步区详细规划中，空间形态是一个三层叠加结构——现存的鱼塘、盐池和运河形态，正交网格系统以及有机形态的绿色廊道和城市花园，由此形成了方格网式的规划结构。

新校区延续了生态城方格网式路网布局，提出了“街区”概念，以院系为单位形成“街区”，街区内外动静分区；建筑沿周边道路三边围合，中部形成生态绿地，与外围河道景观有机融合，形成院系内部静谧的学习休闲空间，街区之间形成热闹的“街道”，街道宽度结合周边建筑高度，控制在 30m 左右，形成一个尺度宜人、生动、开放的街道环境，促进师生交流，营造思想碰撞的校园氛围。

该布局创造了院系街区与整个校园间良好的联系，二者间形成清晰的关系。不同角度的建筑创造多样的空间，避免了单调。

“一心两群两轴八区”的规划结构

一心——由图书行政楼＋公共教学楼组成，形成资源共享核心。

两群——文科学科群、工科学科群以资源共享区为中心东西展开，相互独立，互不干扰。

两轴——一条南北向入口主轴，以主入口广场作为起点，经过校前区“礼仪广场”，到达“文化广场”，穿过图书馆，进入生活区，终止于校区北侧“亲水广场”。一条东西向景观次轴，结合引入的河流从东侧次入口出发，结束于西侧城市绿化带，形成校区滨河景观长廊。

八区——由方格路网形成的八个街区：图书行政楼 + 公共教学楼、信息工程系、自动化工程系 + 汽车技术应用系、机械工程系 + 石油化工系、管理工程系、艺术设计系、工科学生生活区和文科学生生活区。

空间结构

“起承转合、收放有致”的空间结构，形成校园宜人尺度的街道、广场开放空间。“U”字形院落空间是新校区空间结构的一大特点，草坪院落通过沿街建筑与喧嚣的街道隔离，开口朝向周边景观（如河道，绿带），形成内聚而又外向的校园空间。

项目亮点

规划原则

新校区的用地功能、道路系统、景观环境均与曹妃甸国际生态城规划整体衔接、协调，充分考虑与周边规划在配套上的共享、空间过渡及区域联系的合理性。

可持续发展原则：在规划上“节地”，确立“街区式”总体布局，建筑沿地块周边紧凑布局，中部围合成生态绿地，同时为学校预留发展空间，预留用地采取“就近”的原则，有机生长、持续发展。

崇尚生态原则：纵横交错的绿网、水网形成现状地貌最大特点，通过河道的引入、开挖形成循环水系。将校园内部景观网络与生态城景观系统紧密连接，通过沿着街道 / 街区的狭长绿色廊道相连通。

以人为本原则：力求校园功能分区明确，总体布局科学合理，结构清晰，最大限度地满足学生、教职员工学习生活的需要，同时创造高品质、人性化的生态环境和理想的学习、工作和生活环境。景观环境强调立体层次感、视觉均享性、可参与性与实用性。

执着创新
■ 校园中心景观

■ 夜幕降临的校园

■ 教学楼主入口

■ 生活区内院

建筑设计——文脉传承与建筑形态

曹妃甸校区的总体建筑风格注重突出文化底蕴、文化内涵与文化品位，借鉴欧式经典校园风格在地方建筑、文化、艺术方面的价值，突出“坡顶建筑、拱券结合”的形态特征和文化理念。在建筑布局上，资源共享区的核心建筑群采用传统的“一主两从”的布局模式，突显其磅礴的气势与整体感，延续经典校园的空间特征。

在建筑造型处理中，规划借鉴早期“折衷主义”的设计手法，以对称的三段式手法作为构图的基准，以欧式坡屋顶和简化的西式细部组合作为建筑造型的特征，舒展大气，同时结合外廊、花窗、石雕等地方性建筑元素，通过建筑的院落组合处理，表达出折衷主义建筑“中西合璧”的意味，而细节处理上又处处体现了当地建筑的独特地方风韵，创造出特色鲜明、匠心独运的建筑风格。

校园建筑注重在材质及色彩上的统一性，整体基调强化“庄重、典雅”的个性。各单体建筑在协调中又各具特色，或形体柔缓舒展、气韵生动，或威武壮观、给人以极大的震撼。建筑外立面以“灰瓦、红墙、石基座”为特色，建筑外墙以石材和面砖两种材质为主，形成粗犷与细腻、白色与红色、稳重与明快的对比，相得益彰。

■ 极富韵律的教学楼细部

■ 教学文化连廊

■ 开阔的内院

■ 舒展的图书行政楼

实训特色

学院建有1个国家发展改革委公共实训中心、5个国家职业教育实训基地和6个国家行业企业培训中心，建有河北省高职唯一的示范院士工作站，建有快速制造应用技术等2个国家应用技术协同创新中心、3个省级应用技术研发中心和1个国家技能大师工作室。

学院与联想、西门子、中车等企业产教融合、校企合作，共建工业机器人、动车组检修技术等生产性实训基地。

建有4个校内生产性实训基地，其中工业机器人和陶瓷设计与工艺专业生产性实训基地为国家校企共建生产性实训基地；拥有国家电工电子职业教育实训基地、全国农民工培训示范基地、国家数控技术职业教育实训基地、全国教育网络示范校、国家高技能人才培养基地5个中央财政支持建设的国家职业教育实训基地；拥有中国陶瓷职业技能培训基地、全国“温暖工程”培训基地、全国高新技术人才培养基地、全国数控技术紧缺人才培养基地、全国职工职业技能实训基地、国家“双证书”制度试点单位6个国家行业培训中心。学校充分利用校内实训基地、国家行业企业培训中心、国家职业技能鉴定所等资源，多次承办国家、省、市级各类技能大赛、技术比武、职工培训和职业资格鉴定，强化专业建设与人才培养的对接。

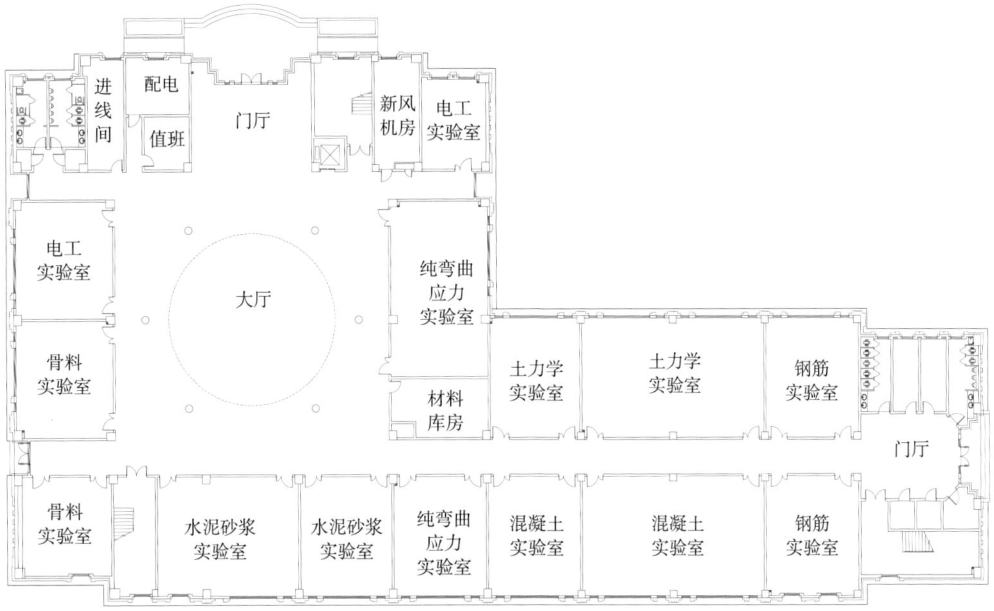
进线间
配电
值班
门厅
新风机房
电工实验室
电工实验室
大厅
纯弯曲应力实验室
骨料实验室
材料库房
土力学实验室
土力学实验室
钢筋实验室
门厅
骨料实验室
水泥砂浆实验室
水泥砂浆实验室
纯弯曲应力实验室
混凝土实验室
混凝土实验室
钢筋实验室

■ 建筑系机械厂一层平面图

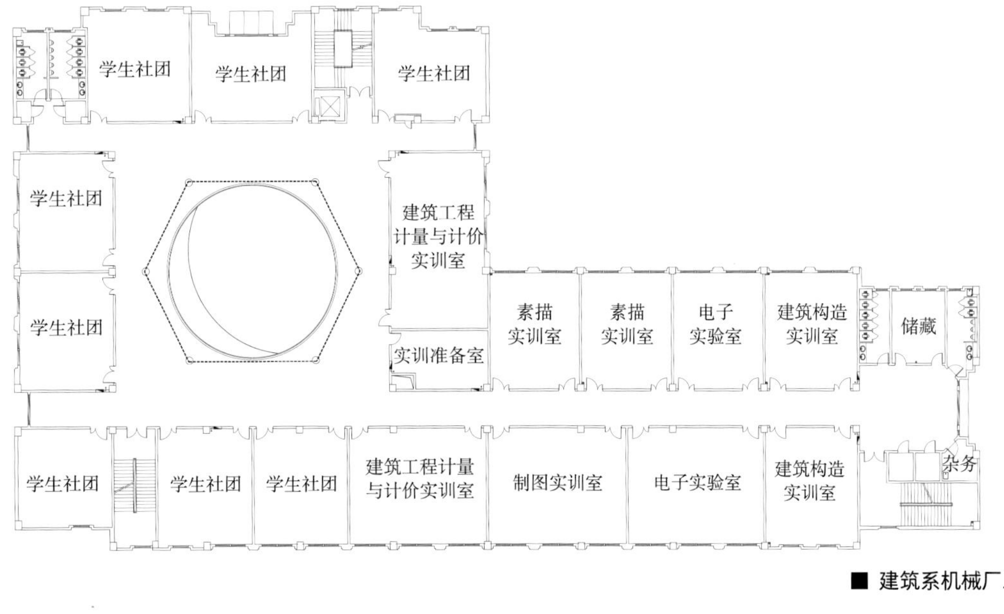
学生社团
学生社团
学生社团
学生社团
建筑工程计量与计价实训室
学生社团
实训准备室
素描实训室
素描实训室
电子实验室
建筑构造实训室
储藏
杂务
学生社团
学生社团
学生社团
建筑工程计量与计价实训室
制图实训室
电子实验室
建筑构造实训室

■ 建筑系机械厂二层平面图

■ 实训教室

■ 实训车间 1

培养大国工匠　助力中国智造强国
■ 实训车间 2

项目进展及未来展望

曹妃甸新校区的规划设计是曹妃甸生态城规划设计的一部分，将校园的规划设计理念和整个生态城的规划设计理念结合是本次规划设计的基本原则。同时，由于唐山工业职业技术学院新校区是生态城最先入驻的单位，因此它的规划设计具有很强的示范作用和导向作用，如何在具体规划设计中体现生态城的理念，是我们工作的重点，只有每个入驻单位充分做到这一点，才能最终实现整个生态城的规划目标——打造国际一流的“生态城”，成为世界领先的可持续发展的城市。唐山工业职业技术学院培养的是高素质高技能人才，充分考虑到工学一体、实习实训、校企合作、产教结合、跨专业兼修、校际合作、资源共享等方面，学院将要面向世界开展国际交流与合作，还要面向社会，为生态城整个区域经济服务，为社区事业发展与文明建设服务。

邢台职业技术学院新校区一期单体建筑设计

FRIST STAGE ARCHITECTURAL DESIGN OF NEW CAMPUS OF XINGTAI POLYTECHNIC COLLEGE

天津大学建筑设计规划研究总院有限公司

项目简介

邢台职业技术学院是一所省属全日制公立普通高校，也是国家示范性高职院校之一。学院位于河北省邢台市，于1979年建校，原名中国人民解放军军需工业学院，1997年更名为邢台职业技术学院，是国家第一所正式以“职业技术学院”命名的院校。2009年通过验收，成为全国第一批河北省第一所“国家示范性高等职业院校”；2019年7月，被教育部认定为国家优质专科高等职业院校。学院设有汽车工程系、服装工程系、机电工程系、电气工程系、建筑工程系、信息工程系、艺术与传媒系、经济与管理系、资源与环境系、会计系共10系3部。学院先后获国家优质专科高等职业院校、全国综合实力十强高职院校、全国就业力十强高职院校、国家知名高职院校十大就业典范、全国普通高等学校毕业生就业工作先进集体、全国毕业生就业典型经验高校、全国创新创业典型经验高校等称号。

项目概况

项目名称：邢台职业技术学院新校区一期单体建筑设计
建设地点：河北省邢台市高教区
设计 / 建成：2009年 /2012年
一期总用地面积：13.2万 m^2
建筑面积：16.4万 m^2
占地面积：3.4万 m^2
建筑密度：25.9%
容积率：1.24
在校生总体规模：15000人
教职工规模：1000人
建设单位：邢台职业技术学院
设计单位：天津大学建筑设计规划研究总院有限公司
主创设计师：蔡泓
合作设计师：韩秀瑾、赵煜、张长旭、田军、杨晓婷、韩毅、刘士雷、王亨、孟范辉、彭鹏、涂岱新、李力、韩瀛、李研
获奖信息：扩建汽车、机电系教学实训楼工程获2018—2019年度国家优质工程奖

■ 鸟瞰图

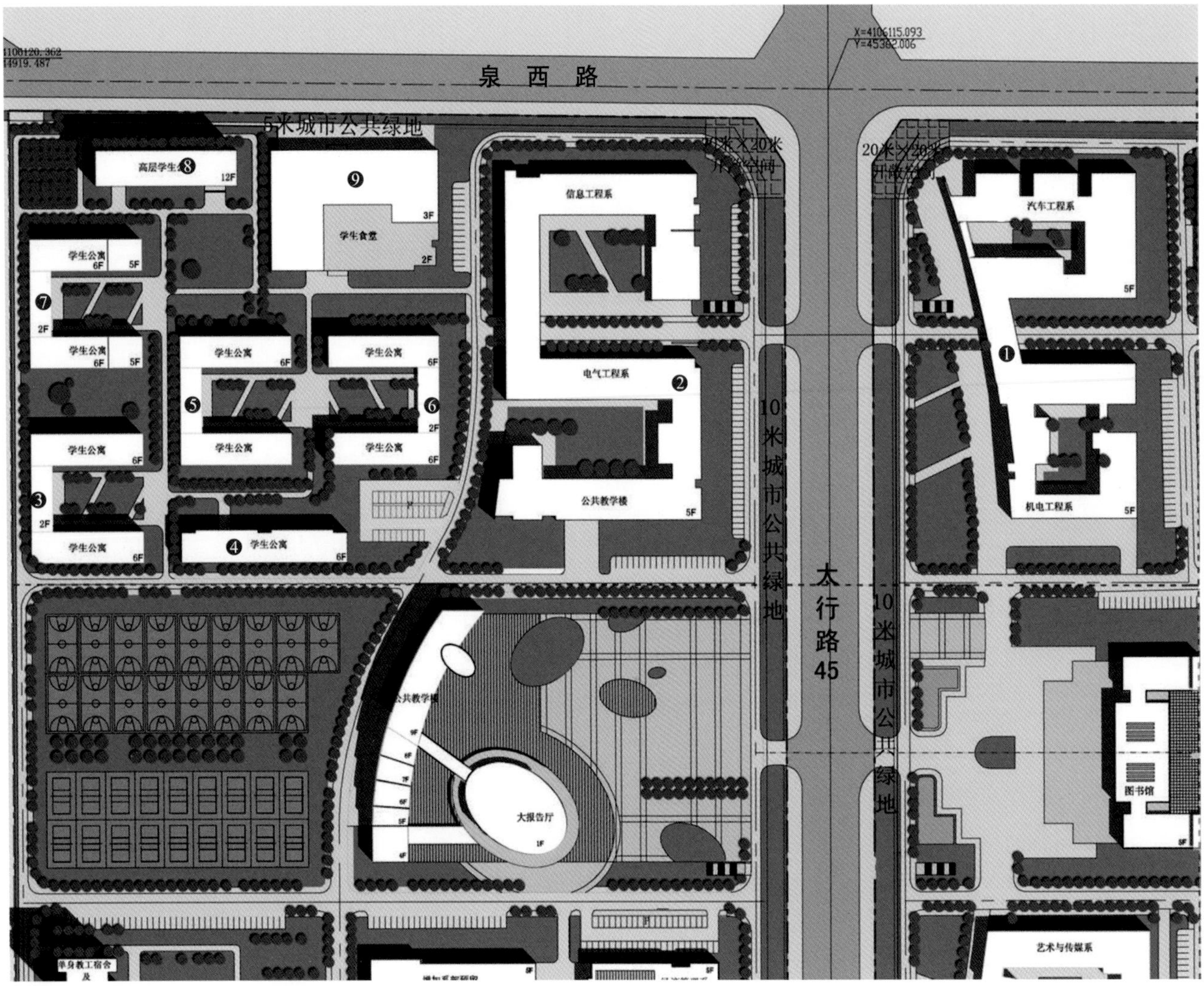
泉西路
5米城市公共绿地
20米×20米开敞空间
高层学生公寓
12F
学生食堂
3F
2F
信息工程系
汽车工程系
5F
学生公寓
6F
2F
电气工程系
公共教学楼
机电工程系
10米城市公共绿地
太行路45
大报告厅
1F
图书馆
艺术与传媒系
单身教工宿舍

❶汽车机电系教学实训楼
❷信息电子系教学实训楼及公共教学楼
❸学生公寓 1 号楼
❹学生公寓 2 号楼
❺学生公寓 3 号楼
❻学生公寓 4 号楼
❼学生公寓 5 号楼
❽学生公寓 6 号楼
❾学生食堂

N

■ 总平面图

国家示范性高等职业院校

■ 新校区一期太行路以西实景图

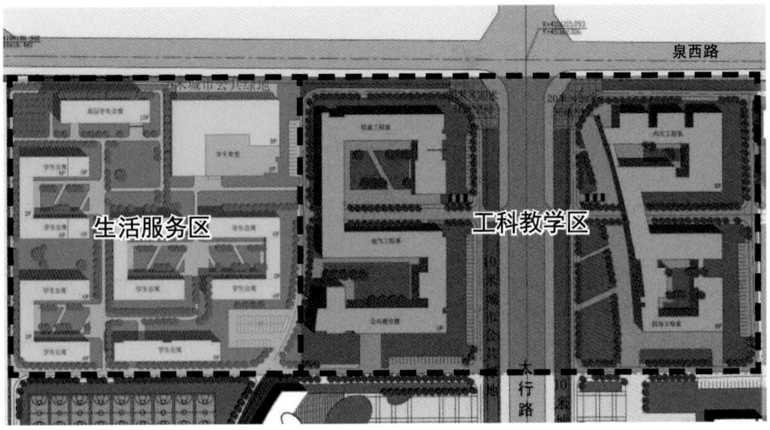
泉西路
生活服务区
工科教学区
太行路

工科教学区
生活服务区

■ 功能分区分析图

功能分析

工科教学区沿太行路两侧布置教学实训楼单体，东临老校区，交通条件便利；生活服务区位于工科教学区西侧，宿舍与食堂相邻布置，既能充分满足学生日常使用需求，又形成了交流共融的学生教学生活空间。

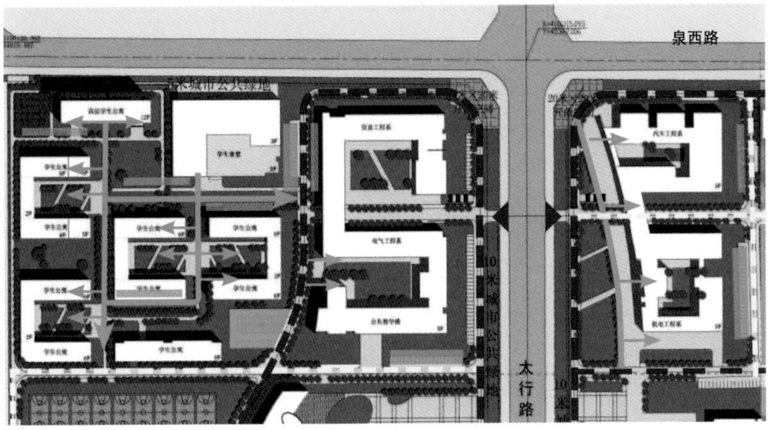
泉西路
太行路

主入口
机动车道
非机动车道
人行道
非机动车停车位
机动车停车位

■ 交通流线分析图

交通分析

机动车由太行路入口进入，沿工科教学区外侧设置机动车道，工科教学区和生活服务区内不设机动车道，学生可步行或骑行前往各功能空间，交通流线充分考虑人行动线的便捷性、合理性，实现人车分流，保障学生安全，提高通行效率。

■ 信息电子系教学实训楼及公共教学楼实景图

项目亮点

规划布局

新校区的功能分区在充分考虑集约用地的情况下将行政办公区、教学区、生活区以最优和最方便的模式进行布局。新校区分两期建设，其中一期单体建设约 16.4 万 m^2，在新校区规划用地的北侧，包括工科教学区和生活服务区两部分。工科教学区被太行路分隔为东西两个教学实训单体，太行路以东的教学实训楼为汽车系和机电系，太行路以西的教学实训楼为电子系、信息系和公共教学楼。生活服务区分为六栋宿舍单体和一座食堂。

教学实训楼呈组团式布局，既便于院系间适度的资源共享，又可保持相对独立，便于校方管理。工科教学区与生活服务区均采用围合或半围合的设计手法塑造了丰富的庭院空间，为师生提供了学习休闲的交流场所，校园人文气息浓郁。

■ 新校区一期太行路以东实景图

■ 信息电子系教学实训楼及公共教学楼实景图

建设人文校园

本案以“产教融合，以人为本”为设计理念，平面设计最大化地满足使用功能的合理性，设计富有特色的空间形式，具有广泛的适应性，尽量采用自然采光和通风的方式使空间更为舒适，注重细节的处理，空间流动丰富，为邢台职业技术学院创造出一个舒适、清新、和谐、充满活力的现代人文学校园区。建筑造型简约、现代，强调几何形体和抽象的点线面的有机组合，充满理性而又不乏变化，形成富于韵律感、完整中求变化的新颖构图，符合职业技术院校的性格特征和时代潮流，并与老校区教学主楼的风格相一致。建筑色彩以浅灰色为主调，与局部深灰色墙面互为衬托，个别地方点缀明快的纯色遮阳板，层次丰富、独具特色。

■ 信息电子系教学实训楼及公共教学楼实景图

■ 庭院实景图

实训特色

汽车机电系教学实训楼

西面完整的曲线墙面犹如张开的臂膀，欢迎着莘莘学子，以优美的姿态将人们的视线引向校区主广场。疏密有致富于韵律感的遮阳板，犹如跳跃的音符，与阳光和阴影在完整的曲线墙面弹奏出美丽的乐章。由于教学实训楼沿太行路的立面长度为170余米，为避免建筑显得过长，楼梯间部位作了局部高塔冲破平直的轮廓线以统领全局，形成教学实训楼的标志，使建筑显得既完整又富于变化。

校内主干道北侧是汽车系，南侧是机电系，均呈内院式布置，教室和实训室沿东、西、北三边布置，西侧为防晒走廊、楼梯卫生间、活动空间等辅助用房。主要柱网形式为7.5m×8.4m，主体五层，局部四层，为便于汽车系实验室布置各种实训设施，各层层高设为4.5m，首层5.1m。北区西侧和北侧沿街设置模拟4S店实训室，东侧实训室配有汽车电梯，可通达各层使用，南区南侧设有单层独立厂房式数控实训车间，实现学研一体化发展。

1 数控实训车间
2 磨刀间
3 汽泵房
4 材料库
5 三坐标室
6 卫生间
7 配电室
8 动态平衡实验室
9 消控室
10 工量具室
11 门厅
12 值班室
13 指导教师办公室
14 数控刀具室
15 机电技术研发室
16 液压与气动
17 实习指导师傅更衣室
18 柔性自动线
19 工具室
20 单轴运动控制
21 数控技术展室及数控化改造
22 逆向工程实训室
23 快速成型实训室
24 学生创新制作室
25 实训室
26 展厅

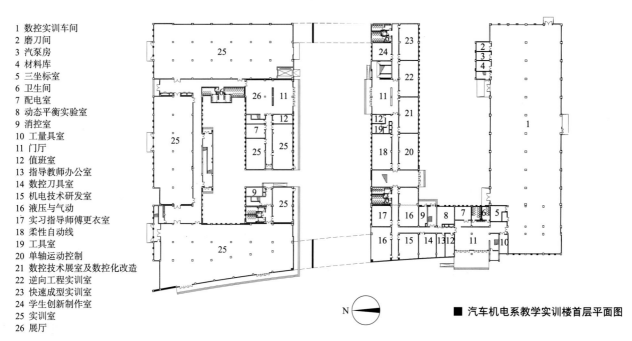

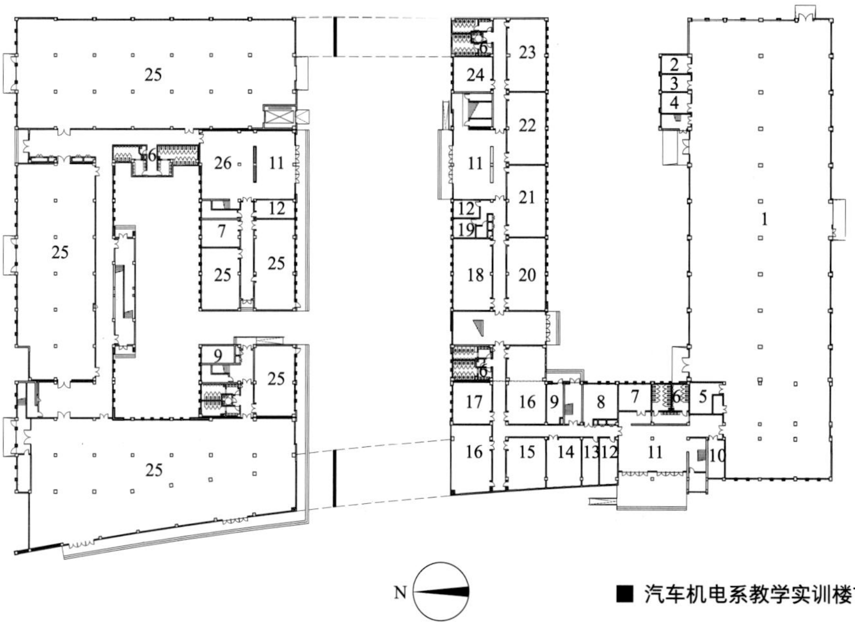
N

■ 汽车机电系教学实训楼首层平面图

■ 汽车机电系教学实训楼实景图

■ 信息电子系教学实训楼及公共教学楼实景图

信息电子系教学实训楼及公共教学楼

建筑造型在整体方正并充分满足使用功能的前提下，力争有所突破，利用构架将校内道路两侧的建筑连成一体，整体感强。使得教学实训楼显得更为宏伟壮观。同时利用阳台以及局部突出的楼梯间塔楼等各种元素形成富于韵律感、在完整中求变化、有别于一般教学楼的新颖构图。

校内主干道北侧是信息系，南侧是电子系和公共教学楼，整体呈S形，信息系与电子系、电子系与公共教学楼分别围合成两个半开敞的公共空间，便于学生课间活动。主要柱网形式为7.5m×8.4m，便于布置教室，主体五层，局部三层，各层层高设为4.2m，首层4.8m。

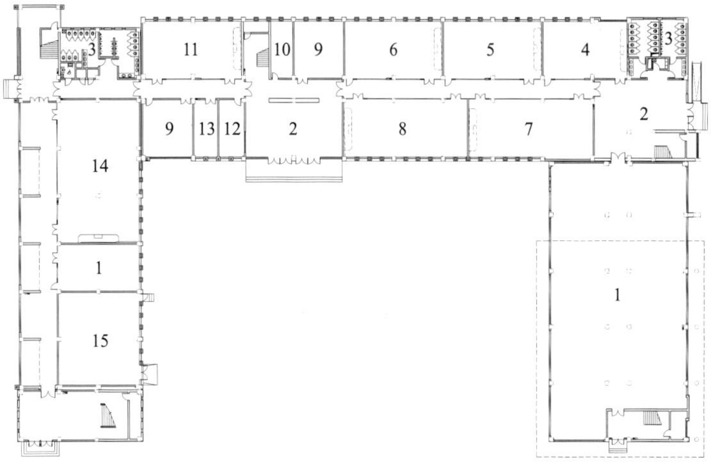
3
11
10
9
6
5
4
3
2
9
13
12
2
8
7
14
1
15
1

■ 信息电子系教学实训楼及公共教学楼首层平面图 A 区

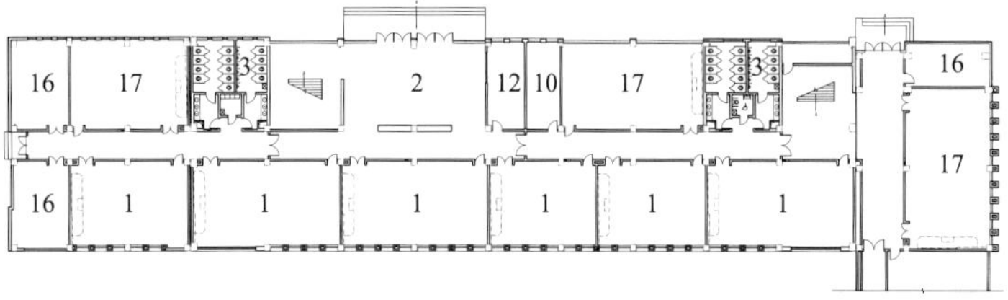
16
17
3
2
12
10
17
3
16
16
1
1
1
1
1
1
17

■ 信息电子系教学实训楼及公共教学楼首层平面图 B 区

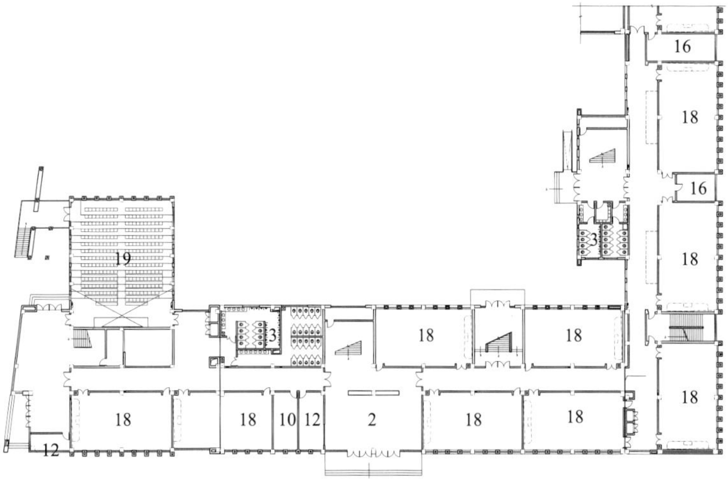
16
18
16
18
19
3
18
18
18
18
18
10
12
2
18
18
18
12

■ 信息电子系教学实训楼及公共教学楼首层平面图 C 区

1 实训室
2 门厅
3 卫生间
4 手机教室
5 电子技术教室
6 电工技术教室
7 电子线路教室
8 电机教室
9 实验中心办公室
10 配电室
11 电子仪表教室
12 传达值班室
13 工具间
14 供配电教室
15 变电站
16 办公室
17 专业教室
18 公共教室
19 合班教室

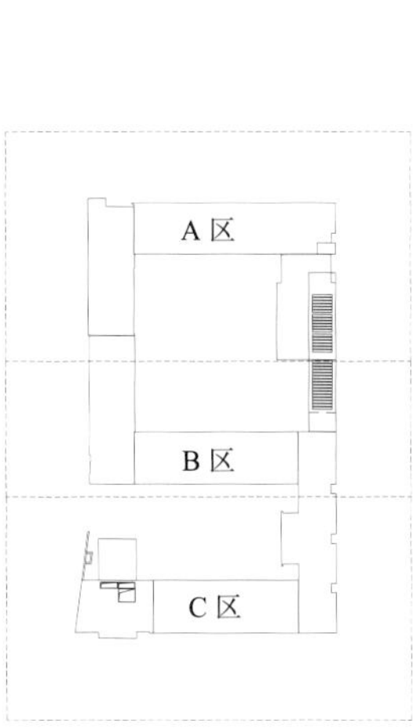
A 区
B 区
C 区

N

■ 汽车机电系教学实训楼教室

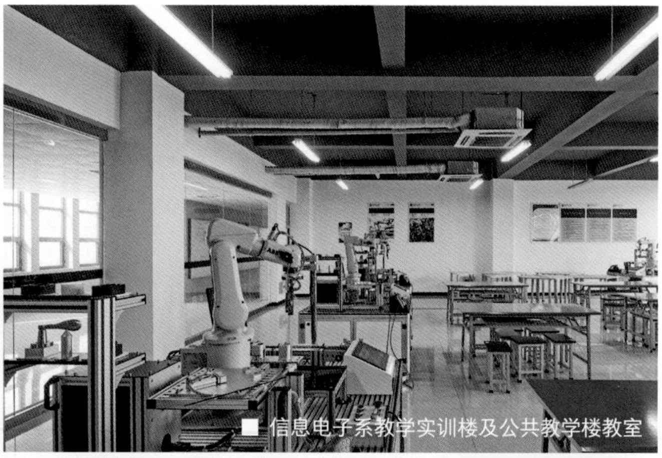
■ 信息电子系教学实训楼及公共教学楼教室

■ 汽车机电系教学实训楼实景图

项目进展及未来展望

新校区的规划分为文科教学区、工科教学区、公共教学区、生活服务区、运动场地共享区五个层次。学校按照“统一规划、分期建设、分步实施”的原则建设，其中一期单体已建成并投入使用，各项使用功能完备，功能分区合理，外观新颖独特，深受师生喜爱，已成为校园的一大亮点。

学院办学注重深化创新创业教育改革，以面向世界的现代化优质专科高等职业院校为建设目标，在建筑设计中充分考虑建筑功能的合理性、实用性与可持续性。其中新校区一期东侧建筑汽车机电系教学实训楼获得了2018—2019年度国家优质工程奖。努力将邢台职业技术学院打造为全国综合实力、就业力、知名度全面领先的国家级优质示范性高等职业院校。

承德石油高等专科学校规划设计

PLANNING OF CHENGDE PETROLEUM COLLEGE

天津大学建筑设计规划研究总院有限公司

项目简介

承德石油高等专科学校始于1903年创办于天津的“北洋工艺学堂”，是我国兴办最早的高等工业职业院校之一。学校自1952年开始主要面向石油工业服务，1958年迁至河北省承德市。现为中央与地方共建、以河北省人民政府管理为主的普通高等专科学校。学校是教育部全国示范性高等工程专科重点建设学校，国家示范性高等职业院校重点建设单位和优秀院校、教育部人才培养水平评估优秀院校、全国文明单位。2016年被列为国家优质专科高等职业院校建设立项单位。

学校现开设高职专科专业44个，与河北科技大学联合开办工程教育本科专业4个，与德国安哈尔特大学合作开办中德合作专业4个，与韩国新罗大学合作开办中韩合作专业3个。学校面向20余个省份招生，现有普通本专科在校生共计13000余人，成人学历教育学生3000余人，年各类培训2.2万余人。

校区位于滦河岸边，地处承德高教中心区内，与承德师范学校、承德旅游学院、承德民族职业技术学院相邻。由图书馆、实训楼、教学楼、办公楼、学生及教师公寓、食堂及附属用房组成。

项目概况

项目名称：承德石油高等专科学校规划设计
建设地点：承德高教区
设计 / 建成：2004 年 /2010 年
用地面积：76 公顷
建筑面积：31 万 m^2
建筑密度：10.8%
容积率：0.42
绿化率：46%
在校生总体规模：13000 人
教职工规模：730 人
建设单位：承德石油高等专科学校
设计单位：天津大学建筑设计规划研究总院有限公司
设计师：张华、谌谦、祝捷、薛铁军、田军、王湘安、沈优越、涂岱昕、韩瀛

■ 鸟瞰图

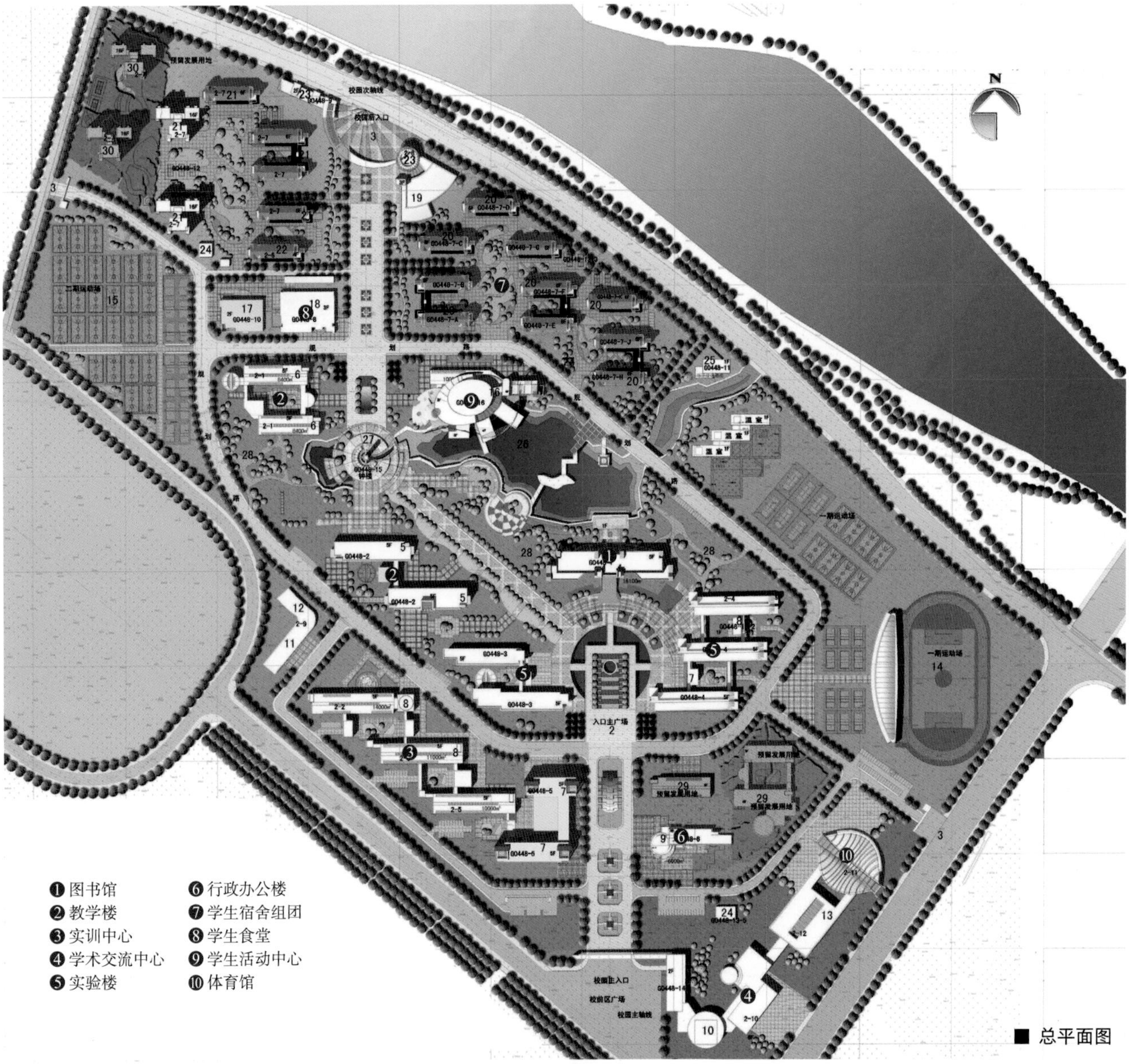

❶ 图书馆
❷ 教学楼
❸ 实训中心
❹ 学术交流中心
❺ 实验楼
❻ 行政办公楼
❼ 学生宿舍组团
❽ 学生食堂
❾ 学生活动中心
❿ 体育馆
入口主广场
校园主入口
校前区广场
校园主轴线
校园次轴线
校园前入口
预留发展用地

■ 总平面图

CDPC

■ 校园入口

项目亮点

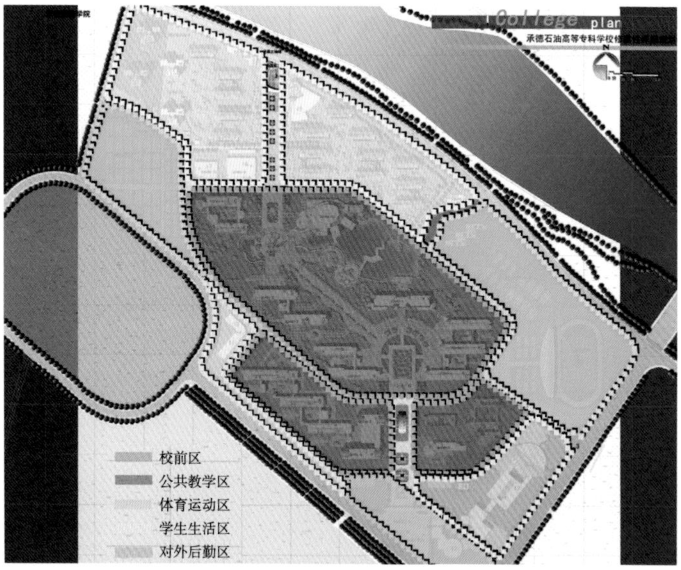
College plan
校前区
公共教学区
体育运动区
学生生活区
对外后勤区

■ 功能分析图

功能分析

校园规划遵循教学、生活、运动分区的设计思路，将核心教学区（基础教学楼、图书馆）及实训教学区设置在校区中部，形成学术组团；生活区位于校园北侧沿河部分，相对安静；中间为运动区及食堂区，便于学生使用；校前区设置行政及对外交流等功能。校园框架明确简洁。

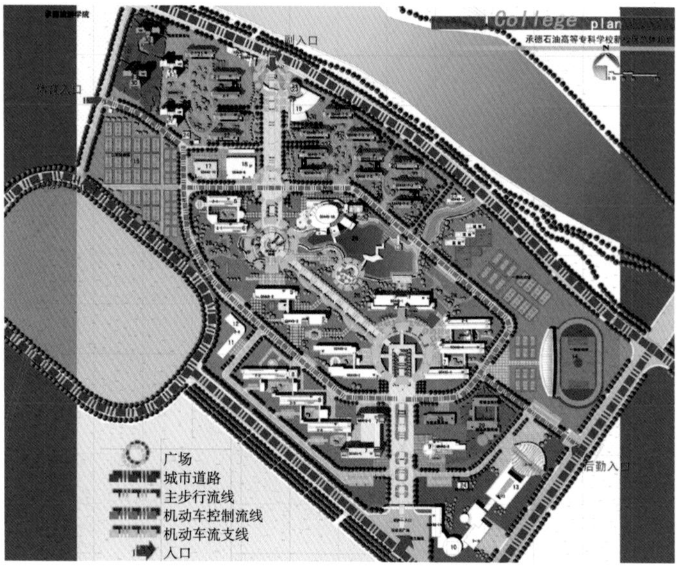
College plan
副入口
后勤入口
广场
城市道路
主步行流线
机动车控制流线
机动车流支线
入口

■ 交通分析图

交通分析

校园处于承德高教区东北侧，基地呈现不规则四边形，规划采用两条以入口广场为起点的学术及生活轴线引领整体校园空间，两条轴线在校园中心通过图书馆前广场与钟楼连接为校园内部景观轴，形成校园的结构主干，一条内部校园环路串联起教学区、实训区、生活区和运动区各大主要功能块，同时满足校园消防环路的要求。

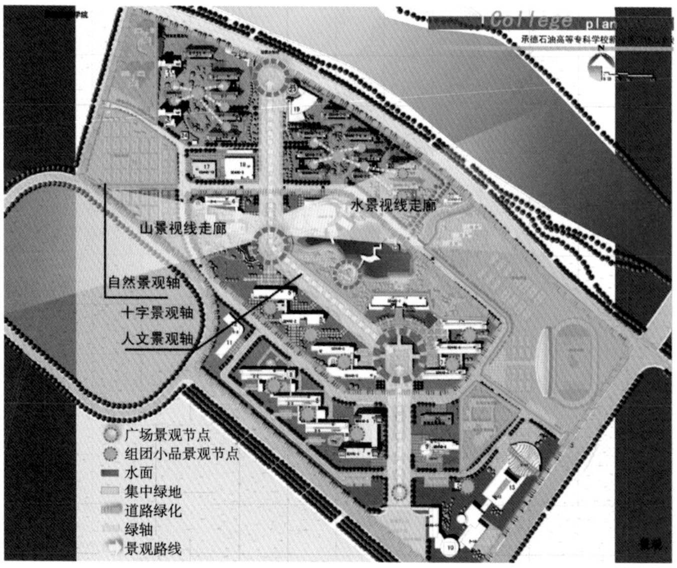
College plan
水景视线走廊
山景视线走廊
自然景观轴
十字景观轴
人文景观轴
广场景观节点
组团小品景观节点
水面
集中绿地
道路绿化
绿轴
景观路线

■ 景观分析图

景观分析

校园周边水源丰富，北侧即为新区的河堤，方案在校园中部引入水体，位置处于生活区与教学区中间，为学生宿舍、图书馆提供了相对安静的环境，使得校园景观更加灵动。

“仁者乐山、智者乐水”，通过水体引入增加校园的人文艺术气息；校园主体建筑红砖白墙，绿树掩映中彰显传统的文化韵味。

规划理念

（1）利用现有地形及水系资源，校区引入水体并强化水体在校园环境中的作用。

（2）校园环境一次成型，后期加建不影响整体格局。

（3）紧紧围绕校园所处的环境，打造属于当地的人文校园环境。

■ 校园轴线

单体设计理念

单体设计立足于工科校园逻辑理性简洁的特质，融合承德独具特色的中国传统地域文化风格，外观采用简洁的红砖与浅色涂料相结合的方式，构建出浑厚凝重又不失灵性的外部空间。

图书馆位于前区中轴线尽端，处于整个校园的视觉中心，采用经典的对称式布局，直达二层的室外大台阶，开敞宽阔的楼前广场，处处唤起传统经典高校建筑的回忆，彰显其校园主建筑的地位。

教学楼以理性的方式安排建筑功能，通过东西两侧连廊连接两条教学楼，形成围合空间，丰富了校园空间层次，也体现北方地区建筑对气候特点的适应性。

■ 图书馆

■ 宿舍区

实训特色

实训区单体设计从功能需求出发，尽量保证建筑与院系对应关系，使得使用更方便、管理更高效。内部设计强调功能分区。以工业与科技中心实训楼为例：根据建筑的使用要求，将设有较大型设备的实习车间布置于建筑下部一、二层，行政管理区布置于三层北侧，三层西、南侧布置大、中、小型教室及教学科研用房。四层布置科技中心管理部门、省级科技产业孵化器等科研用房，五层南侧布置校办科研产业与研究所科研用房，北侧布置空间较大的科技报告厅等，功能分区明确，各部分相对独立，互不干扰。

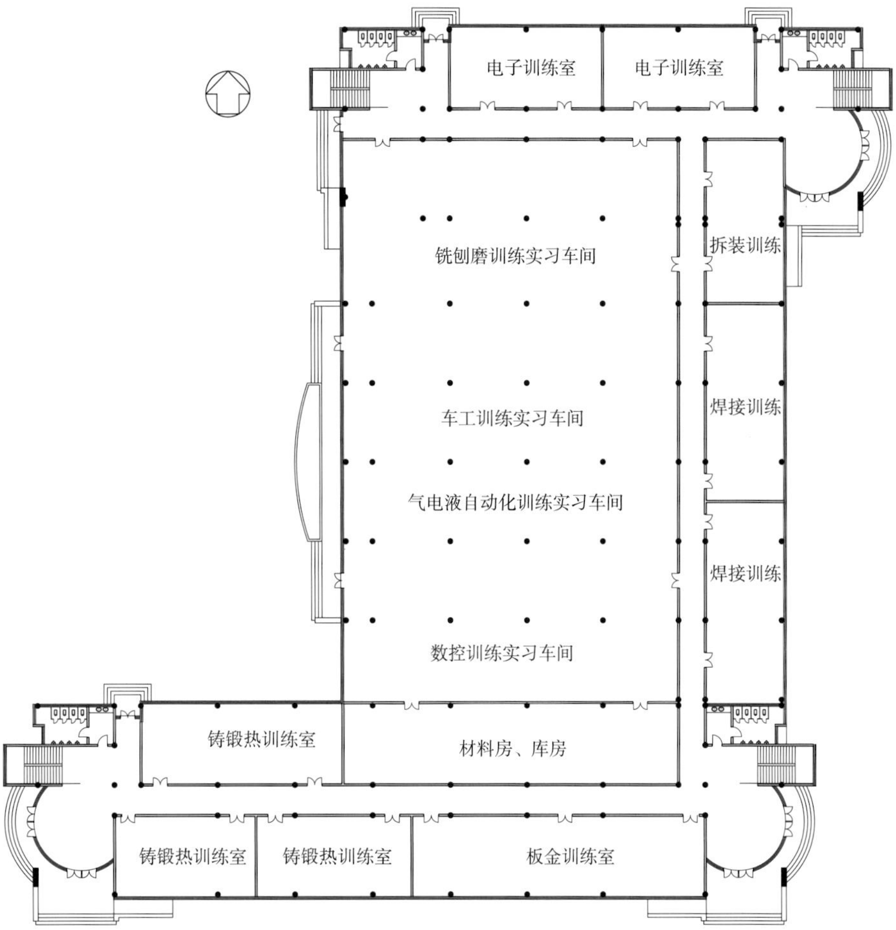
电子训练室
电子训练室
铣刨磨训练实习车间
拆装训练
车工训练实习车间
焊接训练
气电液自动化训练实习车间
焊接训练
数控训练实习车间
铸锻热训练室
材料房、库房
铸锻热训练室
铸锻热训练室
板金训练室

■ 工业与科技中心实训中心首层平面图

■ 护理楼实景

■ 食堂

规范操作 降低成本 精益生产 安全保证

■ 实训场所 1

■ 实训场所 2

■ 实训场所 3

■ 门厅

项目进展及未来展望

项目已建成并投入使用，高大开敞的实训空间提供了师生较好地实地操作空间，完备的设备设施提供了多样的适应性，很好地满足了师生教学实践的需要；校园整体环境控制得当，人文气息浓郁，形成有自己特色的工科高等学府的校园整体环境。

中捷职业技术学校新校区规划设计

PLANNING OF NEW CAMPUS OF ZHONGJIE VOCATIONAL AND TECHNICAL SCHOOL

哈尔滨工业大学建筑设计研究院

项目简介

中捷职业技术学校新校区项目的办学目标是以教育类专业为主导，以装备制造类、财经商贸类为辅翼，以文化艺术类为补充，服务于京津冀一体化，服务于中国制造2025，服务区域经济发展，立足沧州及渤海新区，面向全省，辐射京津，坚持应用型、开放式、有特色、高水平的办学定位，构建多元化人才培养体系，为社会培养大批高素质技能型人才，为地方经济社会发展提供智力支撑和人力资源保障。

学院现设学前教育系一部、学前教育系二部、机械设计系、经济管理系等教学机构。开设有学前教育、机械制造与自动化、机电一体化技术、模具设计与制造、汽车制造与装配技术、计算机网络技术、艺术设计、会计、市场营销、物流管理等24个专业。学前教育、计算机网络技术、会计、艺术设计为学院骨干专业，学前教育专业为学院特色专业。

项目概况

项目名称：中捷职业技术学校新校区规划设计
建设地点：河北沧州中捷产业园区
设计 / 建成：2010年/2013年
总用地面积：200117.28m^2
总建筑面积：77489.02m^2
地上74667.04m^2，地下2821.98m^2
建筑密度：12.35%
容积率：0.47
绿化率：35.00%
停车位：225辆
建设单位：中捷职业技术学校
设计单位：哈尔滨工业大学建筑设计研究院
主创设计师：李铁军
合作设计师：田浩、牛毅、苗业、于海涛、李宁、李瑞、谢阿琳、杜柔鹏

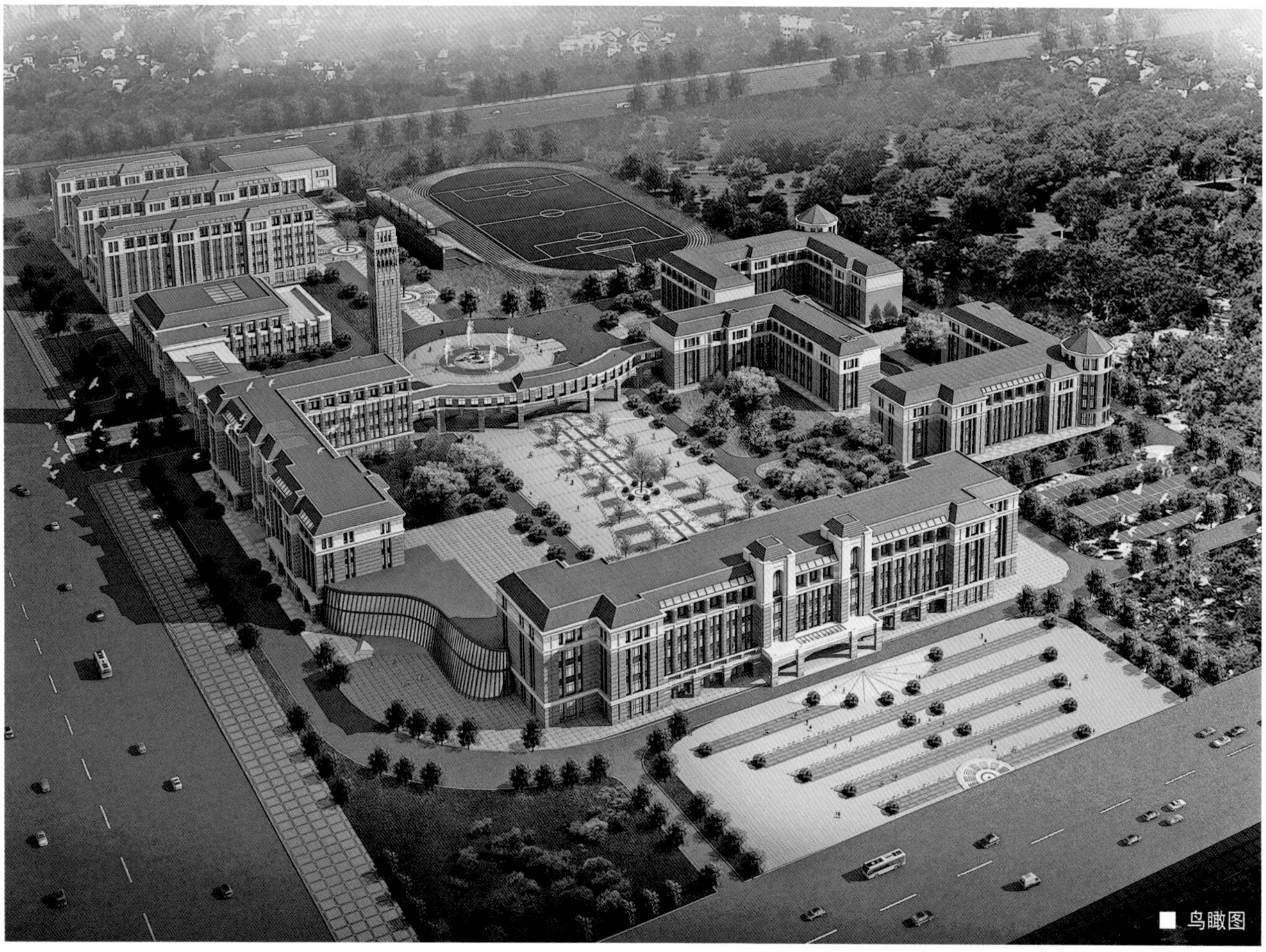

■ 鸟瞰图

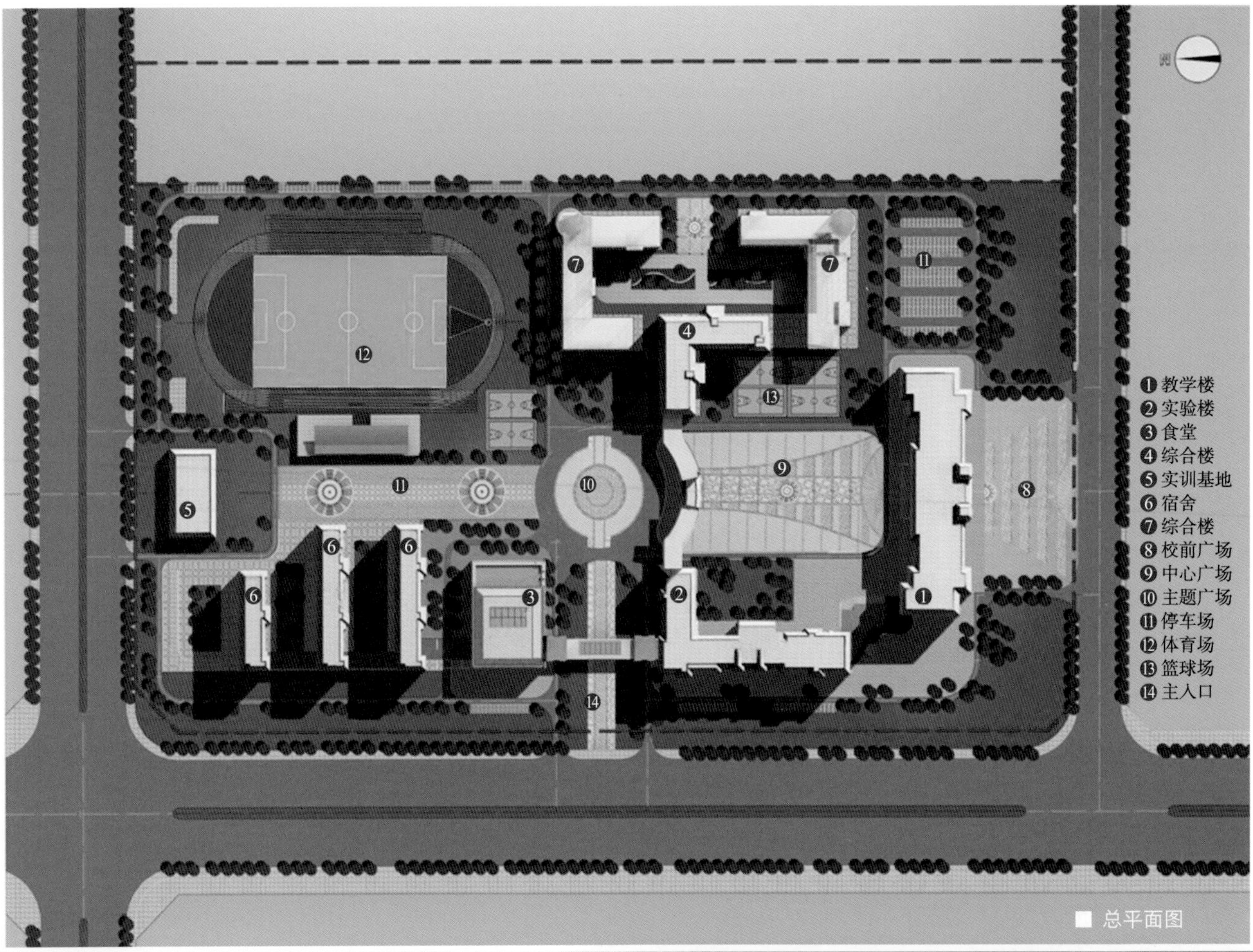
❶ 教学楼
❷ 实验楼
❸ 食堂
❹ 综合楼
❺ 实训基地
❻ 宿舍
❼ 综合楼
❽ 校前广场
❾ 中心广场
❿ 主题广场
⓫ 停车场
⓬ 体育场
⓭ 篮球场
⓮ 主入口

■ 总平面图

■ 校园入口

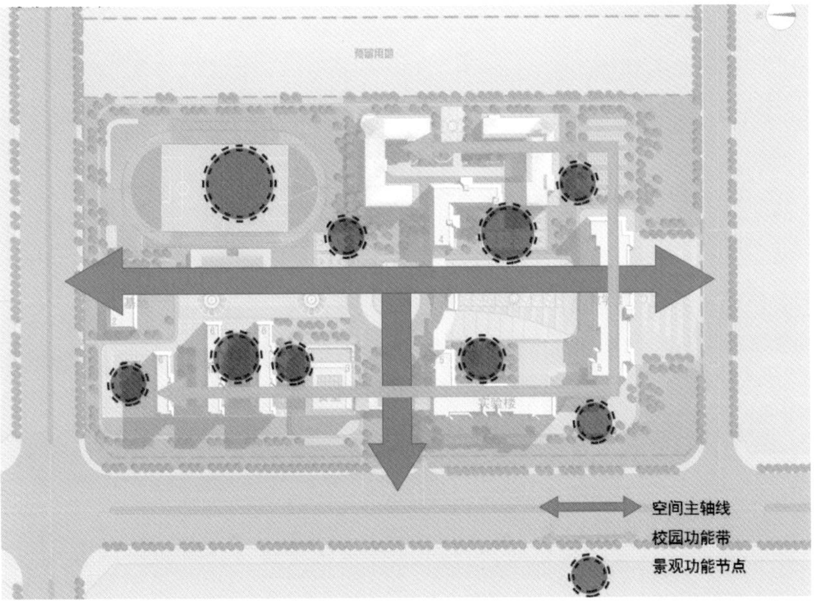
空间主轴线
校园功能带
景观功能节点

■ 规划结构分析

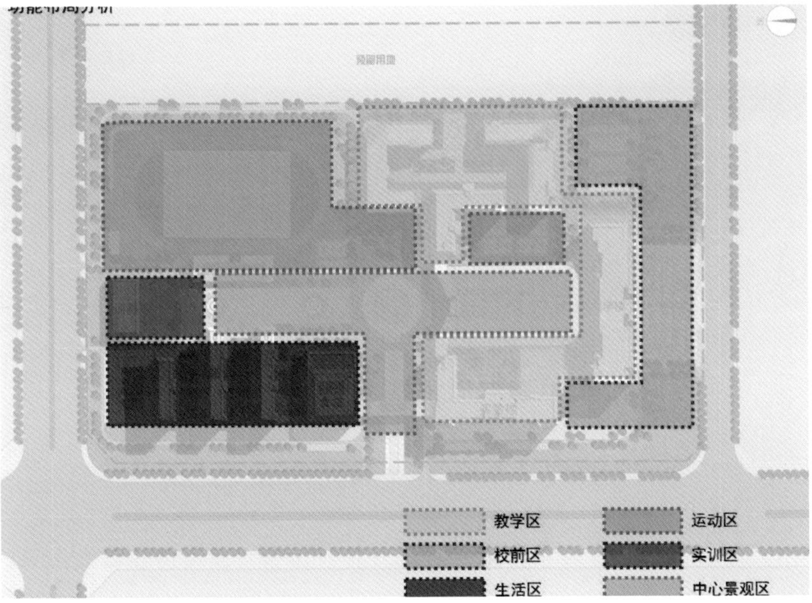
教学区
运动区
校前区
实训区
生活区
中心景观区

■ 功能布局分析

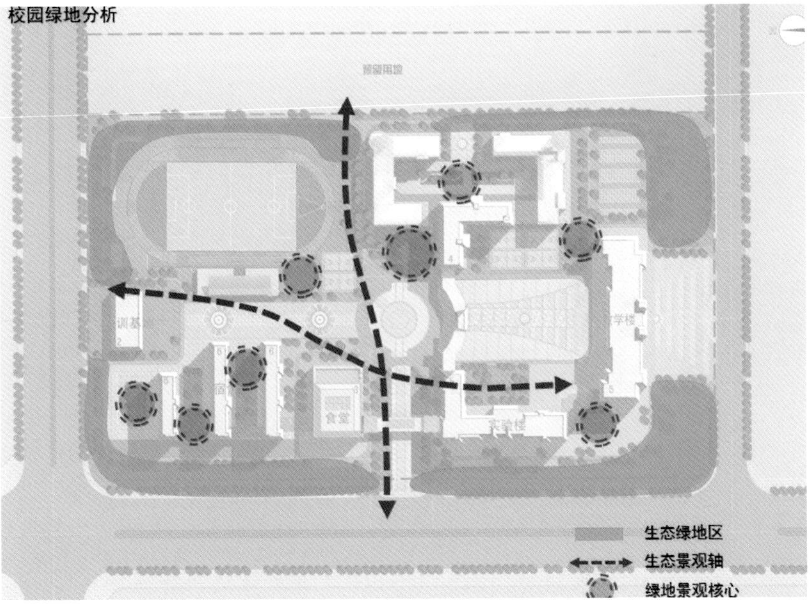
校园绿地分析
生态绿地区
生态景观轴
绿地景观核心

■ 校园绿地分析

项目亮点

规划结构

校园整体结构以主轴线为中心展开，校园功能区围绕主轴线呈带状布置，景观功能节点在校园区域合理散落分布，形成点、线、面的有机结合。

功能分析

中心景观区、教学区、运动区三个功能区相结合，位于园区中心位置，以此为核心，外围设置校前区、生活区、实训区。生活区与教学区分离，以运动区过渡，功能布局合理。

交通分析

通过 3 个出入口连接三条城市道路，以校园内车行道在地块内形成环形道路，人行道依势串联各功能区域，在高容积条件下，最大化交通流畅度。

景观分析

园区整体呈现一环、两轴、多核心的绿地景观系统，外围生态绿地将校园围绕其中，以两条生态景观轴串联多个景观核心，利用乔、灌、草复合绿化，营造宁静、清幽、舒适的校园生活环境。

中心轴线架构职业校园

项目充分考虑地块的地形与周边现状情况，努力实现校园内功能布局合理、紧凑；交通流线方便、快捷。在满足规划要求的前提下，围绕中心轴线展开功能区域布局，实现各功能区域紧凑、合理、有机地结合，为学生提供一个“阳光、健康、绿色、舒适”的校园环境。

以人为本、创造适宜的使用空间

充分考虑学生和教师的心理感受、设计空间及色彩明亮畅快，提供舒适的使用空间。

简洁务实设计，同时适当超前考虑

创建简洁、具有时代感的现代化建筑。建筑群采用现代简洁的手法表达建筑，强调其简洁性，突出建筑的个性。注意利用建筑材料的配合，体现建筑的时代性，充分反映出建筑的气质。

设计新颖、富于特点的建筑

根据所处的位置和特点，立面用色注意使用一些明快洁净的白色，造型上较轻盈雅致，区别于普通的教学建筑，设计一个有历史感及鲜明个性的建筑。

■ 校园校前广场

建筑特色

建筑整体采用古典建筑“横三”的方式对建筑进行体量切分。底层、线脚和顶层，进一步将立面纵向划分为三部分。线条细腻、肯定而有力，配合涂料的材质划分构成整体框架。在此基础上利用中尺度构件结合建筑功能、采光进行具体划分，摒弃欧式建筑的繁复细节设计，保留优雅的比例关系，以方格网为肌理，利用实墙和玻璃的虚实对比构建立面的秩序，精彩地表达出古典与现代建筑结合的造型效果；同时小尺度的装饰构件结合玻璃材质使造型饱满、细致。

■ 校园中心广场

致 远

■ 庭院实景

实训特色

学校建有实训楼、实训车间各一座，是一个集教学、实验、技能训练和考核以及对外培训及生产加工等为一体的实验实训教学基地。基地以能力为本位、以职业实践为主线、以项目课程为主的模块化专业课程体系、以专业现代化建设需要而建造，设有机电专业实训室 12 个，汽车专业实训室 6 个，学前教育（保育方向）专业实训室 8 个，微机室 11 个，电算化实训室 1 个，VBSE 仿真实训室 1 个，机器人实训室 2 个，平面设计实训室 2 个，并有焊工、钳工、数控加工、汽车整车、电商实训等专业技能实训场所，共计 48 个实训室。实训场所设置标准，配备先进的实验实训仪器设备，功能齐全，能满足电子电工、计算机、机电一体化、汽车、学前教育、电子商务等专业的教学实验和实训要求。以培养学生基本技能、基本能力、综合素质为目标，是师生实行理实一体化教学的理想天地。

■ 庭院实景

创建全国职
不忘初心牢

■ 教学楼外观

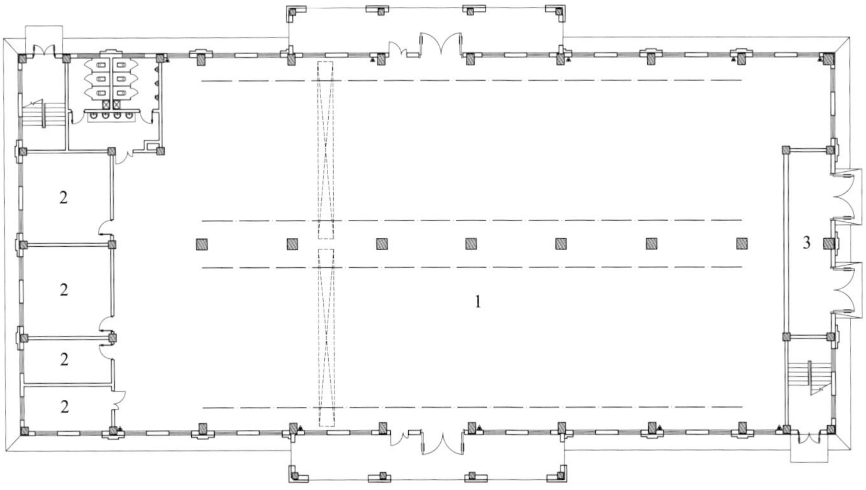

1 车间（戊类厂房）
2 办公室
3 吊装口

■ 实训楼一层平面

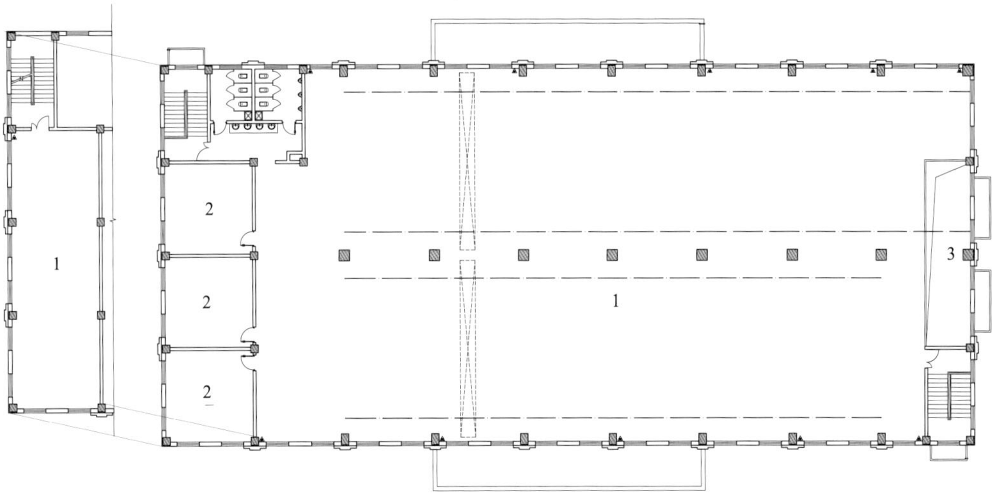

1 车间（戊类厂房）
2 办公室
3 吊装口

■ 实训楼二层平面

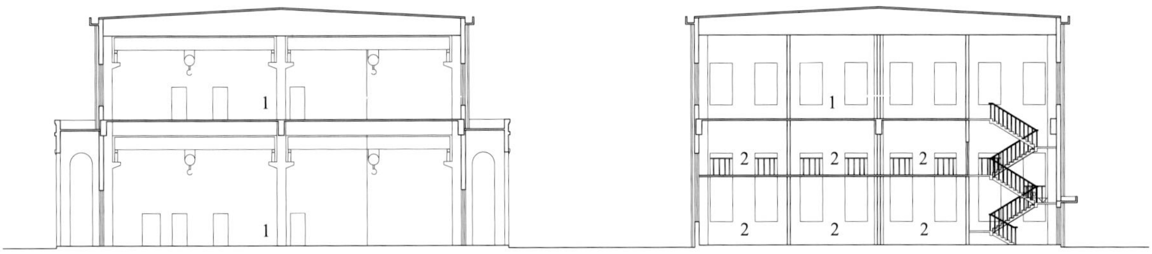

1 车间（戊类厂房）
2 办公室

■ 实训楼剖平面

■ 实验楼实景

■ 实训场所 1

实 训 提 高

■ 实训场所 2

学 苦 练 精 益 求 精

■ 实训场所 3

■ 实训场所 4

项目进展及未来展望

规划和建设坚持“高定位、高水平、高质量”的原则，努力建成“风景优美、硬件一流、格调高雅、功能齐全、布局合理”的一流现代化校园。因地制宜、统一规划、分期实施，建成一个满足可持续发展需要，布局合理、配套完善、大方和谐、突出中捷特色的现代化园林式校园。项目已投入使用，为学生学习、生活提供了多样化的场所。

辽宁铁道职业技术学院图书教学实训综合楼设计

PLANNING OF THE TEACHING TRAINNING COMPLEX BUILDING OF LIAONING RAILWAY VOCATIONAL AND TECHNICAL COLLEGE

天津大学建筑设计规划研究总院有限公司

项目简介

辽宁铁道职业技术学院图书教学实训综合楼项目，位于辽宁省锦州市辽宁铁道职业技术学院校园内，项目位于学校中轴线上。用地现状为一栋办公楼及一栋图书馆，地势最高处与最低处相差 4m 以上。该项目通过二层平台的设计，在不同高程处设计各个出入口，不仅使建筑内各项不同的使用功能之间既有相对独立的出入口，又增强了前后广场的联系性。

项目作为学校建校以来最大的单体项目，总建筑面积 16068m^2，地面积 6992m^2，容积率达 2.30，主体 6 层，建筑高度为 23.65m，多层建筑。建筑外立面主体长 97.8m，不断缝。该校原总建筑面积 8 万余平方米，总用地面积约 28.5 万 m^2，因此该项目用整个学校不到 3% 的用地面积建成了占原来整个学校近 20% 的建筑面积，满足了整个学校教学实训、图书馆及行政等办公空间的需求，首层全部设计为大空间实训教室，极大缓解了学校现状实训教室不足的问题，同时也为学校新增了校史馆及 300 人报告厅一个。

项目概况

项目名称：辽宁铁道职业技术学院图书教学实训综合楼设计
建设地点：辽宁省锦州市
设计 / 建成：2013 年 /2013 年
总用地面积：6692m^2
建筑面积：16068m^2
建筑层数：6 层
容积率：2.30
建设单位：辽宁铁道职业技术学院
设计单位：天津大学建筑设计规划研究总院有限公司
主创建筑师：吕大力、盖凯凯、周 琨、刘倩倩
其他设计师：王亨、孟范辉、刘莉娜、沈优越、纪晓磊、彭鹏、韩瀛、乌聪敏

■ 校园整体鸟瞰图

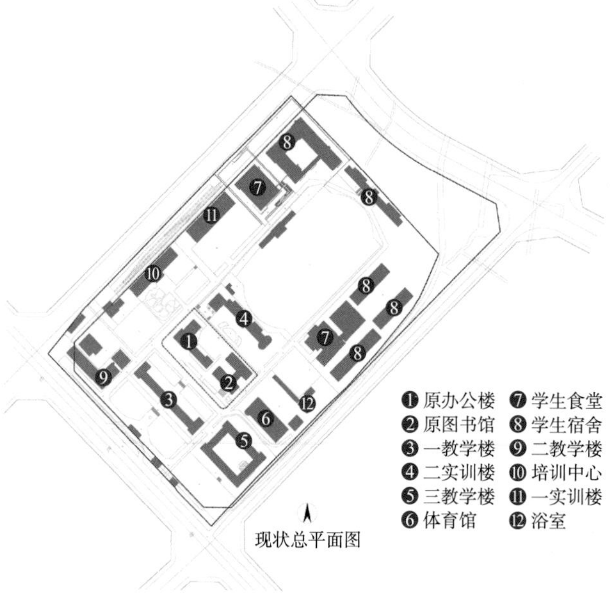
❶ 原办公楼
❷ 原图书馆
❸ 一教学楼
❹ 二实训楼
❺ 三教学楼
❻ 体育馆
❼ 学生食堂
❽ 学生宿舍
❾ 二教学楼
❿ 培训中心
⓫ 一实训楼
⓬ 浴室
现状总平面图

■ 校园原总平面图

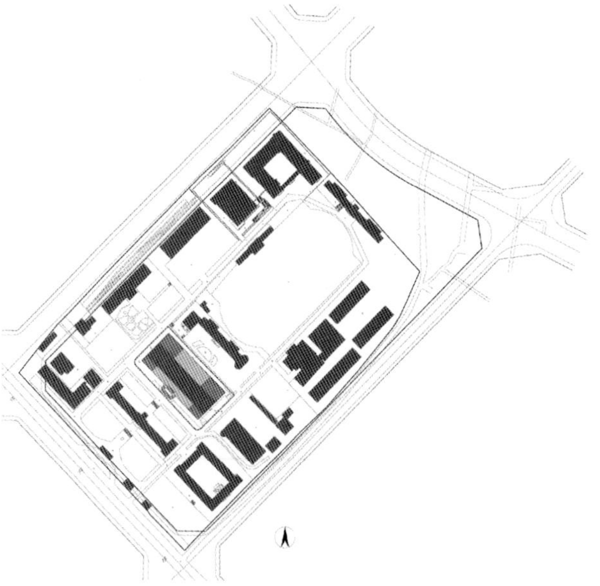

■ 校园总平面图

项目亮点

功能布局立体化，空间组合有机化

各功能体块采取水平和竖直的空间立体组合，首层面积最大化，达到 4300m^2，布置拥有较重设备又有噪声的实训中心；对于使用频率高、人数多的功能空间贴近入口层布置，方便人流集散，如图书馆、教学楼、报告厅等。

满足六层建筑的功能布局，设计的建筑高度坚守不突破 24m 的防火上限。鉴于校园的水、电和道路条件不能满足高层建筑的现状，设计采用多重技术措施，提高平面使用效率，并确保六层的综合楼建筑高度不超 24m。

二层平台的场地化再造。设计将二层屋面构建成一个 1600m^2 的“工”字形大平台，平台再通过大台阶连系本建筑场地外的两个广场，整个过程相当于场地的平整化提升再造。围绕平台，布置了不同使用功能的出入口，大平台成为集散人流和师生户外交往的场所，在空间上凸显了校园主楼应有的气韵。

建筑整体的无缝化处理。对称均衡的百米长楼，三个高度和体量的层次变化，通过多种措施，实现了建筑的无缝化处理，增强了建筑的整体感，凸显利落、舒展的外观效果。

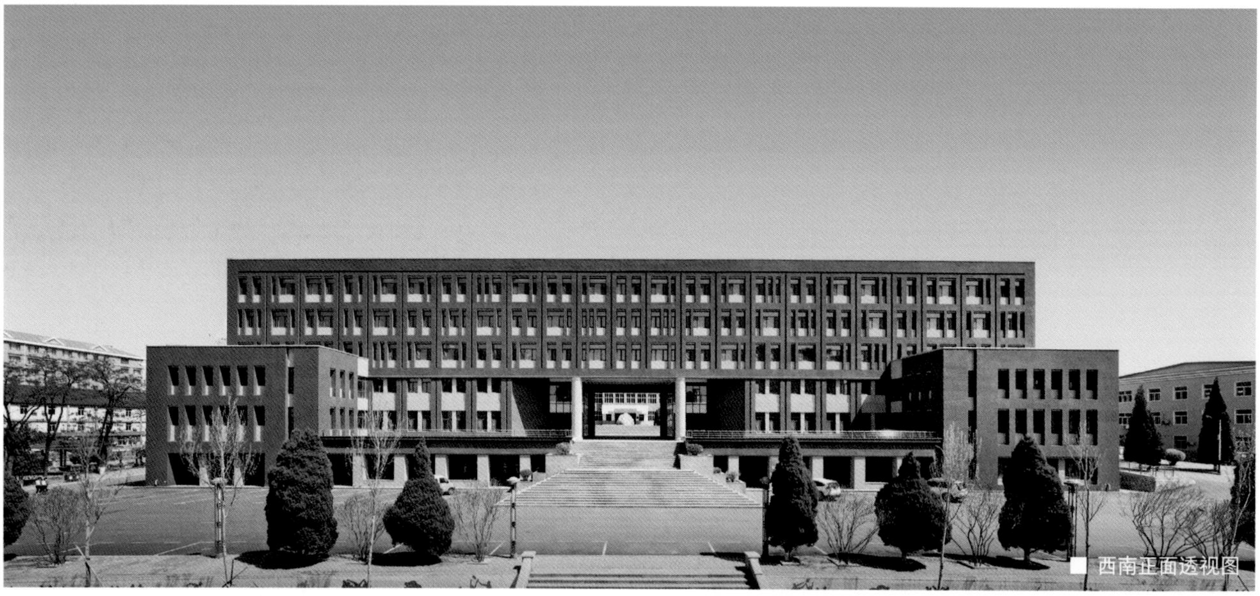

■ 西南正面透视图

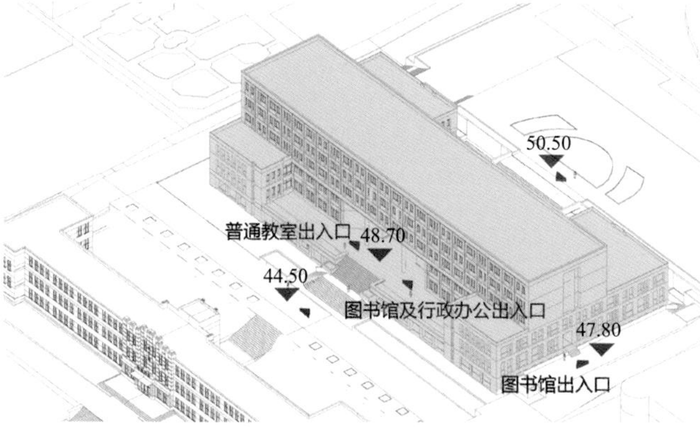
50.50
普通教室出入口
48.70
44.50
图书馆及行政办公出入口
47.80
图书馆出入口

■ 西南方向设计高程及出入口组织示意图

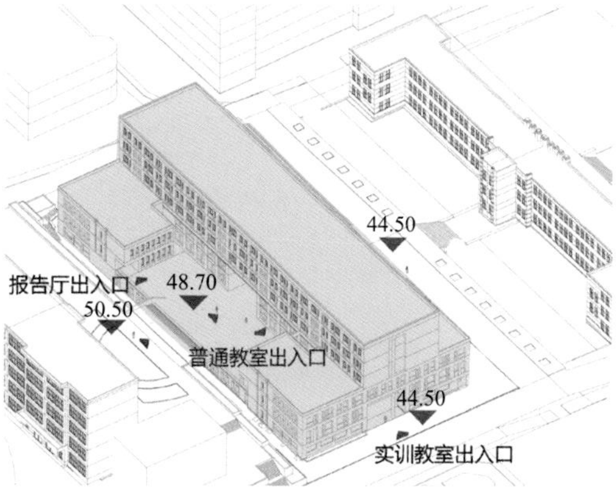
44.50
报告厅出入口
48.70
50.50
普通教室出入口
44.50
实训教室出入口

■ 东北方向设计高程及出入口组织示意图

通过功能整合，共享共融，打造立体的功能及空间组合，提供健康、适用和高效的学习使用空间。

通过定性和定量分析各部分功能的使用面积和使用人数，把六个功能模块集约整合，通过并列、叠加、穿插等空间组合方式，构建了空间和功能有机融合的综合体，教学楼部分布置在西南侧，图书馆布置在东北侧，报告厅与图书馆贴邻布置在其后侧，办公楼设置在相对独立、安静的顶层。在日常使用状况下，各个功能模块空间拥有相对独立的门厅、楼梯（电梯）和卫生间，减少和避免了相互的干扰和影响，连接不同标高场地的大阶梯和二层的平台，提供了不同功能转换的便捷条件，又可成为一处宜人的户外场所。

■ 东北背面透视图

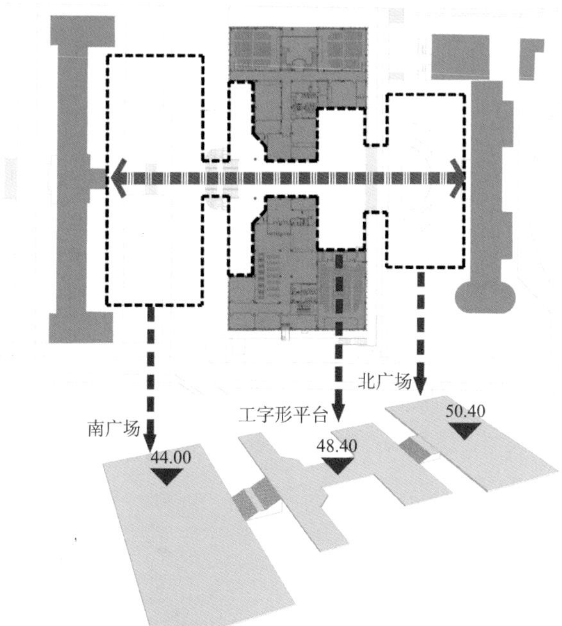
北广场
工字形平台
南广场
50.40
48.40
44.00

■ 广场及台地高程组织示意图

空间

建筑所处的中心地位，也意味着建筑的西南和东北两个立面一定要进行“无差别化”的设计处理，建筑主体立面南偏西朝向 45° 左右，意味着主体建筑的两面都是受光面，设计着力对立面进行“光和影”的塑造，体现出富有厚重立体感的造型变化。

“主楼”与前后建筑围合成南、北两个台地广场，其标高相差 5.50m，设计开放首层的屋顶平台用大阶梯相连接，在建筑中部做出 12.6m 宽，两层高的架空处理，广场与平台南北贯通，层层递升，一气呵成，强烈的中轴线，把三栋新旧建筑紧扣在一起，有机地构筑了校园的核心建筑群。

控制建筑高度的技术措施

（1）把对空间净高要求相同或接近的房间同层布置，统一建筑层高，如对净高要求较高的实训教室全部布置在首层；

（2）利用场地高差，把首层地坪下沉 0.3m，再通过檐廊和门厅过渡，逐渐进入建筑内部；

（3）利用二层平台和场地的不同高差，建立“双首层门厅”，便利“脉冲式”人流的安全集散；

（4）利用二、三层之间主楼和裙房的层高差，布置较高大空间的功能用房；

（5）减低结构高度，大跨度开间采用宽扁梁，增高有效空间；

（6）密排设备管线，尽最大可能实现管线水平穿梁分布。

通过功能整合，共享共融，打造立体的功能及空间组合，提供健康、适用和高效的学习使用空间。

西北立面透视图

东南角度透视图

实训特色

辽宁铁道职业技术学院实训教室与普通学校实训教室不同，多数专业实训功能均在室内展开，仅少数专业需室内大空间，如其铁道机车学院的电力、内燃机车实训室，机车乘务员出退勤实训室，机车调度实训室，动车模拟驾驶实训室，机车故障模拟处理实训室等，其特点是实训设备荷载大、运输困难，且其占用空间大，因此本项目将此类实训教室在首层大空间依次展开，首先首层有利于设备的运输与安装，其次大空间有利于教学功能的展开，最后将首层地面设计零层结构板，减小首层地面出现局部沉降不均的风险。除此之外，结合学校的特色学院——中兴通讯电信学院，将学校计算机实训教室放置在该建筑首层，丰富了其实训功能。

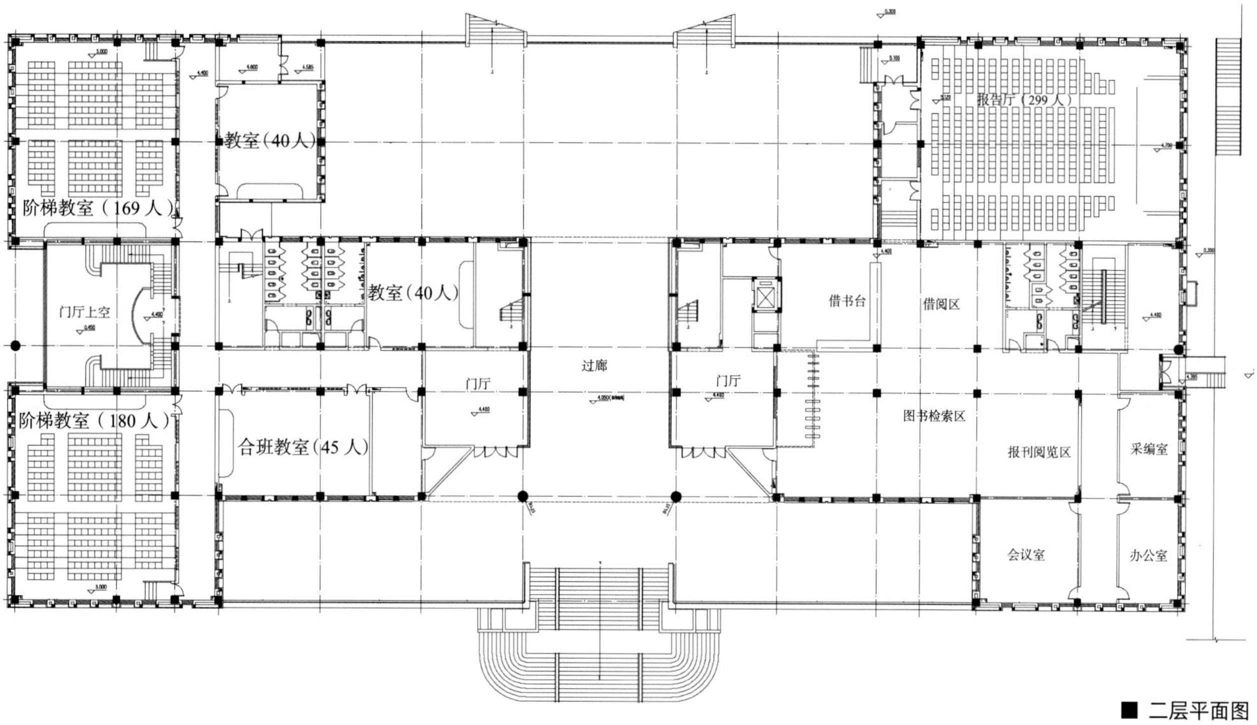

教室（40人）
阶梯教室（169人）
门厅上空
阶梯教室（180人）
合班教室（45人）
教室（40人）
门厅
过廊
门厅
借书台
借阅区
报告厅（299人）
图书检索区
报刊阅览区
采编室
会议室
办公室

■ 二层平面图

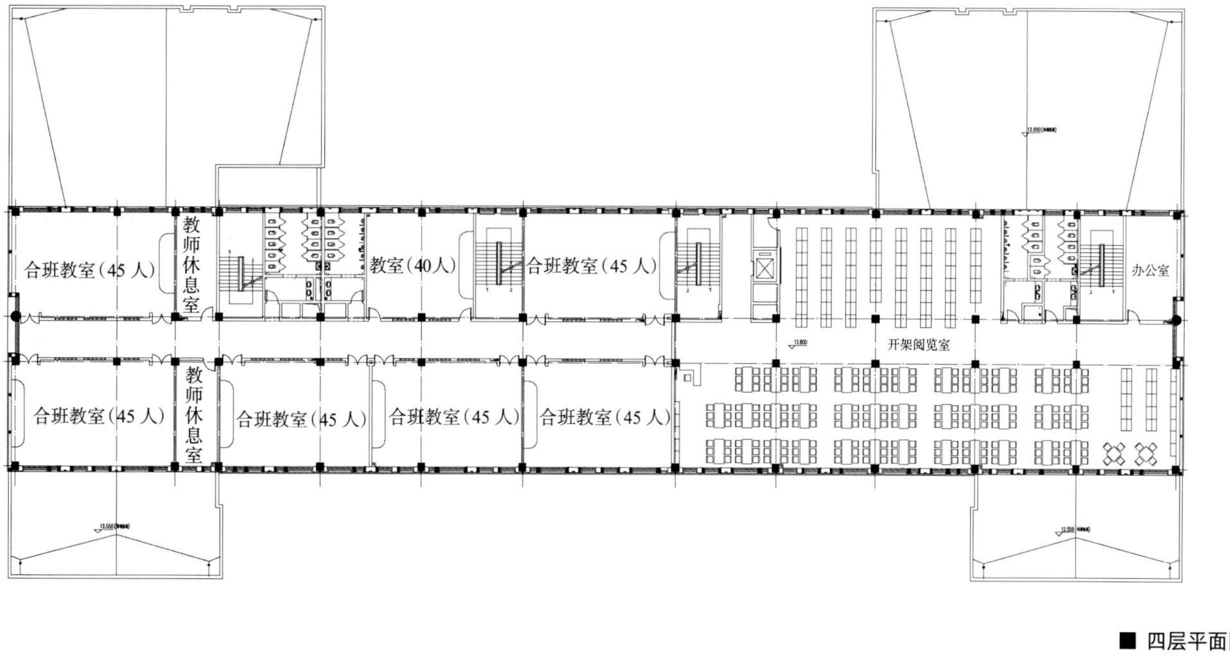

合班教室（45人）
教师休息室
教室（40人）
合班教室（45人）
办公室
开架阅览室
合班教室（45人）
教师休息室
合班教室（45人）
合班教室（45人）
合班教室（45人）

■ 四层平面图

■ 学术报告厅室内

■ 顶层走道

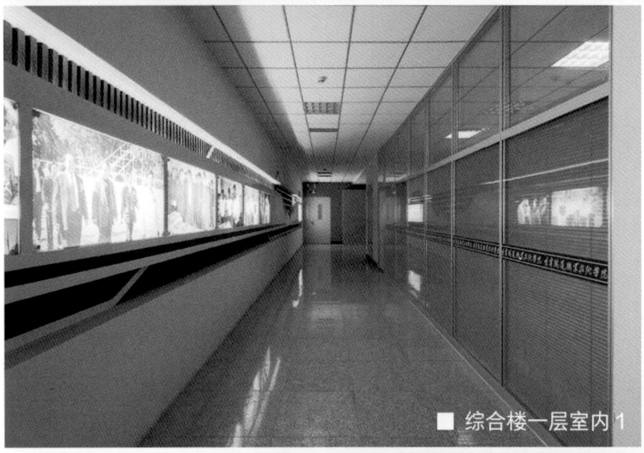

■ 综合楼一层室内 1

■ 综合楼图书馆室内

■ 综合楼一层室内 2

■ 综合楼一层室内 3

项目进展及未来展望

项目于 2013 年建成并正式投入使用。学院原校园建筑面积不足 10 万 m^2，本项目单体面积即达到 1.6 万 m^2。随着项目的投入使用，学校原实训空间不足的问题得到了大大的缓解，并且先后完成两个高水平特色专业群的建设，同时获批教育部十几个“1+X”证书试点。

项目对校园文化及校园环境进行了充分的发掘，对东北严寒地区的气候条件进行了充分的研究，无论是建筑功能、形体还是建筑材料，都进行了在地性的设计，顺利达成了“当年设计、当年施工、当年使用”的目标，也为学院建设新时代高水平铁路专科院校奠定了基础。

渤海船舶职业学院新校区实训中心建筑设计

DESIGN OF TRAINING CENTER OF BOHAISHIPBUILDING VOCATIONAL COLLEGE

清华大学建筑设计研究院有限公司

项目简介

渤海船舶职业学院（BoHaiShipbuilding Vocational College），前身是创建于1959年的国家级重点中专——渤海船舶工业学校。目前是我国北方唯一一所以培养船舶工业高素质技能型专门人才为主，面向全国招生的全日制高等职业学院，成立至今已有50年办学历史，具有深厚的文化底蕴。

新校区位于辽宁省葫芦岛市兴城首山国家级森林公园东侧，南延路中段西侧、首山脚下，背山面海，地势较高，可以远眺大海，占地面积728亩。1959年建校至今，学校为我国船舶工业的建设和发展培养了一大批高技能应用型人才。在新时代历史条件下，需要抓住机遇，加快学校发展步伐，不断提高办学层次。学校连续多年被中国教育报、腾讯网等媒体评选为全国知名高职院校十大就业典范、全国综合实力十强高职院校、全国十大最具特色高职院校等荣誉称号。

项目概况

项目名称：渤海船舶职业学院实训中心建筑设计
建设地点：辽宁省葫芦岛市
设计 / 建成：2012年 /2014年
建筑面积：31700m^2
建筑密度：14.6%
容积率：0.49
绿化率：41.8%
在校生总体规模：8000余人
教职工规模：600余人
建设单位：渤海船舶职业学院
设计单位：清华大学建筑设计研究院有限公司
主创设计师：刘玉龙、莫修权
合作设计师：艾星
施工图设计单位：葫芦岛市建筑设计院有限公司

■ 实训区鸟瞰图

学生宿舍预留
文理楼
学生宿舍
交流中心
公共教学楼
图书信息中心
教工食堂
卫生所
综合服务楼
专业教学楼2
专业教学楼1
主入口
学生食堂及超市
实训展示中心
及学生活动中心
材料专业实
习实训楼
机电专业实习实训楼
科技孵化器预留
动力专业实习实训楼
室外训练场地
次入口
兴
顺
街
龙
路
N
■ 总平面图

■ 鸟瞰实景图

实训特色

理性与浪漫并重、秩序与诗意共生、建筑与山水相融

人造建筑，建筑塑造人。良好的建筑和景观环境对于舒缓压力、启迪思维、激发创新灵感十分必要，高等职业院校的技能型人才培养目标，决定了实训区作为职业院校校园空间核心的地位。渤海船舶职业学院新校区的实习实训区设计在校园南部，沿首山冲沟两侧地形自然形成两个组团。实训区东侧和南侧临城市道路，南校门作为实训区的主要出入口，联系校园和城市，充分体现出职业院校教育与生产相结合的办学理念。北侧与西侧分别与教学区和生活区紧密相连，校园分区合理，空间紧凑。优美的校园环境，形成集教育引导、知识传播、身心娱乐、产业实训功能于一体的可持续发展的校园体系。

穿越标志性建筑科技信息大楼，布置山地景观及植物，以校园人流出入口为结束，形成校园主要景观轴线。

引领实业气质 铸就校园精神

实训区紧邻学习广场，两区在布局上视觉相连、交通可达、功能互补。通过灵活的景观设计，为学生在学习之余提供休息、晨读、活动的校园空间。相邻学习广场，设计一组造型活泼的小品式建筑，作为校园学生活动中心和实训区展示中心，成为整个校园中学生交流学习生活状态、展示精神面貌的窗口，引导学生多样化使用，激发校园活力。

■ 实训区实景

因地制宜与合理空间布局

实训楼容纳船舶与材料工程专业、电气专业、动力专业、机电专业四大渤海船院核心系部的实训空间。依据实训和授课模式，采用高大空间实训室与小空间理论课教室相结合的方式，并辅以教师用房、配套材料间等辅助用房。实训区采用简洁现代的建筑体量，打造实业车间的厂区氛围；院落式的围合布局，顺应原有场地高差，营造富有趣味的实训区校园人文环境和景观特点。

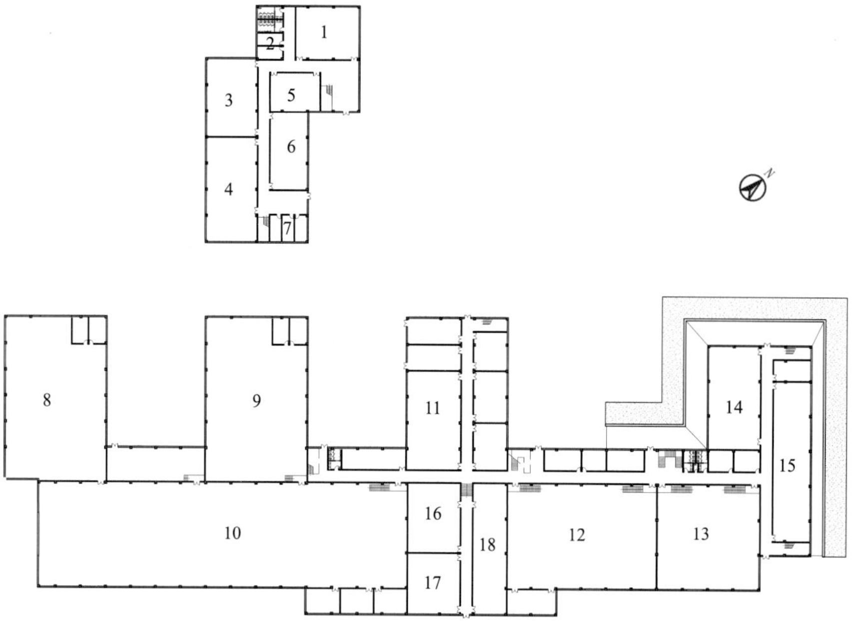

1
2
3
4
5
6
7
8
9
10
11
12
13
14
15
16
17
18

1 大赛工作室
2 材料室
3 电钳车间
4 电机与电器控制室
5 工厂模型室
6 船舶电拖室
7 办公室
8 船舶制造实训车间
9 钢材加工与涂装实训车间
10 船舶与海洋工程装备实训车间
11 放样实训车间
12 焊接生产实训车间
13 焊条电弧焊实训车间
14 气体保护焊实训车间
15 焊接工艺实训室
16 热处理实训车间
17 铸造生产实训车间
18 特种铸造综合实训车间

■ 一层平面图

■ 实训楼及专业教学楼 1

■ 实训楼及专业教学楼 2

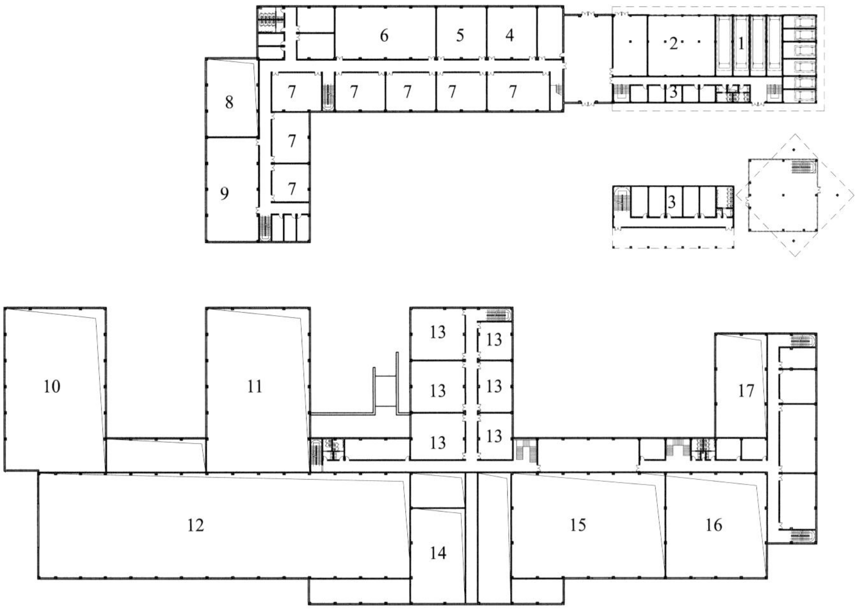

1 大客车车库
2 预留仓库
3 办公室
4 展列室
5 大教室
6 电子工艺室
7 信号、工艺实训室
8 电钳车间上空
9 电子焊接实训室
10 船舶制造实训车间上空
11 钢材加工与涂装车间上空
12 船舶与海洋装备车间上空
13 船舶制造实验室
14 铸造生产实训车间上空
15 焊接生产实训车间上空
16 焊条电弧焊实训车间上空
17 气体保护焊实训车间上空

■ 二层平面图

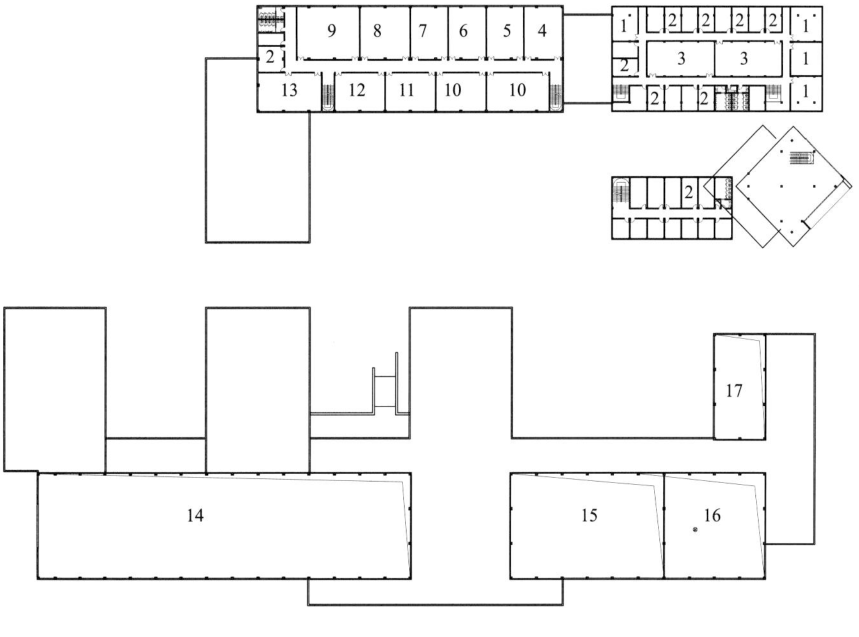

1 活动室
2 办公室
3 会议室
4 单片机
5 计算机控制系统
6 生产设计室
7 电气自动化室
8 英语识图
9 PLC 一体化教室
10 仿真室
11 继电保护实训室
12 高频室
13 机床智能室
14 船舶与海洋工程车间上空
15 焊接生产实训车间上空
16 焊条电弧焊实训车间上空
17 气体保护焊实训车间上空

■ 三层平面图

实训区服务学校培养方向，以船舶行业生产性实训车间为主体，涵盖船舶制造工程、船舶动力工程、船舶电气工程、机电工程、材料工程五个方向。

以船舶电气工程系精细化实操实训场地为例。实训场地分为船舶电气工艺标准展示区、船舶电气系统应用样板区、船舶电气钎焊实训区、电缆敷设及设备安装接线实训区四大功能区。将船舶系统功能应用实训展示区与船舶电气工艺标准展示区融为一体，选择船舶电气的典型电气系统，在展示区域内按照船舶建造的实际情况，遵循规范的要求，按照功能的实际工况进行统筹设计，在实训展示区进行合理的布置。将船舶电气工艺理论集中进行再现，将船舶电气施工工艺标准直观形象化集中展示，全过程区域化。更接近船舶电气施工的实际，便于学生集中掌握施工工艺标准的具体要求。

实训设备集成化，分为安装展示模块和实训操作扩展模块，既涵盖样板一致的工艺实训内容，又可以灵活改变操作模块的实训内容，模拟不同的环境进行实际操作培训。在综合实训中，样板模块把工艺标准通过实际样板进行展示，工艺标准指导实践操作。操作模块和扩展模块可以全流程、全过程地进行以上施工项目的施工技能实训操作。通过工艺理论学习、实训操作及扩展训练，提高学生的操作技能和综合素质能力。进一步掌握施工标准，开展工艺标准改进和创新工作，成为综合技能实训与理论相结合，标准与样板结合，改进创新与实际结合的实训基地。

■ 实训场所 1

找 借 口 只 会 失 败

■ 实训场所 2

■ 实训场所 3

■ 实训场所 4

项目使用情况及未来展望

新校区于 2014 年 5 月全部建成并投入使用，学校依托校企合作管理平台，构建“三结合、六对接”的人才培养模式，5 个生产性实训基地、4 个工程技术中心、141 个实训室均已完成。近十年来荣获全国模范职工之家、辽宁省五一劳动奖状、辽宁省毕业生就业工作先进集体、辽宁省平安校园等 30 多个荣誉称号。学院被中国机械工业教育协会评为“全国机械行业骨干职业院校”和“全国机械行业校企合作与人才培养优秀职业院校”。

吉林铁道职业技术学院新校区规划设计

PLANNING OF NEW CAMPUS OF JILIN RAILWAY TECHNOLOGY COLLEGE

哈尔滨工业大学建筑设计研究院

项目简介

吉林铁道职业技术学院位于吉林省吉林市，是一所具有优良革命传统和悠久历史文化的省属公办全日制高等职业院校，是吉林省唯一以铁道类专业为主的高等职业院校。学院前身是建校于1948年的吉林铁路经济学校和1958年的吉林铁路运输职工大学，是铁道部最早创办的职业学校、国家级重点校，已有70年的办学历史。现有全日制高职在校生10128人，教职工781人。

吉林铁道职业技术学院新校区位于吉林市永吉经济开发区羊草沟村（吉桦路666号），与吉林市毗邻，距吉林市一中12km。基地南侧紧邻202国道，东侧为吉林市金洪汽车配件厂，西侧、北侧为山坡，交通便捷，地理位置优越，地貌多样，北部为山地，南部为坡地。规划建设用地面积87.23公顷（红线内）。

项目概况

项目名称：吉林铁道职业技术学院新校区规划设计

建设单位：吉林铁道职业技术学院

用地面积：87.23 公顷

设计 / 建成：2011 年 /2013 年

建筑面积：193413.63m^2

占地面积：7.49 公顷

建筑密度：8.59%

容积率：0.22

绿地率：63.93%

在校生总体规模：8000 人

教职工规模：900 人

设计单位：哈尔滨工业大学建筑设计研究院

主创设计师：曹炜

合作设计师：刘曦

■ 鸟瞰图

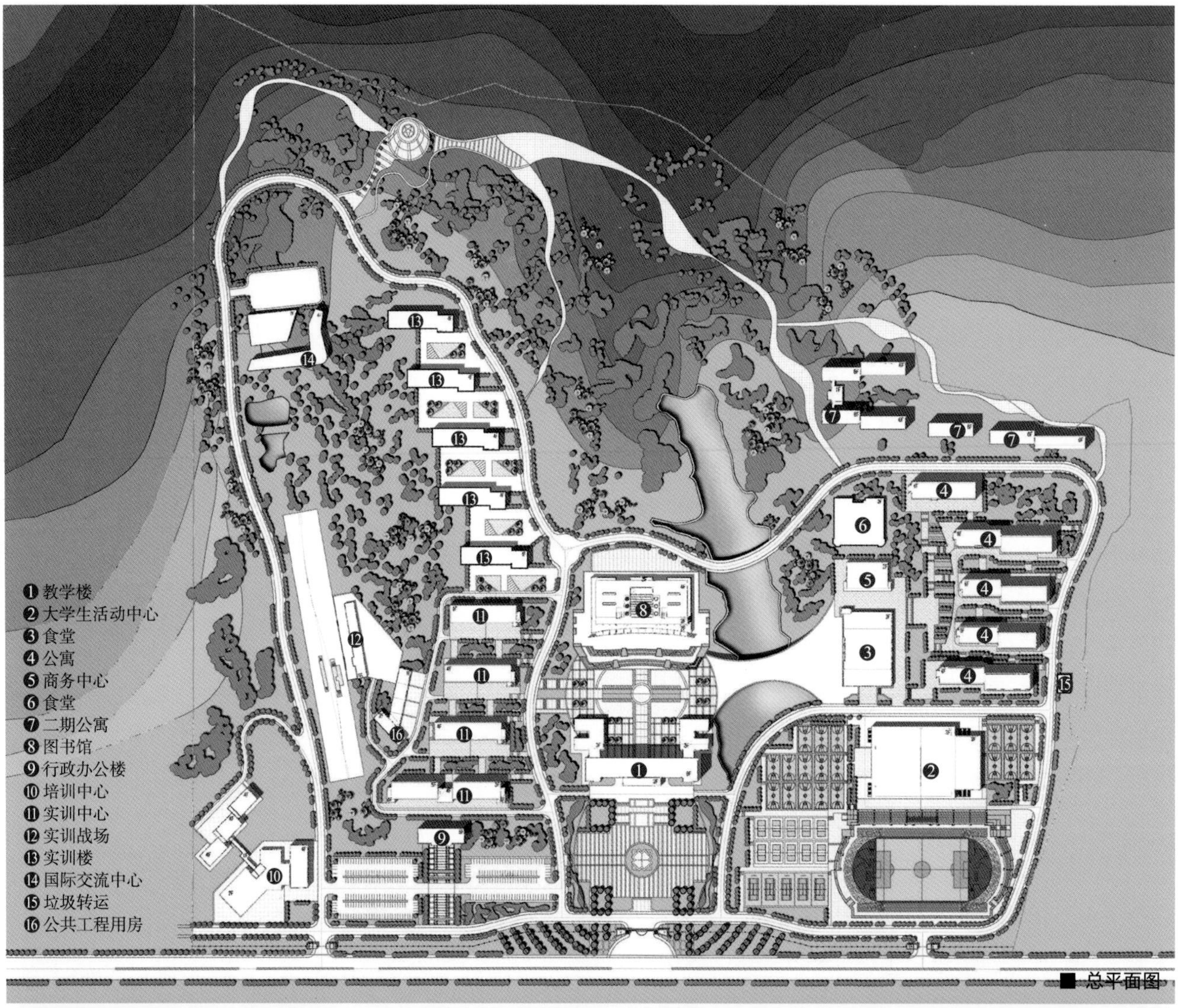
❶ 教学楼
❷ 大学生活动中心
❸ 食堂
❹ 公寓
❺ 商务中心
❻ 食堂
❼ 二期公寓
❽ 图书馆
❾ 行政办公楼
❿ 培训中心
⓫ 实训中心
⓬ 实训战场
⓭ 实训楼
⓮ 国际交流中心
⓯ 垃圾转运
⓰ 公共工程用房
■ 总平面图

吉林铁道职业技术学院
■ 校园入口

项目亮点

在“情境教学，人文校园”规划概念指导下，提出了“三心、一轴、两带、四区”的规划功能布局。

家园情系精神——三心

情感中心位于主入口处主楼前广场处，通过对空间场所感的营造，带给人舒缓、宁静、理性的感官印象，作为校园对外的窗口，同时又为师生交流、集会提供适宜的场所空间。

生活中心位于以主题休闲广场为中心的生活区，在各自组团形成院落基础上，又集中围绕中心休闲广场形成各自独立又密切联系的生活组团并向水面开放。

教学中心位于以图书馆、实训楼为中心的教学区域，各个传统院落组合的教学组团结合中心绿核的水系、山体，共同营造出轻松、舒缓的学习气氛，为师生提供休闲、娱乐、交流的共享空间。

山水凝固永恒——一轴

以山体景观、图书馆、主楼和前广场构成的隐含轴线分别呈现出端庄、自然和开放的多种空间表情，灵活丰富的布置方式极大地活跃了整体校园环境；贯穿教学区的教学轴线是由一条收放开合的景观步行系统实现的，通过教学组团的庭院式布局，营造出宜人的学习空间和浓重的教学科研氛围。

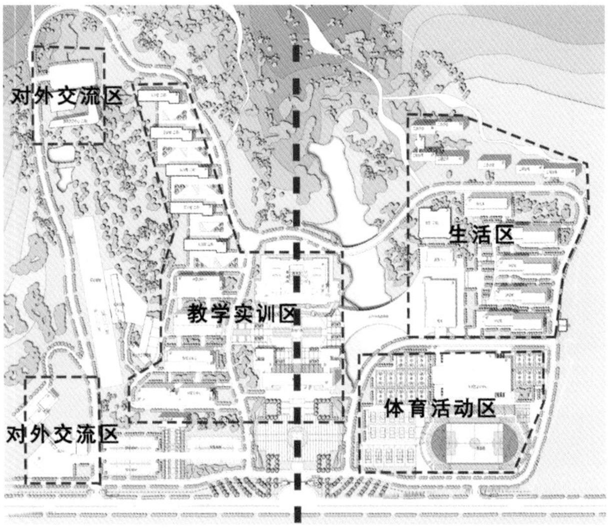
对外交流区
生活区
教学实训区
体育活动区
对外交流区

■ 规划布局

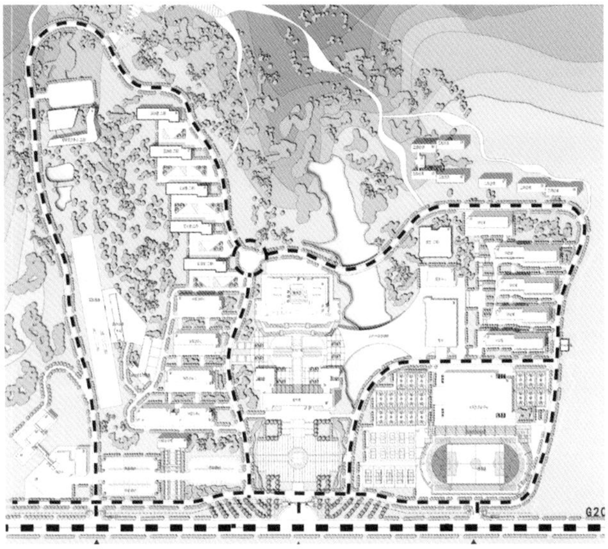

■ 交通分析

■ 教学主楼

绿色呵护生命——两带

用定宽度的绿化带形成生态绿网，通过校园内部车行主干线将绿色引入并适当分配到整个校园中，绿化带有效地提升了校区内部的环境品质，为师生提供了多处休闲游憩的场所，并且调节了校区的小气候，创造了一个高品质的“流绿”校园；充分利用原有地貌存在的两条生态水系形成校园的两条绿肺，让校园充分亲近自然。

院落铭刻记忆——四区

教学区——带状序列的庭院式布局，达到了教学的开放性，景观的可入性，空间的渗透性，非常有利于学校的教学和分期发展需要。

景观休闲区——结合基地原有坡地设计的中心景观休闲区作为校园绿核紧密地联系了教学区和生活区，为师生提供了个宁静便捷、景观优美的休闲和交流的场所。

生活区——以学生宿舍和食堂为主的生活区采用传统院落式组合，通过中心休闲广场将它们联系起来，同时向劳动湖开放，很好地利用了基地自然景观，从而形成内向舒适的学生生活空间。

体育活动区——体育活动区位于生活区的南侧，为便于学生的活动，交叉设置了篮球、排球等活动场地；体育场和大学生活动中心形象别致，成为校园规划的一个结束性标志，同时也为城市提供了个积极良好的景观形象，结合学校开发策略形成对外交流区，形象环境优美同时独立性极强。

■ 体育运动区实景

■ 图书馆实景

项目亮点

总体布局

工程用地性质为教育用地，用地内为坡地地形，现状为民居及山地。建筑群体遵循规划用地原则，结合地形，利用用地内南侧相对平坦地势设计单体，总体规划中新校区单体由教学区、生活区、体育活动区以及对外交流区等四大部分组成，其中教学区位于基地中轴线上以及中轴线西侧，由教学楼、图书馆、实训中心及实训战场和场地等单体组成；生活区位于基地东北角，由学生公寓、食堂及商务中心等单体组成；体育活动区由大学生活动中心、体育场及体育活动场地组成；对外交流区由培训中心及二期国际交流中心组成。各部分功能单体考虑彼此之间的相互关系及与相邻建筑、道路关系进行合理布置，并综合考虑绿化、交通、防火、日照、通风等因素。设计同时在基地北侧预留二期实训中心、食堂、公寓及对外交流中心等学校发展用地。

突出“以人为本”的设计原则

主要体现在满足教学、实训、生活的需求；满足交流、活动、休闲的需求；满足方便、安全的需求。建筑的单体设计以现代建筑艺术为主要建筑元素，在体现时代特色的同时形成学院校园的独特风格。

坚持“布局合理、功能完备”的设计原则

在充分利用土地资源的基础上，做到科学规划、合理安排校区的功能分区，确保教学的中心地位，以达到校园分区功能完备。新校区发展空间较大，统一考虑专业设置、资源分布等情况。按专业功能相近的特点考虑各建筑组团的布局，以利于提高教学管理水平。

贯彻“美观庄重、生态环保”设计原则

高校是社会文化建设的重要阵地，建设具有吉林铁路职业学院特色的文化型校园，是本次规划设计主导思想的重要组成部分。因此，以规划、景观、建筑三位一体的整体化校园设计手法，从整个校园的生态环境到建筑组群，营造多层次的景观空间，立足于提高修养、陶冶情操，起到“环境育人”的作用，强调生态和景观的理念、注重建筑与环境的结合，提高校园的文化品位。

■ 学生公寓实景

实训特色

在长期的办学历程中，学院一直坚持“根植铁路，立足吉林，服务全国，面向世界”的办学定位，形成了“产教深度融合、校企深入合作、国际化办学深入开展”的办学特色。设有铁道运输、铁道信号、铁道工程、铁道机车、铁道车辆、城市轨道交通、电气工程、机械工程、管理和东北亚高铁学院10个分院；以铁道类、城市轨道交通类专业为主、社会通用专业为辅的40个专业。各分院系有包括重载铁道车辆货车实训基地、轨道车辆空调客车实训基地、CRH动车组设备实训基地、动车组制动系统实训区、铁路客车检车员技能培养实训区、电机控制实训室、城轨模拟驾驶实训室等200余个实训场地、场区及教室。

学院突出职业培训的办学特色，是中国铁路总公司干部职工培训基地、中国铁路沈阳局集团有限公司干部职工培训基地、全国地方铁路协会培训基地、吉林省轨道交通技术技能人才培训基地。

■ 铁道综合演练基地

■ 实训楼实景

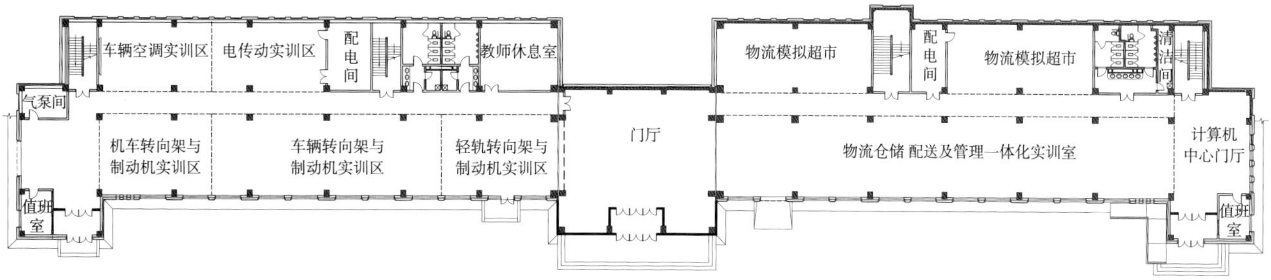
车辆空调实训区
电传动实训区
配电间
教师休息室
物流模拟超市
配电间
物流模拟超市
清洁间
气泵间
机车转向架与制动机实训区
车辆转向架与制动机实训区
轻轨转向架与制动机实训区
门厅
物流仓储 配送及管理一体化实训室
计算机中心门厅
值班室
值班室

■ 1号实训楼一层平面

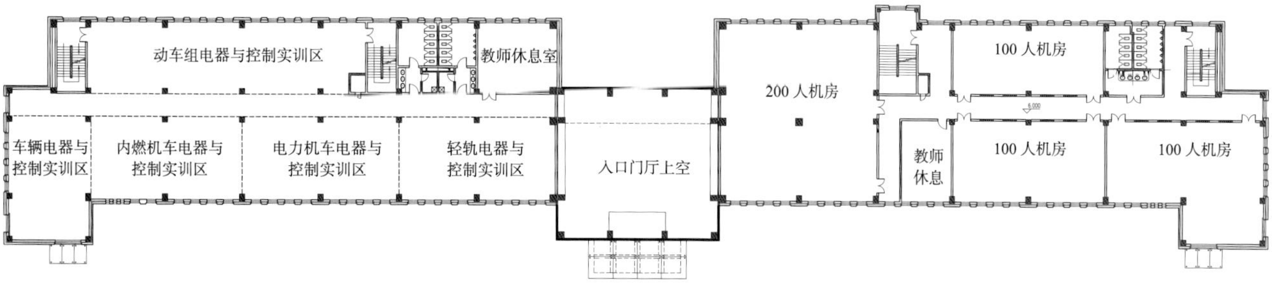
动车组电器与控制实训区
教师休息室
200人机房
100人机房
车辆电器与控制实训区
内燃机车电器与控制实训区
电力机车电器与控制实训区
轻轨电器与控制实训区
入口门厅上空
教师休息
100人机房
100人机房

■ 1号实训楼二层平面

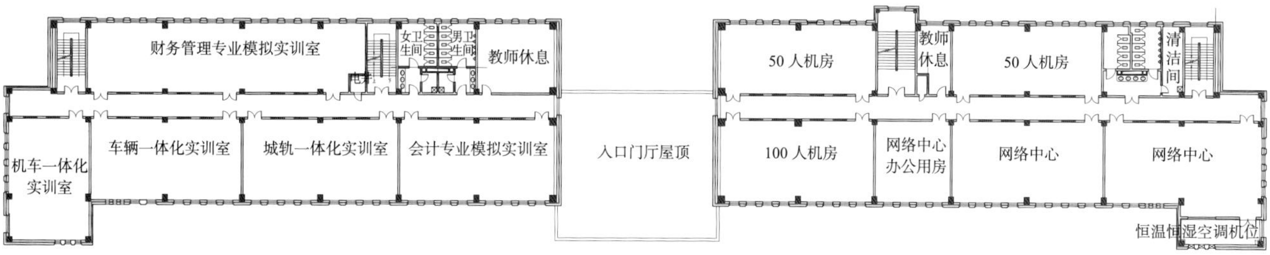
财务管理专业模拟实训室
女卫生间
男卫生间
教师休息
50人机房
教师休息
50人机房
清洁间
机车一体化实训室
车辆一体化实训室
城轨一体化实训室
会计专业模拟实训室
入口门厅屋顶
100人机房
网络中心办公用房
网络中心
网络中心
恒温恒湿空调机位

■ 1号实训楼三层平面

机械加工车间
金工实习实训区
CDE6140A
Ø400X750
DMTG
大连机床集团
DALIAN MACHINE TOOL GROUP

■ 机械加工车间

■ 实训实景

■ 铁路电气集中控制沙盘

■ 铁道车辆实训场

项目进展及未来展望

项目已于2013年底投入使用，师生反馈良好。

吉林铁道职业技术学院建校于1948年，是铁道部最早创办的职业学校、国家级重点校，已有70多年的办学历史。曾为我党接管南满铁路和中东铁路，取得辽沈战役胜利，乃至东北解放、全国解放都做出了卓越贡献。多年来，学院相继被确定为吉林省示范性高职院校、吉林省铁道高职教育研究基地、教育部和吉林省职业教育现代学徒制试点院校、全国职业院校数字校园建设实验校。校区地处吉林永吉经济开发区吉桦路666号，位处国家战略长吉图开发开放先导区的核心地带，是国家新批准的长吉新区的重要节点。

从整体校园的生态环境到建筑群组，营造多层次的景观空间，立足于提高修养、陶冶情操，起到“环境育人”的作用，注重建筑与环境的结合，提高校园的文化品位。尊重校方对校园规划的建设及校园宏观定位，项目的设计目标是：在充分研究学院优良历史文化传统的基础上，合理整合新校区规模及空间形态，形成现代化、网络化、生态化、人性化的当代校园规划，实现师生在校园中生活能够获得一种认同感、归属感和安全感，使整个校园生活成为师生终身美好的记忆。

上海出版印刷高等专科学校新校区规划及建筑设计

PLANNING AND ARCHITECTURAL DESIGN OF NEW CAMPUS OF SHANGHAI PUBLISHING AND PRINTING COLLEGE

上海华东发展城建设计（集团）有限公司

项目简介

上海出版印刷高等专科学校创建于 1953 年，是新中国建立的第一所出版印刷类学校，中国出版印刷专业教育的摇篮，国家新闻出版署（原国家新闻出版总署）与上海市人民政府共建特色学校。学校是国家 100 所骨干建设高职院校单位之一；是国家高等职业教育专业教学资源库建设单位；是上海市建设现代大学制度的首批试点单位。学校助力上海获得 2021 年世界技能大赛举办权；被原国家新闻出版广电总局确定为“国家印刷出版人才培养基地”；是国家出版印刷人才培养基地、上海文化创意产业服务基地、国际先进传媒技术推广基地。

上海出版印刷高等专科学校新校区位于上海张江科学城上海国际医学园区内，地处排泾港以南，A3 高速公路以东，芙蓉花路以西，戴家漕河以北的地块内；建设用地面积：约 250 亩；建设内容和规模：总建筑面积约 16.8 万 m^2，其中一期约 10.5 万 m^2。

上海出版印刷高等专科学校新校区规划建筑设计以模块化设计理念为基础，坚持人文性、艺术性、“虚实”建构、建筑群形态等前瞻性理念，建构了一个呼应学校“观念兴校、特色立校、人才强校”发展理念的新校园。

上海出版印刷高等专科学校新校区的启动有效地拉动了上海张江科学城上海国际医学园区的城市文化产业综合竞争力，为园区建设注入了新的活力。

项目概况

项目名称：上海出版印刷高等专科学校新校区规划及建筑设计
建设地点：上海市浦东新区
设计 / 建成：2009 年 /2013 年
用地面积：147870m^2
总建筑面积：168000m^2
建筑密度：34.5%
容积率：1.14
绿化率：30.12%
在校生总规模：约 5000 人
教职工规模：约 500 人
建设单位：上海出版印刷高等专科学校
设计单位：上海华东发展城建设计（集团）有限公司
主创设计师：张约翰、刘云、皮岸鸿
合作设计师：任憑、向卓睿、唐家元、丁睿、龙文广、赵才先等

■ 校园南向全景

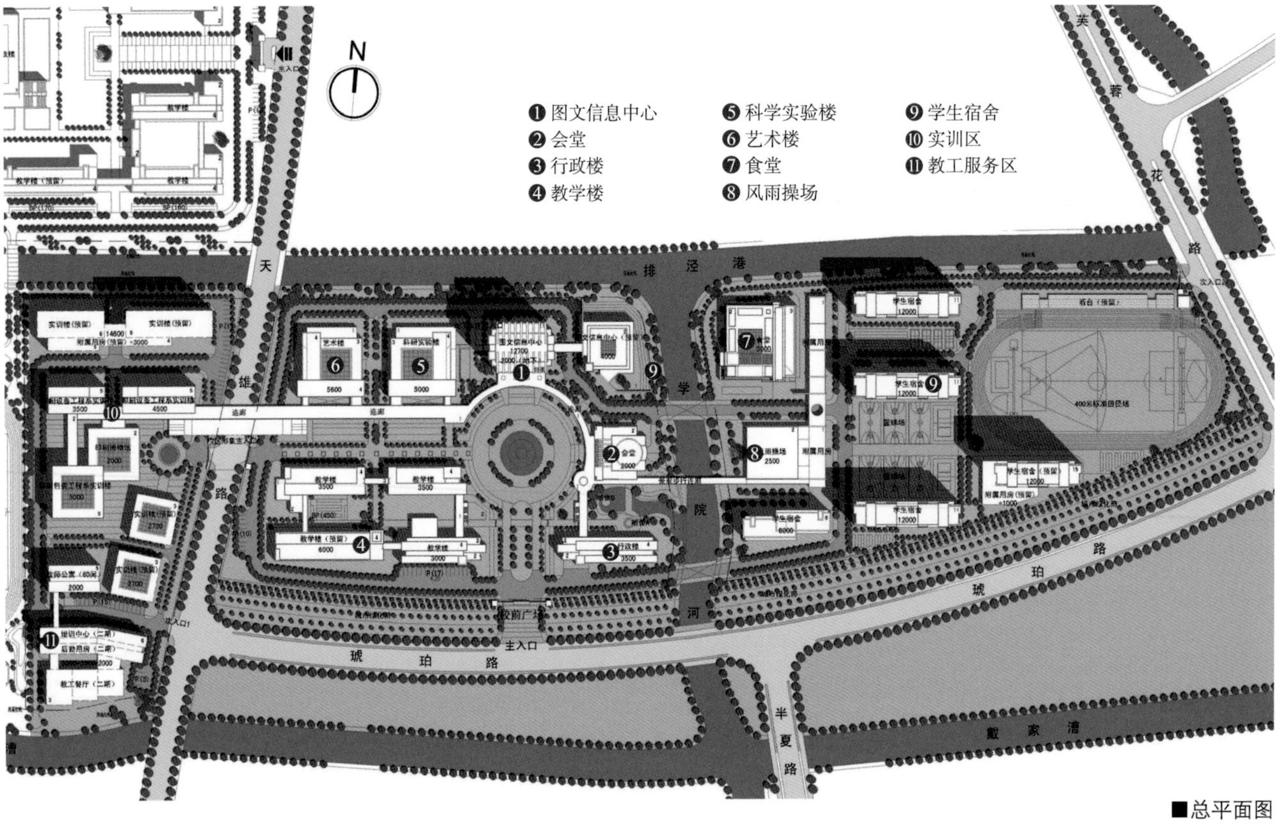
N
❶图文信息中心
❷会堂
❸行政楼
❹教学楼
❺科学实验楼
❻艺术楼
❼食堂
❽风雨操场
❾学生宿舍
❿实训区
⓫教工服务区
排泾港
芙蓉花路
天雄路
学院河
琥珀路
半夏路
戴家浜
主入口
校前广场

■总平面图

■ 校园中心广场实景

项目亮点

“虚实”建构

基地为一狭长用地，我们用了一条东西向轴线巧妙地将基地的三个部分整合在一个完整的轴线体系中，中间部分为校园主核心，两侧部分的建筑肌理分别顺应了城市东西走向和琥珀路的道路形态，与城市肌理吻合；同时在校区的圆形核心成功地完成了校区南北向形象入口轴与校区东西向功能轴的转折，避免了一通到底的单调的空间的形式，可谓“一箭双雕”。

规划设计中追求建筑空间的多样性，体现建筑的体型美，表达出学校建筑空间的雕塑性，强调空间实体与虚体的冲突与变化，着力结合基地的滨河景观，建构出一个坐落在园区内有出版印刷学校文化个性的建筑雕塑公园。

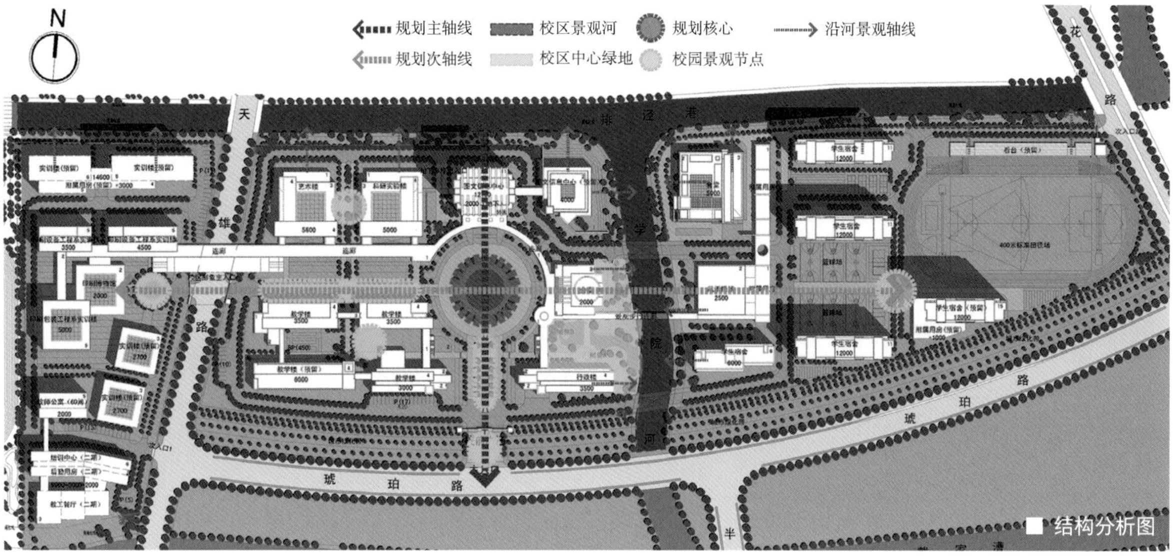
N
规划主轴线
校区景观河
规划核心
沿河景观轴线
规划次轴线
校区中心绿地
校园景观节点
琥珀路

■ 结构分析图

功能规划

契合地块被道路和河道自然切割的现状条件，规划将相对独立的学生生活区设置在校区东侧地块，与校区核心区跨河而立，同时将有一定对外服务性的实训用房及培训中心设置在基地西边的地块内。考虑到基地间的连接需求，采用立体化的步行交通体系来避免地块自然划分，采用一条两层高的连廊将校区联系在一个完整安全的步行体系中。

在场地的中间位置，围绕着校园核心广场，分别布置了图书馆、会堂、行政楼和教学楼；从中心广场沿风雨连廊向西延伸，分别布置了科研实验楼、艺术设计系、印刷实验实训中心大楼、博物馆及预留期实验实训大楼群等；从中心广场向东延伸，分别设置风雨操场、食堂、后勤辅助用房、学生公寓、二期及预留学生公寓和体育运动区。

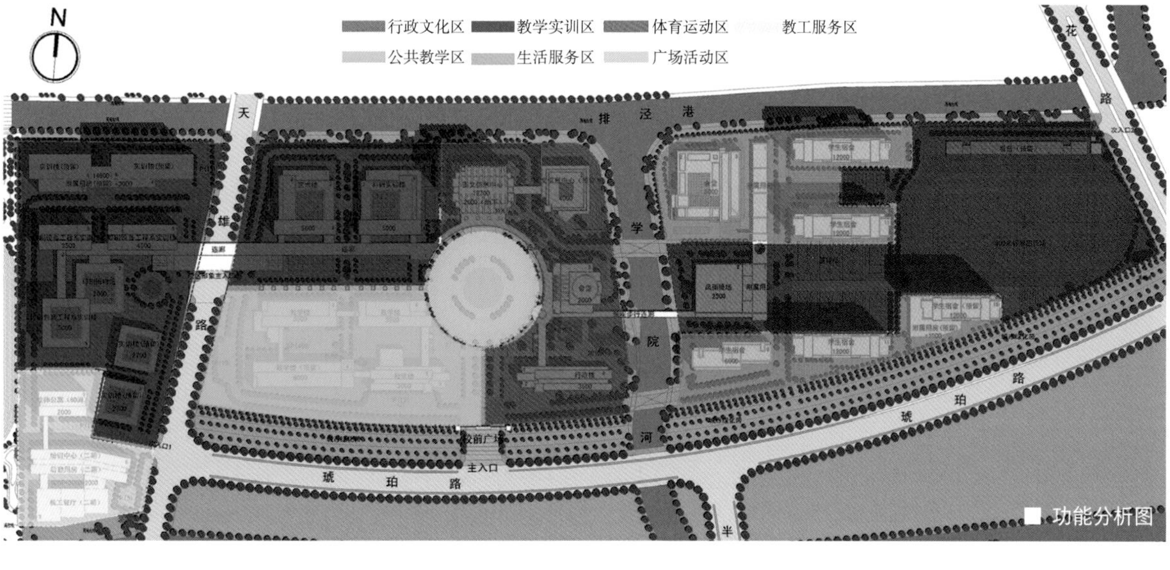
N
行政文化区
教学实训区
体育运动区
教工服务区
公共教学区
生活服务区
广场活动区
主入口
琥珀路

■ 功能分析图

交通组织

根据校园250亩左右的用地规模和狭长形地块的特殊性，在校园中区地块全外环的路网便能实现最大限度的人车分流；而在校区东西两片，因基地过小，用地紧张，无法实现环路系统，设计考虑一条主干车行道外围贯通的模式来解决交通规划。

校园的主入口根据要求设置于沿琥珀路一侧，作为校园南北主轴的空间起点；另外，根据狭长地形的交通需求和规划对于入口位置的要求，在贯穿校区的天雄路东中部设置东西轴的两个相对的功能入口；同时，考虑到校区后勤出入的独立性，设计考虑在校区东侧芙蓉花路设置后勤专用口。

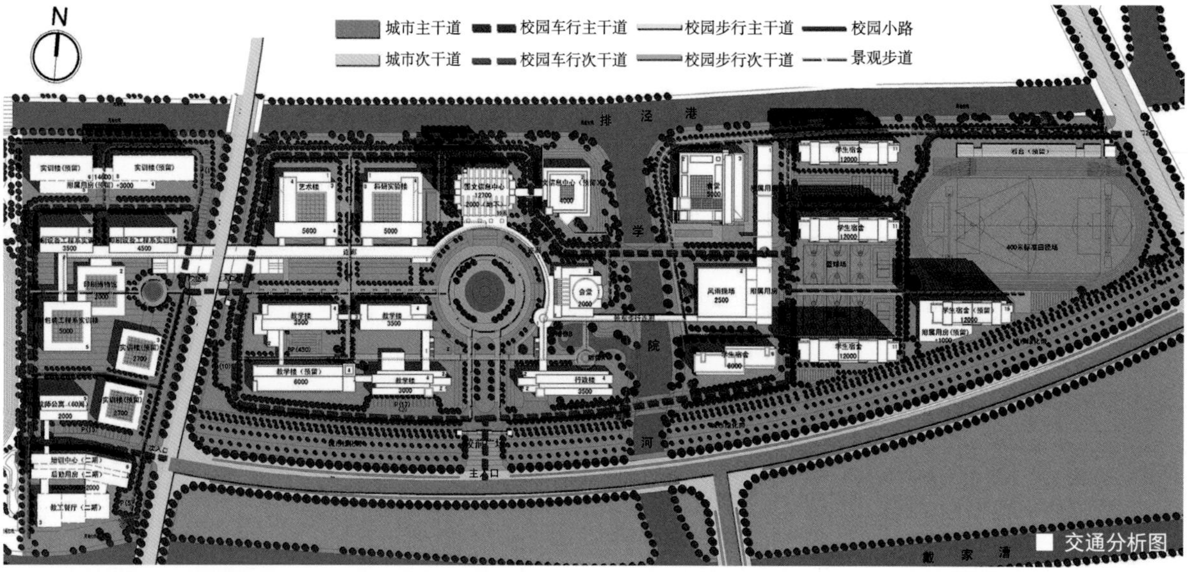
N
城市主干道
校园车行主干道
校园步行主干道
校园小路
城市次干道
校园车行次干道
校园步行次干道
景观步道
交通分析图

功能规划分期建设与绿色发展

校园的规划建设要体现绿色可持续发展战略，科学合理地使用土地资源，分期顺序开发，提高土地集约的综合效益。

核心区采用"片状"可持续发展绿地，既解决了各功能组团之间紧密互动的问题，又为未来发展预留了几片绿地；在中心区之外留有许多"带状"可持续发展绿地，既不影响建筑布局的紧凑性。又使规划有透气性，形成了会呼吸的校园空间。

考虑到新建筑的建设与国家能源紧缺之间的矛盾，在生活区运动场周边设置集中的风力发电塔，风电能提供校园整体的公共景观照明以及部分建筑室内照明；宿舍楼为大量用水建筑，规划在学生宿舍屋顶设置太阳能电热水器辅以市政天然气系统，供生活区内的宿舍使用。

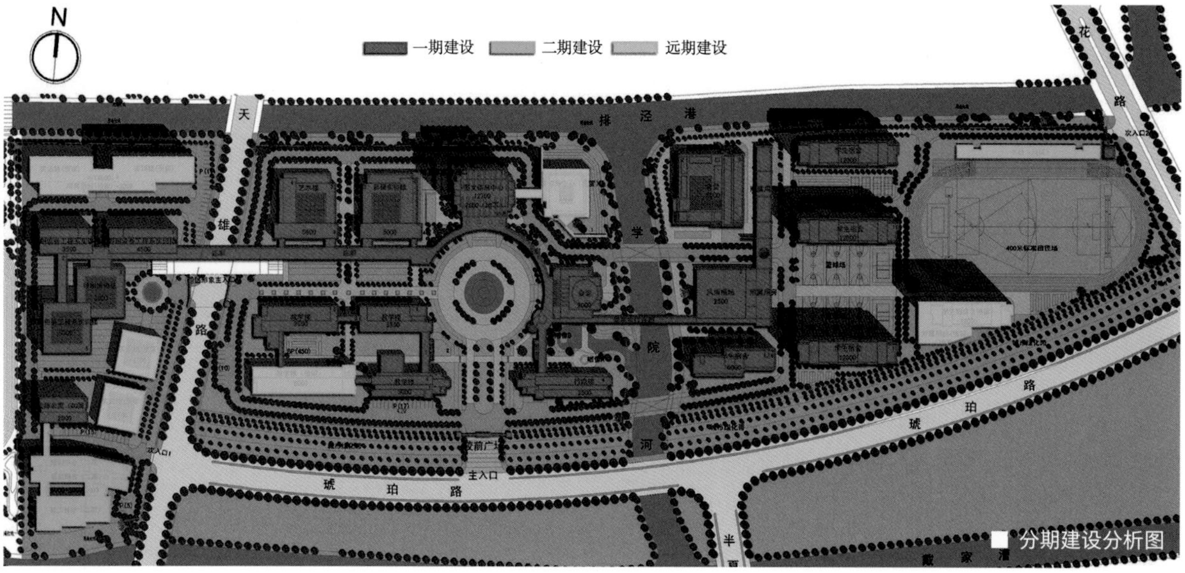
N
一期建设
二期建设
远期建设
分期建设分析图

圆形核心

上海出版印刷高等专科学校应具有主导校园气氛的形态中心，向人们表达一种整体的意象，即场所精神。把行政办公楼群、会堂、图文信息中心、教学楼群、实训楼群围合起来，形成一个尺度完整的圆形广场时，校园的形态中心出现了。

这种圆形空间围合的形式，不仅提供了交流的场所，也传达着一种自由开放的信息，是一种不知不觉的共享，一份内心情态宣泄的舞台。圆形的形态中心处于五栋楼的中心，成为日常学习和生活的延伸，社会功利的一面在此庄重的人性色彩中获得稀释，同时，以一种向四周通透开放的姿态，欢迎学生参与到这个环境中来。

■ 中心鸟瞰

■ 鸟瞰效果图

场所营造

上海出版印刷高等专科学校新校区的设计中我们专注于现代性校园之院落空间的创造，追求一种宁静、平和的空间气氛，而不是建筑形体的新奇、复杂，通过空间的开敞与围合，注重功能空间的有机组织和开放空间的连续展开，实现场所感与视觉上的节奏感，创造启发思考的庭院空间。

在这里，形式、构成、材质、色彩……建筑及其空间表现出完全是现代的、欣然而有朝气的面貌。同时，庭院空间将安静的绿地、低调平整的广场空间连为一体，点状的树木、雕塑点缀其间，形成现代书院式的空间氛围，完成了对传统庭院空间的现代阐释。

■ 校园步行街道鸟瞰

■ 校园廊院

人文关怀

人文关怀的规划设计思想和轻松、亲切、有涵养的文化建筑的营造模式是上海出版印刷高等专科学校新校区规划的核心思路。因为学校作为学习的地方，学习的概念意味着在安静、从容、祥和之中去吸收自己需要的养分，它应该是近人怡心和贴近人行的规划尺度，同时也应该是历久弥新的，正如好酒，百年后仍有迷人的醇香和让人感悟的思忆。因此，人性尺度空间的营造是规划设计的立意之源。

规划避免出现巴洛克式的空间营造模式，避免长轴线大进深的建筑群落组织，回归细腻亲切的空间景观形态，打造出类似与街道和广场连续展开的建筑群落尺度。

复合群构

上海出版印刷高等专科学校应具有主导校园气氛。上海出版印刷高等专科学校具有浪漫性特征，规划核心形态作出了呼应性的解答，有别于普通的方形核心空间，出版印刷学校采用圆形的核心形态来表达其浪漫性特征。

设计力图创造一个具有复合的迷人的校园环境。它能够承载功能的、社会的、生态的、文化的和心理的需求，所谓“空间情节”。在建筑景观设计上，通过建筑、景观围合的街区化的空间模式，运用底层架空、柱廊、核心区的休息平台、交往空间及过渡性灰空间的设计方式来达到校园的互动性，最终达到复合性的空间群构形态。

把复合化的群构建筑形态融入上海出版印刷高等专科学校新校区的规划设计中来，是在打破传统校园规划中单一的排排座的建筑组织形态。形成了一个建筑与建筑之间，建筑群与建筑群之间更加密切生动的联系。

建筑雕塑

上海出版印刷高等专科学校新校区将用轻松诙谐的现代式建筑语言，精细肯定的空间组织模式，把高雅的人文性与潇洒精致的经典手法融为一体，以体现学校新时代文化内涵和艺术意蕴的塑造。

我们将学校建筑定位为带有历史情节的现代主义建筑，现代构形中植入一些古典的精美细部的比例，红色砖墙面与浅色涂料线条成为主导材质，丰富的质感与钢和玻璃的光滑透明产生强烈的对比，在材质、色彩上极力突出建筑的厚重感、历史感与文化感。

当建筑现代式的比例，精巧的细部、垂直的线条、肯定的形体组合、暧昧的灰空间，细腻亲切的花园庭院在历史与现实之间建立了一种文脉上的联系，并产生了强烈的修辞效果时，她已不是超越历史时空的工业理性，而是后工业时代的一种有厚度的形式美，一种度身定做的契合感，一种历史感，一种文化纵深感，一种如此贴切的形式感和发自人内心的归属感，你将看到一种沉甸甸的东西，一种文化意蕴，一种精神的归属。

■表情化建筑入口

实训特色

实训＋博览

印刷实训中心大楼及博物馆的总体设计基于“博览＋实训”的复合化思路展开，定位为学校的特色窗口，既承载着学校的印刷实训实验功能，又承载着学校出版特色的展览展示功能，同时还具备教学实训互动结合的特征，是出版印刷专业产教融合、展训融合的典范。

整个建筑形体虚实对比明确，高低错落有致，内部空间、外部空间流畅丰富，与周围建筑相得益彰。考虑到两栋实训楼与博物馆之间的互联互通，用连廊将一曲两直三栋建筑相连，形成独立而又有联系的独特空间，在满足学生实训及教学功能的基础上将内部空间与外部造型充分结合。实训楼与博物馆建筑之间形成了丰富的围合式庭院空间，配上优美的庭院景观，让学生在紧张的学习之余能放松身心，体现出生动而且具有内涵的建筑个性。

印刷实训中心大楼分别由一栋五层建筑、一栋四层建筑及连接这两栋建筑的一层建筑组成。整个一层主要为各类印刷实训室、印刷实训车间、设备展厅、设备用房以及变电站等。二至四层为各类电子化多媒体化实训室及实验室。五层为实训室、办公及会议室。实训楼中五层和四层的建筑采用常规的内廊式布局。

印刷博物馆为两层建筑，屋顶有外廊连接两栋实训楼，整个印刷博物馆展览着从活字印刷术到数字化印刷技术及 3D 印刷技术的演变进程，是印刷技术从古至今的活字典，起到校内教学相长、校外文化普及的双重作用。一层为展厅和办公室、会议室、贵宾接待室及储藏室。二层为展示空间。内有圆形中庭及玻璃穹顶。在形成良好的空间效果的同时也增加了展厅的采光效果。

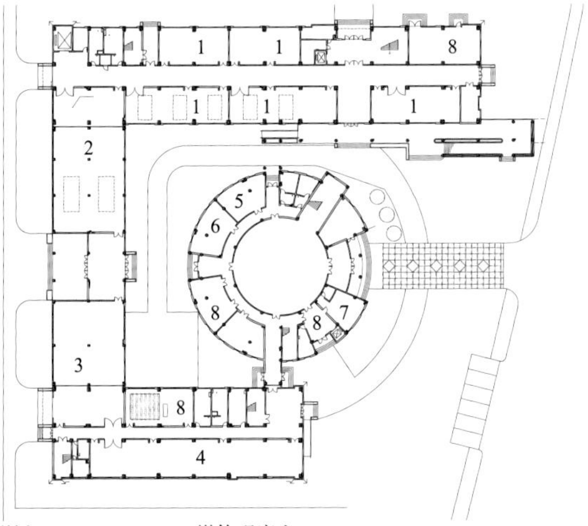

1 实训室
2 四色机实训车间
3 设备拆装实训室
4 博物馆设备展示
5 媒体观摩室
6 行政办公
7 贵宾接待室
8 辅助用房

■ 一层平面图

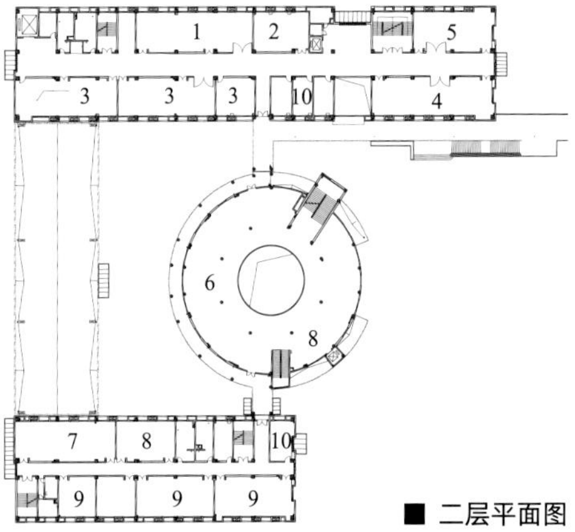

■ 二层平面图

1 丝网印刷实训室
2 丝网彩板实训室
3 柔印实训室
4 印前输出 晒版输出
5 印前制作流程实训室
6 陈列展示
7 模拟印刷实训室
8 高保仿真印刷
9 数字印刷实训室
10 辅助用房

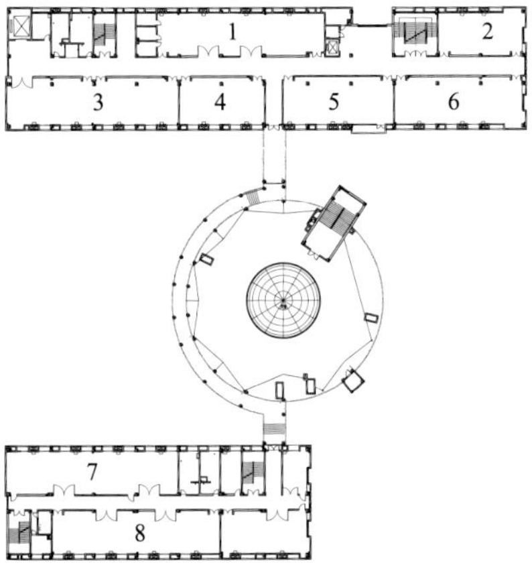

■ 三层平面图

1 包装安全质量测试
2 产品展示
3 包装盒型设计展示区
4 色彩基础应用配色
5 印刷工艺
6 承印适性材料
7 色彩管理与应用教学用一体化
8 印刷质量检测教学用一体化

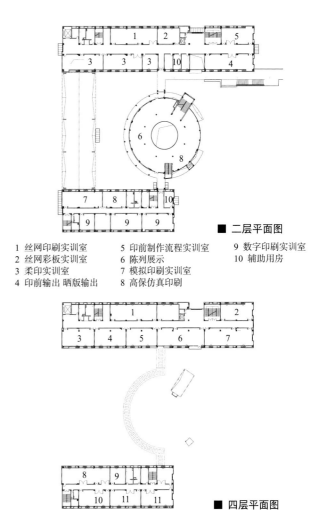

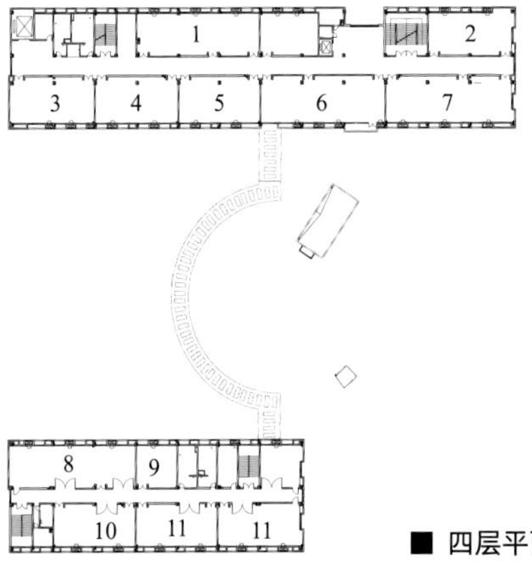

■ 四层平面图

1 印机拖动实训室
2 机电一体创意工作室
3 多光谱成像实训室
4 艺术品复制实训室
5 高端数字成像实训室
6 电子电工实训室
7 计算机应用实训中心
8 扫描教学用一体化
9 数字资产管理
10 数字工作流程专业机房
11 专业机房

■ 表情化建筑立面

■ 数字出版实训室

■ 电子印刷实训车间

项目进展及未来展望

社会效益

上海出版印刷高等专科学校新校园的落成，为学校传承行业优势，弘扬办学特色，创新办学模式，创建国家示范性高职院校，为我国培养更多具有国际知识背景和创新能力的印刷出版类高素质高技能专门人才提供了良好的物理空间；为扩大对外交流的深度和广度，引进国外先进职业教育理念及优质职业教育资源，使每个专业群都有相应高水准的国际合作办学专业，扩大学校在高等职业教育国际合作办学方面的作用和影响力形成了强大推力。

学校整体搬迁至上海张江国际医学园区，大力促进了学校盘活现有资源，优化校区布局结构，实现高职高专办学资源一体化集中利用，促进资源共享，减少多校区办学，提高办学效益，为学校迈上新台阶、实现新跨越创造有利条件。

文化效益

新校园的落成是对学校性格的一个创造性外在表现，她不过分拘泥于某一固定的形式，而是以古典美学基本构图原则为主导，以现代艺术的抽象几何构图和流畅有机的曲线相融合，把建筑作为参与者融合到校园整体环境中，避免了现时规划、建筑与景观相互决裂的现象。整体校园是宁静隽永，富有人情味，既带有古典的优雅和神秘，也传递着现代气息，让人身处其间，感觉到的是深厚的历史积淀和文化底蕴。

上海民航职业技术学院徐汇校区改扩建工程规划设计

PLANNING OF XUHUI CAMPUS RECONSTRUCTION AND EXPANSION PROJECT OF SHANGHAI CIVIL AVIATION COLLEGE

上海华东发展城建设计（集团）有限公司

项目简介

上海民航职业技术学院（Shanghai Civil Aviation College），是经上海市人民政府批准、教育部备案、隶属中国民用航空局的一所全日制普通高等院校。与中国民航大学、中国民用航空飞行学院、广州民航职业技术学院、中国民航管理干部学院统称为中国民用航空局五大直属高校。

项目位于上海市徐汇区龙华西路1号，项目要求就地在校区内块扩大建设用地，对现有校区规划整合，调整优化功能分区，拆除地块内部分老建筑，保留部分建筑，新建部分建筑，以实现其具有文化性、艺术性、国际性相融的一流精品民航中专院校的目标，并发挥学院提升区域文化氛围的作用，形成与徐家汇龙华旅游城相适应的民航业人才培养中心。

项目概况

项目名称：上海民航职业技术学院徐汇校区改扩建工程规划设计
建设地点：上海市徐汇区
设计 / 建成：2009 年 /2013 年
用地面积：87006.4m^2
建筑面积：82400m^2
地上 72830m^2，地下 9570m^2
建筑密度：26.30%
容积率：1.36
绿化率：30.20%
在校生总体规模：8000 人
教职工规模：400 人
建设单位：上海民航职业技术学院
设计单位：上海华东发展城建设计（集团）有限公司
主创设计师：刘云、张约翰、朱怡文、刘小平
合作设计师：皮岸鸿、胡廷元、谢小军、张玉磊

■ 校区总体鸟瞰图

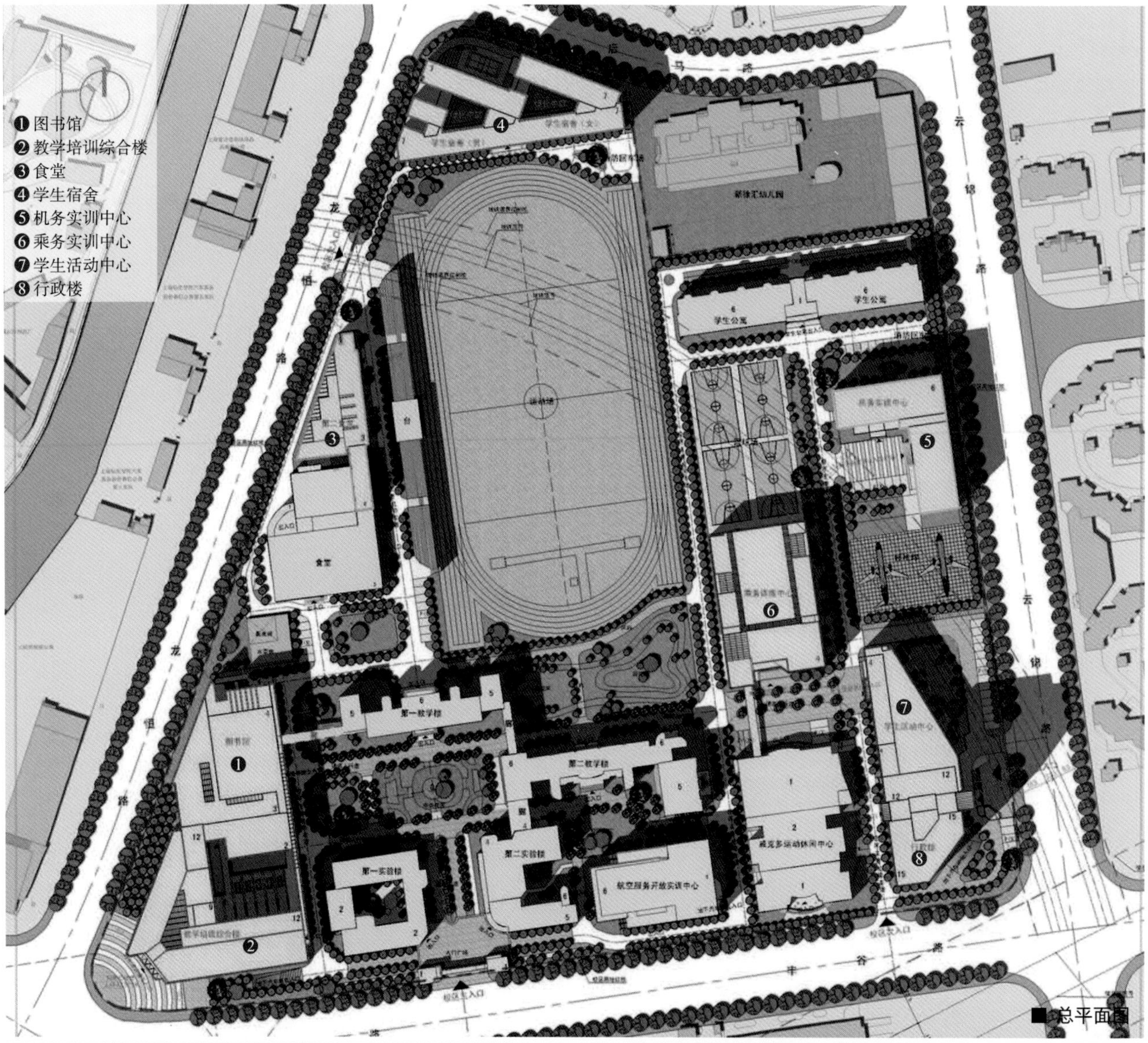
❶图书馆
❷教学培训综合楼
❸食堂
❹学生宿舍
❺机务实训中心
❻乘务实训中心
❼学生活动中心
❽行政楼
■ 总平面图

■ 综合教学培训楼

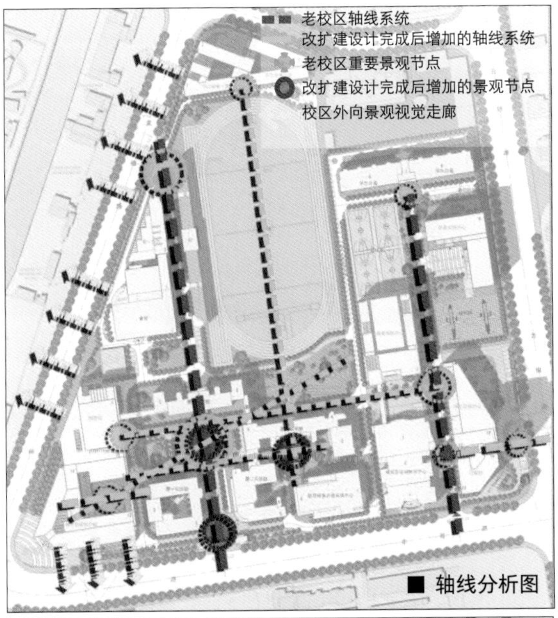
老校区轴线系统
改扩建设计完成后增加的轴线系统
老校区重要景观节点
改扩建设计完成后增加的景观节点
校区外向景观视觉走廊

■ 轴线分析图

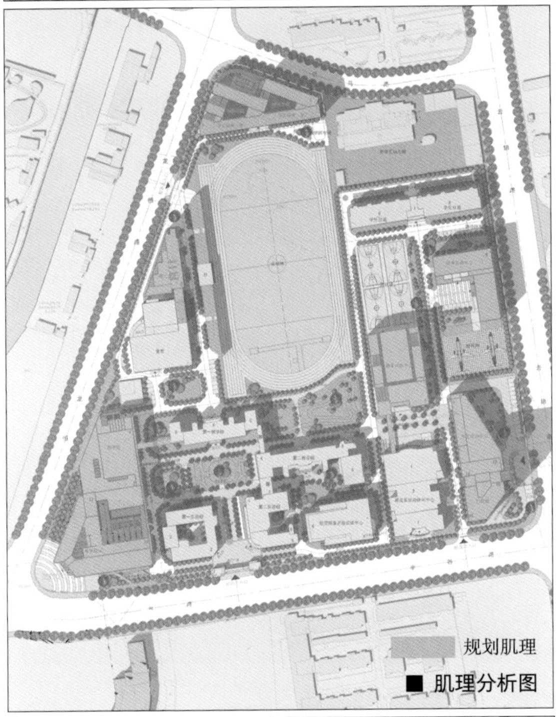
规划肌理

■ 肌理分析图

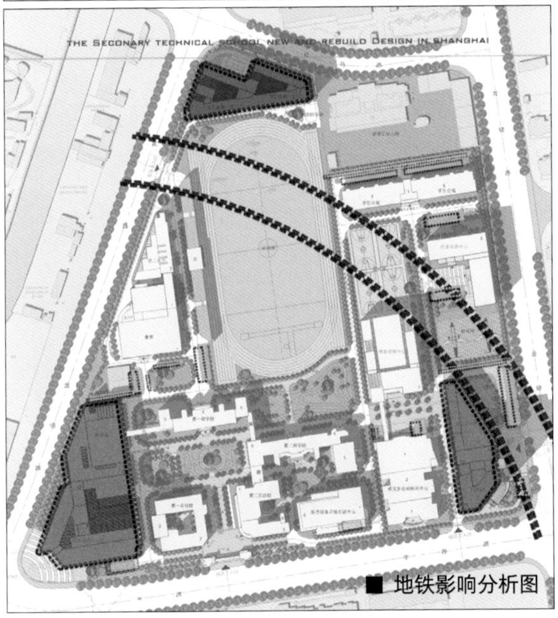
THE SECONDARY TECHNICAL SCHOOL NEW AND REBUILD DESIGN IN SHANGHAI

■ 地铁影响分析图

项目亮点

轴线分析

上海民航职业技术学院徐汇校区改扩建工程是对原有校区的改建和扩建，因此如何使新建建筑和已有建筑协调，如何通过改扩建工程满足学校发展的需要，同时整合原有的校园环境，既尊重老校园历史、又使改扩建后的校园焕发新的风采成为设计中首先考虑的问题。

主体建筑的空间建构，依据一条从南侧校区主入口向北面第一教学楼延伸到校区西北角出口的上海民航职业技术学院的历史轴线，以及一条从东侧新建行政楼穿越校园核心区向西延伸到图书馆的建筑竖线，十字交叉展开，两条轴线交汇于校园主入口景观视觉的末端。

同时，从校区内的第二教学楼向北，穿越校区花园与运动场，面向新建的学生公寓派生出校园新的南北轴，完善了校区的整体轴线结构。

整个校园的整合建构，强调的是校园街道空间的连续性和认知感，整个校园没有大开大合的广场与绿地，所有的功能体系均围绕着连续变奏的街道展开，而由改建所派生的轴线构架，亦是对校园街道空间的不同性格的理解和陈述。

肌理分析

当设计者以开始相同的建造基地出发，因特殊的条件和情况产生了不同的模块，这样在与每个建筑元素相关的同时构成了一个整体的校园肌理，空间及功能秩序应运用这个肌理来进行组织，在整个设计过程中，它应如语法在语言中一样，起到理性的主观指导作用。

上海民航职业技术学院的肌理特征主要关注的是建筑形体的清晰，视觉的领会性和空间的场所感，布局上更讲究构图的艺术性和形式美，突破常规的矩形平面和行列式布局，但也不是片面追求形式，而是体现各种功能的合理组合，强调布局紧凑，张弛有致，富有节奏感和韵律感，简洁大方而又变化丰富。

设计中强调新建筑顺应校区已有的规划结构及建筑肌理走向。

空间整合

上海民航职业技术学院的场所空间整合设计，主要注重功能空间的有机组织和开放空间的连续展开，实现场所感与视觉上的节奏感。

为整合和梳理校园的规划结构，特别强调对校区入口的限定，建立新建筑与校园的良好互动关系，同时在从入口广场开始面向校区主广场，开辟整合出一条迎宾大道，提升其作为礼宾空间的价值。

校区教学实验楼群及新建图书馆共同围合校园核心广场，发挥着主导民航校区气氛的重要作用，向人们提供一种整体的意象。把新建的图书馆与老校区教学实验楼群联系和围合起来，形成富含历史印记的中央花园。

利用本次改扩建的机会，在校区第二教学楼和体育场地之间开辟出一大片花园，这片庭院属于私密后花园，她是民航学子们感怀沉思的场所。

在学生活动中心、乘务训练中心和原有的威克多运动休闲中心间围合出一个校园学生活动广场，为校园提供一个学生在学习之外的交往平台。

■ 综合教学培训楼

人文景观

设计中避免去刻意强调校区景观建筑的纪念意义，除了一片有象征意义的老校区中央花园，空间试图剥离复杂的社会色彩，回归学校本源，追求对人性、人情、人文的关怀。校区从西侧新建教学培训综合楼入口庭院开始向东层层叠进，庭院空间与步行街道成为校区的人文景观主体，其间穿插着各色的绿化花园……人在校园内受到周围环境潜移默化的影响，这些人文景观犹如一个无声的大课堂，一花一草一木都孕育着丰富的思想内涵，有着高度的启迪感。它们无时无刻不在影响学生的道德、品格与修养。

■ 校园夜景

建筑风貌

“人文、时尚、融合、极致”是上海民航职业技术学院最大的建筑特色。形体简洁有力、冷静挺拔；线条直接干脆，明快潇洒；色彩统一温暖，层次丰富；再加入精巧的窗构图，简练中不乏内涵。

一方面，凝练形体，去繁化简；建筑形体逻辑连续，高低对比、前后错落、空间通透，并强调建筑自身的雕塑感。

另一方面，精调比例，注重细节；平面功能与立面形体恰到好处地融合一致，并精心考虑城市、朝向及多重尺度等问题；分别在立面虚实、开窗尺度、凹凸形体进行反复斟酌，调节出恰到好处的黄金比例。

■ 综合教学培训楼

■ 宿舍楼

实训特色

机务实训中心

机务实训中心位于校区东侧，靠近东侧城市道路，与校区主要功能建筑群被地铁 11 号线的退界范围隔开，有利于噪声控制，相对独立布置。

机务实训中心总建筑面积 6588.30m^2，建筑占地面积 1150.30m^2，共 6 层，建筑总高为 23.05m。

机务实训中心主要功能为机务实训实验，并设部分办公会议用房。一层设有飞机发动机实训室、结构修理实训室；二层设有结构修理工作室、结构修理器材室、管线线路连接实训室；三层设有钳工实训室、飞机电子器件展示室、飞机测量测绘实训室；四层设有电气排故实训室、飞机电气控制实训室、飞机电子实训室；五层设有复合材料修理实训室、飞机维护模拟机训资料室、标准线路施工实训室、考试中心；六层设有 CBT 教室、计算机网络控制室等。

机务实训中心是国家"机务培训及执照考试"中心，是民航局授权的 CCAR-147 维修培训机构，具有 CCAR-147 基础理论、基本技能、发动机部件维修、飞机机械和电子部件维修等培训资格，同时也是民航局授权的 CCAR-66 部考点，具有 CCAR-66 部笔试和口试考试资格。

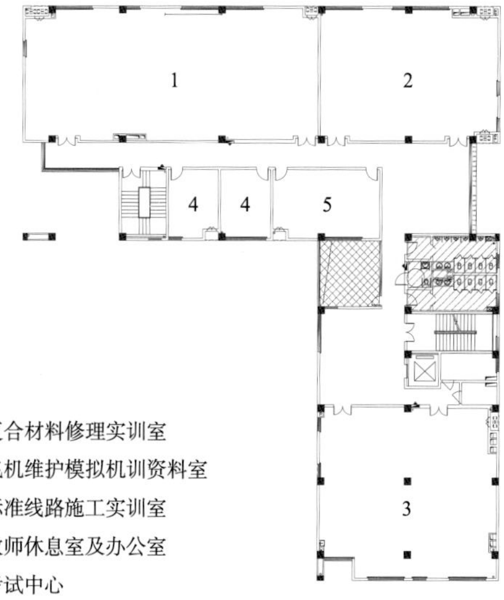
1
2
4
4
5
3

1 复合材料修理实训室
2 飞机维护模拟机训资料室
3 标准线路施工实训室
4 教师休息室及办公室
5 考试中心

■ 五层平面图

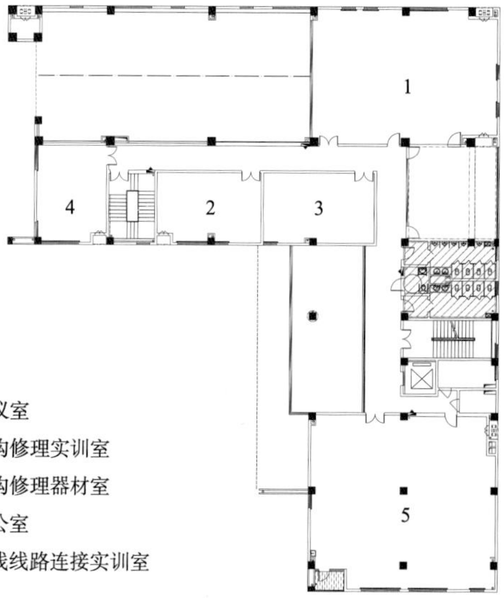
1
4
2
3
5

1 会议室
2 结构修理实训室
3 结构修理器材室
4 办公室
5 管线线路连接实训室

■ 二层平面图

■ 机务实训中心

■ 乘务实训中心全景

■ 机务实训中心实训场景 1

GE90
4013443-240-1
S/N-007

■ 机务实训中心实训场景 2

乘务实训中心

乘务训练中心位于校区中心，西北方向为学校体育场所，东侧为实习飞机停机坪，南侧为威克多模拟飞机驾驶舱中心，通过二层联系平台与训练中心相连通。

乘务训练中心建筑地上四层，地下一层游泳池设备检修管廊，建筑总高度为 19.60m，总建筑面积为 5569.69m^2，是学校学生水上迫降训练活动及各类体育活动的主要场所。西侧紧邻校园主体育场，北侧与校园篮球场相邻，方便师生体育活动。楼内一、二层主要包含一个 25m×16m 的标准游泳池及其附属设施用房，健身房及形体用房，还有若干办公用房、设备用房等，三、四层主要包含一个标准篮球训练场，四个标准羽毛球训练场及其附属用房，体能用房，若干办公室，会议室等。

设计充分考虑与周围环境的关系。乘务训练中心与右上角的机务实训中心在建筑体量上相呼应，在建筑造型上相协调。通过二层联系平台，与已建成的校园南侧为威克多模拟飞机驾驶舱中心相连接。

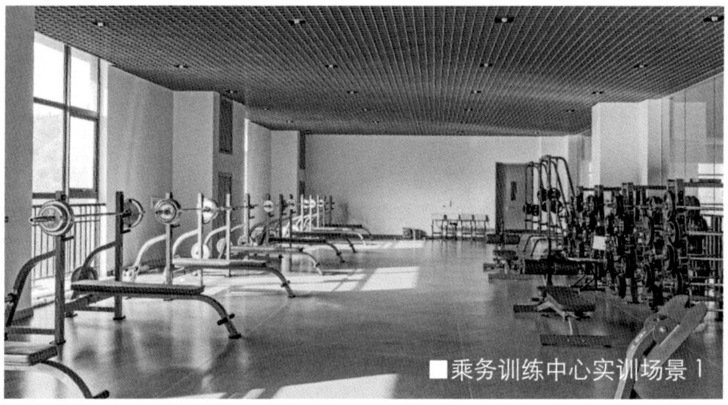

■乘务训练中心实训场景 1

■乘务训练中心实训场景 2

■ 乘务训练中心

■ 模拟飞机驾驶舱 1

深圳航空
Shenzhen Airlines
THALES

■ 模拟飞机驾驶舱 2

项目进展及未来展望

社会效益

学院以民航上海中等专业学校为建校基础，2008年学校整体升格为副局级事业单位，在校区建设的助推下，2012年5月再次升格为国家高等职业院校，即上海民航职业技术学院。

上海民航职业技术学院改扩建工程自2013年一期建成整体搬迁以来，徐汇龙华校区占地面积181亩，有超过建筑面积14万m^2和价值近6000万元的各类教学仪器设备；有14个专业实训室，馆藏图书及电子图书达20余万册，为全校师生提供了良好的学习、教育和科研资源。学院拥有上海市民航职业技能鉴定所资质，是上海地区唯一同时取得民航局CCAR-147部和CCAR-66部考点资质的学院。

文化效益

上海民航职业技术学院徐汇校区“人文时尚融合极致”的校园建筑风貌是学院释放的巨大的人文环境效益，她以纯现代式的表达方式，强调人文性与时代精神的结合；放弃形式的拼贴，强调意境的延伸；放弃大无边际、平铺直叙，强调平易近人、温暖而生动。这种风格倾向背后带有一些人文的情怀，隐含一些书院的气息，表现了上海民航职业技术学院海派建筑的洋气与时尚，又不乏高等学府文化与底蕴，是上海徐汇滨江地区的一颗人文明珠。

江苏护理职业学院新校区规划设计

PLANNING OF NEW CAMPUS OF JIANGSU COLLEGE OF NURSING

东南大学建筑设计研究院有限公司

项目简介

江苏护理职业学院坐落于江苏省淮安市，源于1958年创办的淮阴医专，2014年建立江苏护理职业学院，设有护理、助产、药学、医学检验技术、康复治疗技术、中医康复技术等13个专业，是省属全日制公办普通高等学校。学校现有黄河路和科技路两个校区，共占地500余亩，是高素质医药卫生专业人才的培养基地。

2010年开始筹建科技路新校区，办学规模为全日制在校生5600人，女生为学生主体。新校区选址淮安市高教园区内，地势平坦，交通便利，分两期进行建设，建设项目包括图文中心、教学楼、实训楼、宿舍、食堂、风雨操场、礼堂等。其中核心教学组群总建筑面积为96991m^2，由图文信息中心、教学楼、实训楼组成，图文信息中心高16层，地下1层，教学楼和实训楼高5层，都为钢筋混凝土框架结构。

项目在城市形态研究的基础上，针对本案特殊问题，力求在规划模式、人文关怀、绿色设计和场所营造等方面进行规划设计的创新探索。

项目概况

项目名称：江苏护理职业学院新校区规划设计

建设地点：江苏省淮安大学城 科技大道9号

设计 / 建成：2010年 /2018年

用地面积：23.35公顷

建筑面积：17.9万m^2

建筑密度：15%

容积率：0.77

绿化率：48.5%

在校生总体规模：5600人

建设单位：江苏护理职业学院

设计单位：东南大学建筑设计研究院有限公司

主创设计师：王建国、陈宇

合作设计师：蔡凯臻、许立群、朱渊、姚昕悦、吴云鹏

获奖信息：教育部2019年优秀勘察设计（公共建筑）一等奖

中国勘察设计协会2019年度优秀公共建筑设计一等奖

鸟瞰图

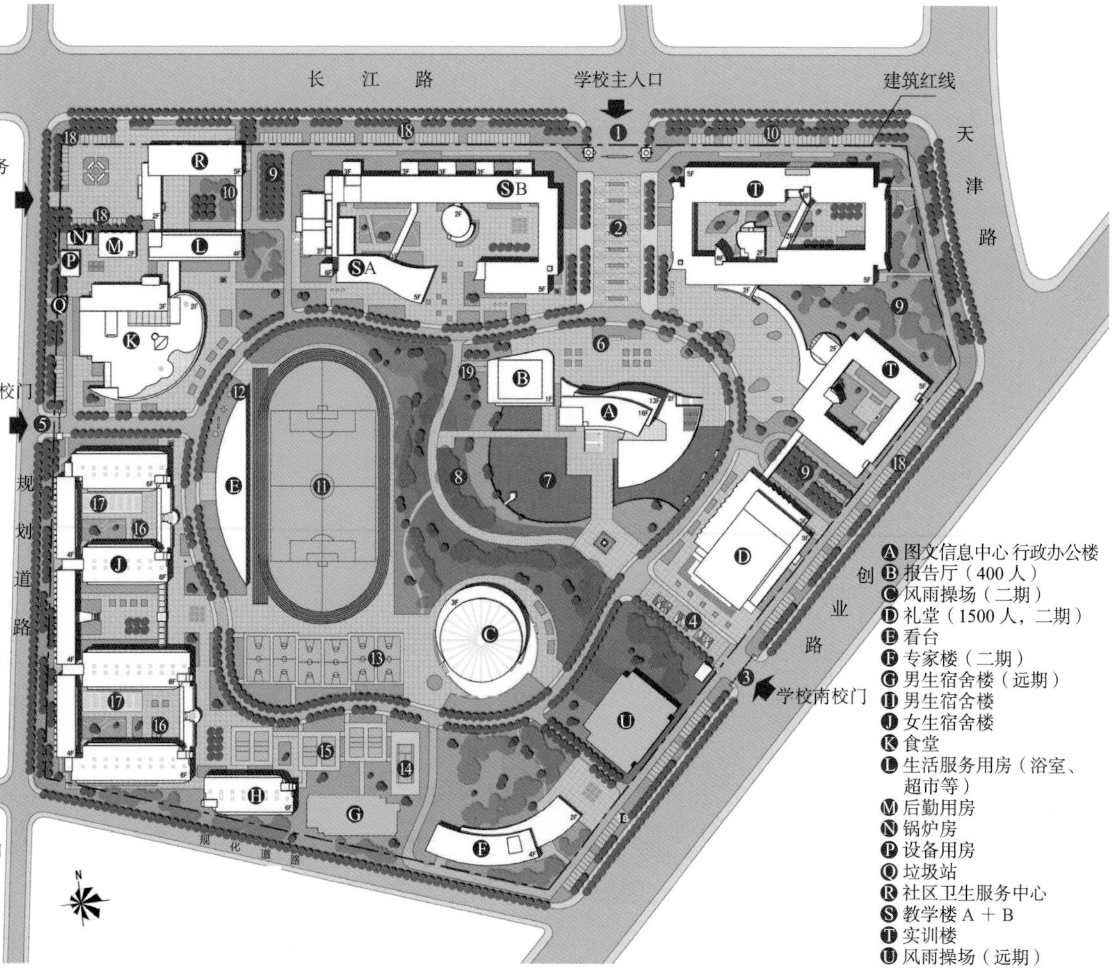
长 江 路
学校主入口
建筑红线
天 津 路
社区卫生服务中心入口
学校西校门
规 划 道 路
创 业 路
学校南校门
规 化 道 路
N

❶ 北大门（校园主入口）
❷ 主入口广场
❸ 南大门
❹ 南入口广场
❺ 西大门
❻ 旗台
❼ 景观水面
❽ 中心公园
❾ 绿楔
❿ 隔离绿地
⓫ 400 米跑道标准田径场
⓬ 健身器材场地
⓭ 篮球场
⓮ 网球场
⓯ 排球场
⓰ 羽毛球场
⓱ 晾晒场地
⓲ 停车场
⓳ 地下停车出入口

Ⓐ 图文信息中心 行政办公楼
Ⓑ 报告厅（400 人）
Ⓒ 风雨操场（二期）
Ⓓ 礼堂（1500 人，二期）
Ⓔ 看台
Ⓕ 专家楼（二期）
Ⓖ 男生宿舍楼（远期）
Ⓗ 男生宿舍楼
Ⓙ 女生宿舍楼
Ⓚ 食堂
Ⓛ 生活服务用房（浴室、超市等）
Ⓜ 后勤用房
Ⓝ 锅炉房
Ⓟ 设备用房
Ⓠ 垃圾站
Ⓡ 社区卫生服务中心
Ⓢ 教学楼 A + B
Ⓣ 实训楼
Ⓤ 风雨操场（远期）

■ 规划总平面图

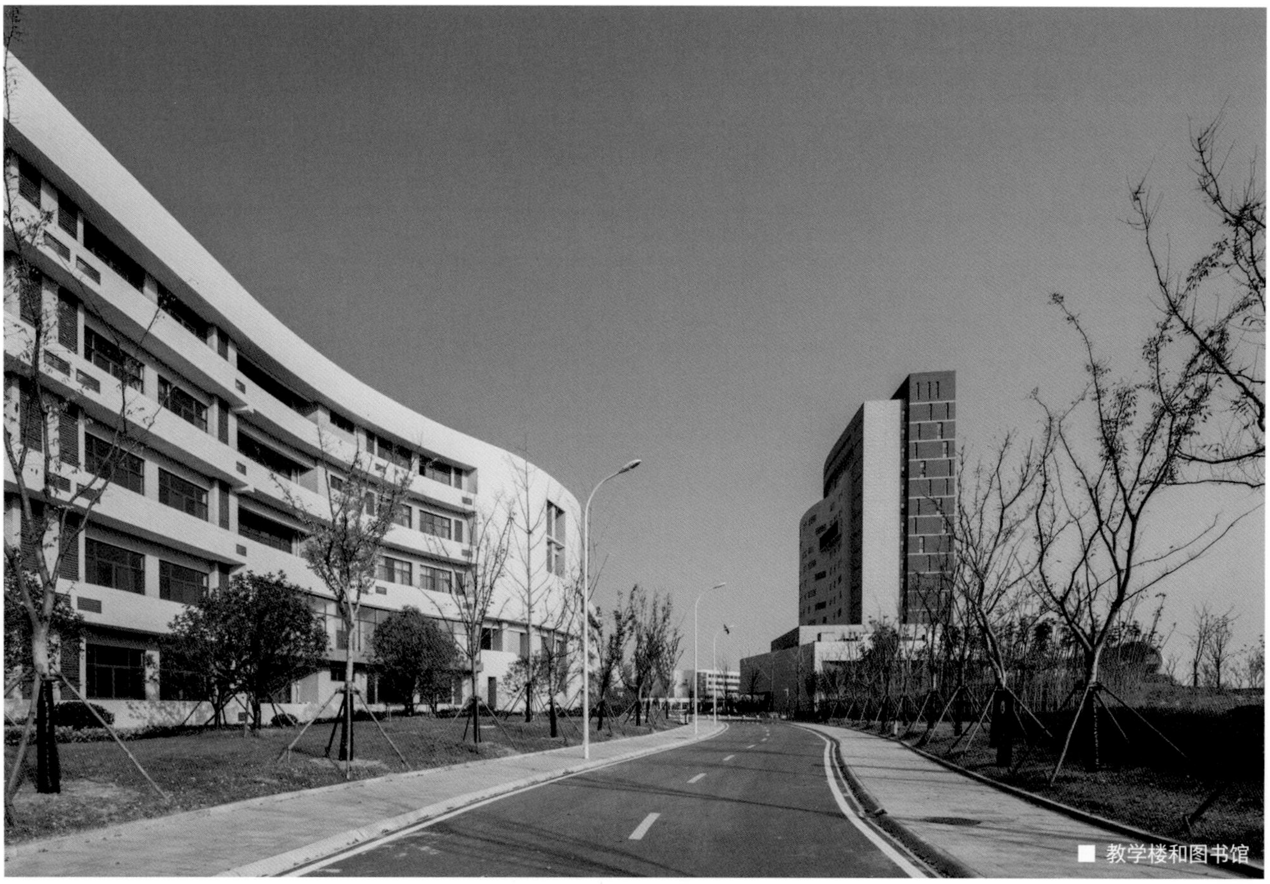

■ 教学楼和图书馆

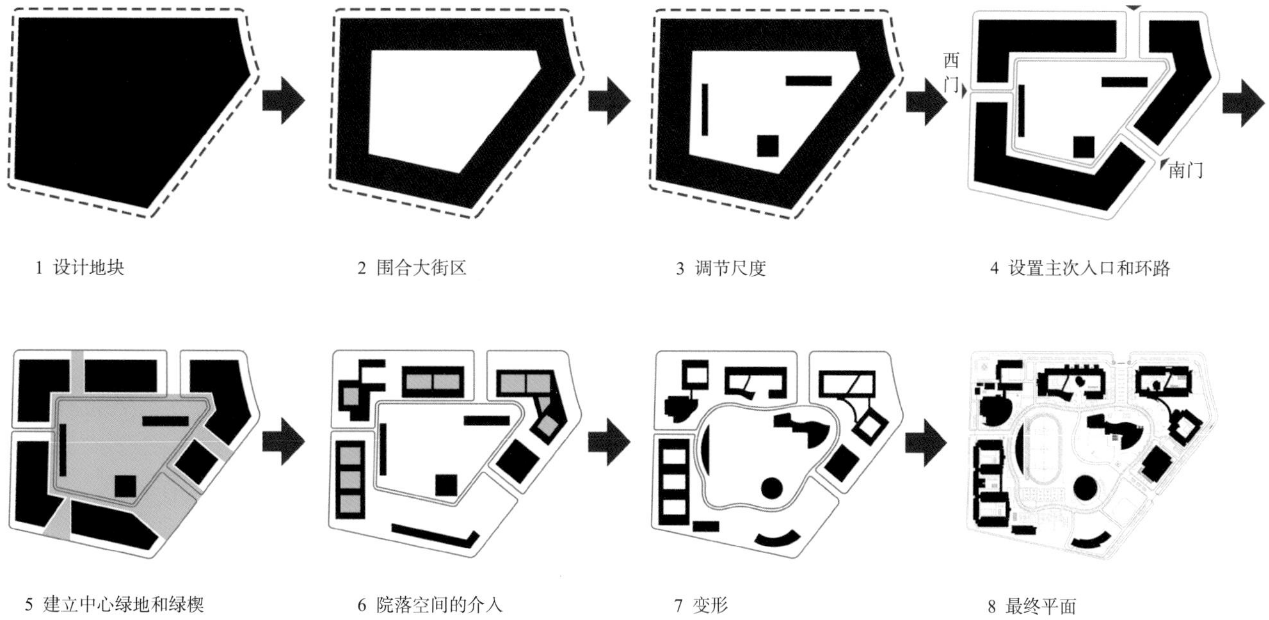
西门
南门
1 设计地块
2 围合大街区
3 调节尺度
4 设置主次入口和环路
5 建立中心绿地和绿楔
6 院落空间的介入
7 变形
8 最终平面

■ 设计构思

项目亮点

“大街区＋中央公园”——中等尺度规模校园规划形态模式创新

基于“合宜得体、随类赋形、正中求变”的原则，设计探索了中小尺度规模校园规划的独特路径，摒弃了大轴线、大广场和大水面的纪念性布局手法。新校区设计从形态组织、街景设计、空间利用效率等出发，采取了围合式的大街区布局，以绿地、水面和运动场组成的绿色空间为核心，校园建筑以院落为单元环绕布置，对外支持城市界面，对内有良好的景观和舒适自然的生活空间，建筑单元内的院落丰富了尺度层级，最终形成全新的校园规划格局。

性别空间——对以女性为使用者主体的人文关怀

本案为护理职业学院，学校人群使用主体为女生，设计充分研究了“以人为本”如何贯彻到校园空间设计中，突出了女性优先取向的性别空间和建筑使用要求。具体来说，新校园环境塑造和规划设计除了柔性曲线为主的校园路网布置，还在功能资源配置、安全感营造和审美偏好等设计策略方面实现人文关怀。

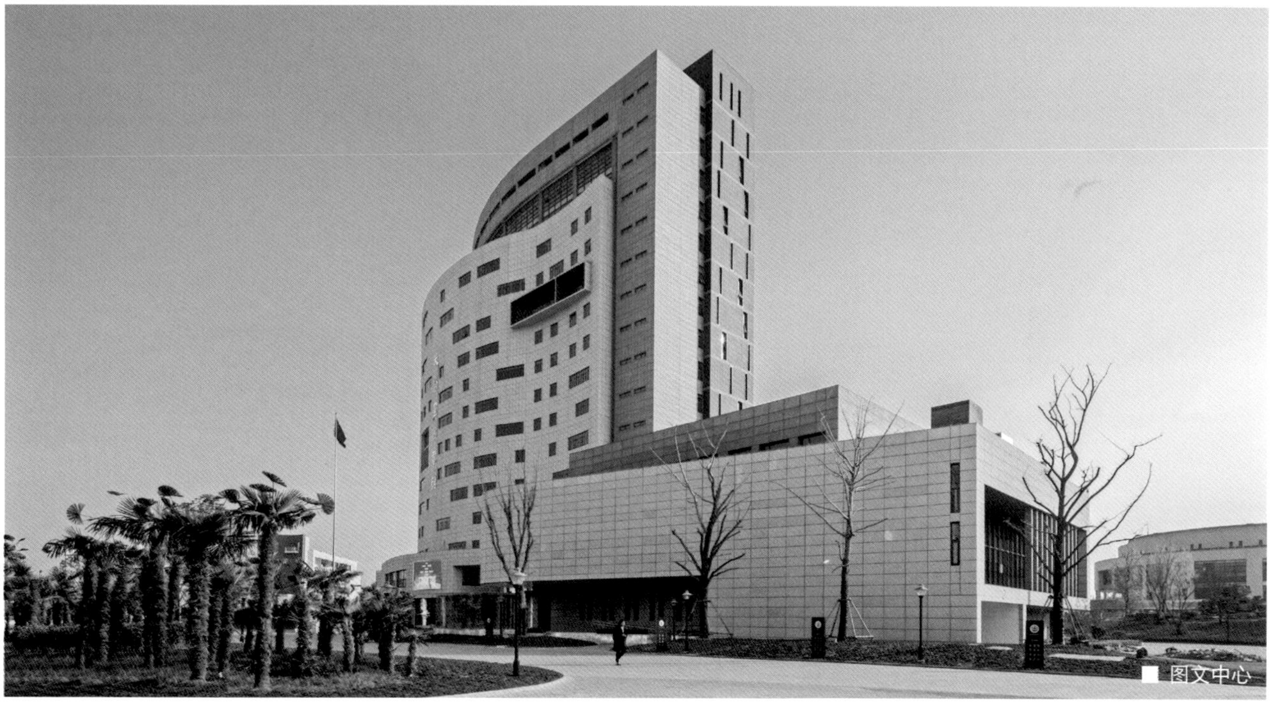

■ 图文中心

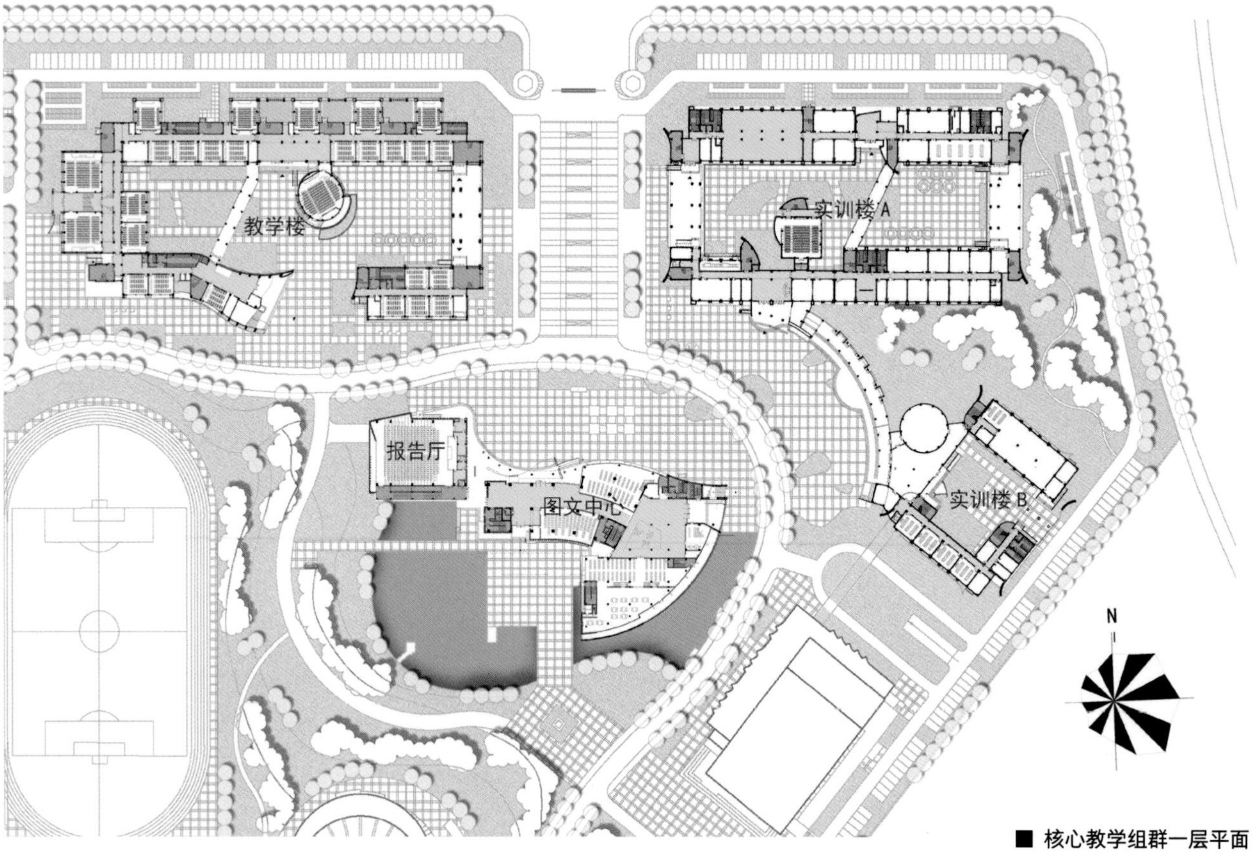

教学楼
实训楼 A
报告厅
图文中心
实训楼 B
N

■ 核心教学组群一层平面

南北交汇——对气候过渡区地域特征的策略应对

新校园在总体布局层面，以大街区方式围合出中央生态绿肺，避免冬季外部恶劣环境的侵害，同时街区院落单元间的绿色空间，又可以引进夏季凉爽湿润的东南风，提高了生态系统的整体性。在单体设计层面，建筑布置以南北向为主，遮阳与保温并重，建筑院落的尺度取南北折中，以此适应场地过渡地带的气候特征。

动感、柔美——特色校园的场所营造

设计以人为主的"互动"和"柔美"的物质形态塑造的策略来营造校园场所特色。在物质形态规划布局上，切合校园内学习、生活、教学、实训、科研等各种活动的功能要求，促进校园内外各种活动的融合，激发创造性思维；校园规划和建筑的形态风格在视觉层面努力体现活力，通过柔美的曲线、灰空间过渡和色彩的点缀，促成场所特色的形成和感知。

■ 餐厅看教学楼

■ 餐厅实景

实训特色

项目在建筑设计时，从空间设计、氛围营造和图像符号这三个方面尝试表达护理职业学校的特色。

在空间设计方面，抓住职业学校当前最新的教学训练理念——理论和实践一体化，在正式的教学训练空间中，把传统的理论教学空间和实训模拟空间进行整合，体现理实一体化；另外，在公共空间中，也结合教学训练内容，把门厅、过厅和走廊打造成可以进行护理教学的模拟空间，如接待台、导诊台、分诊台等，通过复合利用，节约空间资源，也强化了职业教学的特色。

在氛围营造方面，通过色彩、材料、灯光、家具等多种手段，营造类医护空间氛围，使学生在学习阶段熟悉习惯这样的空间环境，在实训操作时能更自然安心地掌握各项技能，也有利于他们到实际工作岗位能有最好的专业水准呈现。

■ 图文中心实景

在图像符号方面，结合年轻人的特点，把职业培训中各种熟悉的物品图像进行再加工，形成既熟悉又陌生的新图像，布置在实训教学空间中，以达到潜移默化地培养审美能力和职业自豪感的效果。

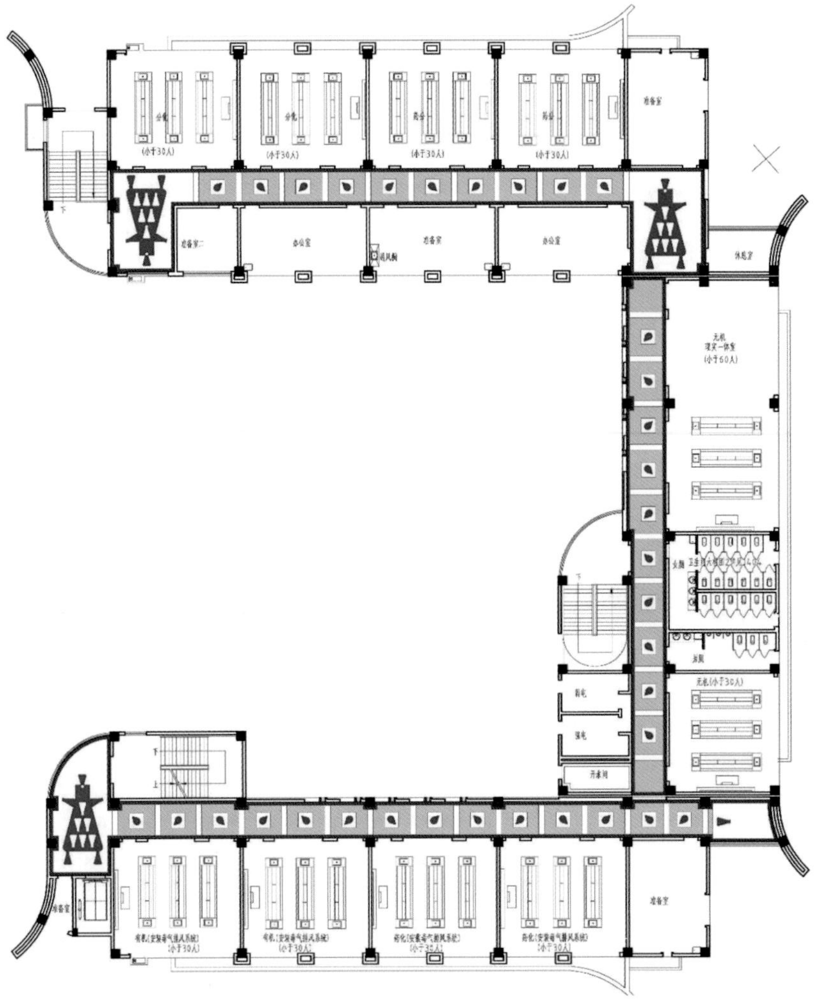

■ 实训楼 B 地面铺装图

■ 实训楼 A 沿街立面

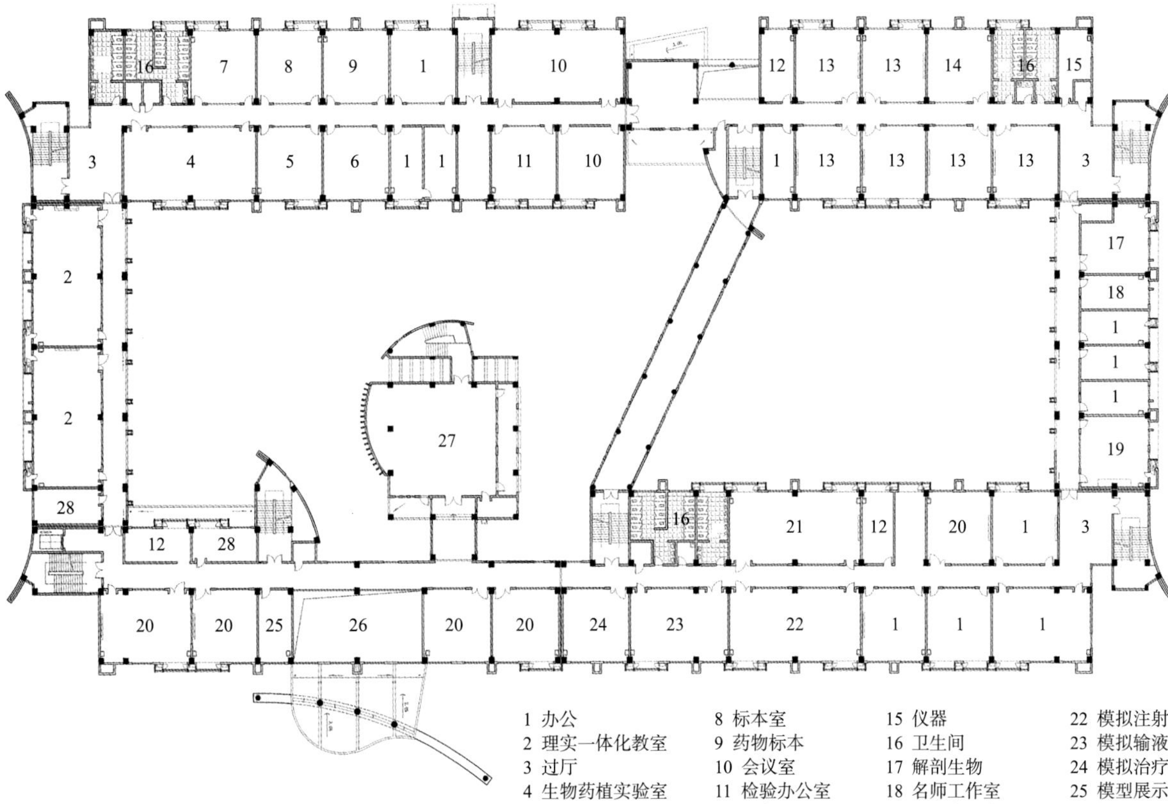

1 办公
2 理实一体化教室
3 过厅
4 生物药植实验室
5 创新工作室
6 药学办公
7 模拟药店
8 标本室
9 药物标本
10 会议室
11 检验办公室
12 准备
13 解剖实验室
14 模型
15 仪器
16 卫生间
17 解剖生物
18 名师工作室
19 生理病理办公
20 示教室
21 模拟实训室
22 模拟注射室
23 模拟输液
24 模拟治疗
25 模型展示
26 门厅上空
27 校史室
28 库房

■ 实训楼 A 二层平面

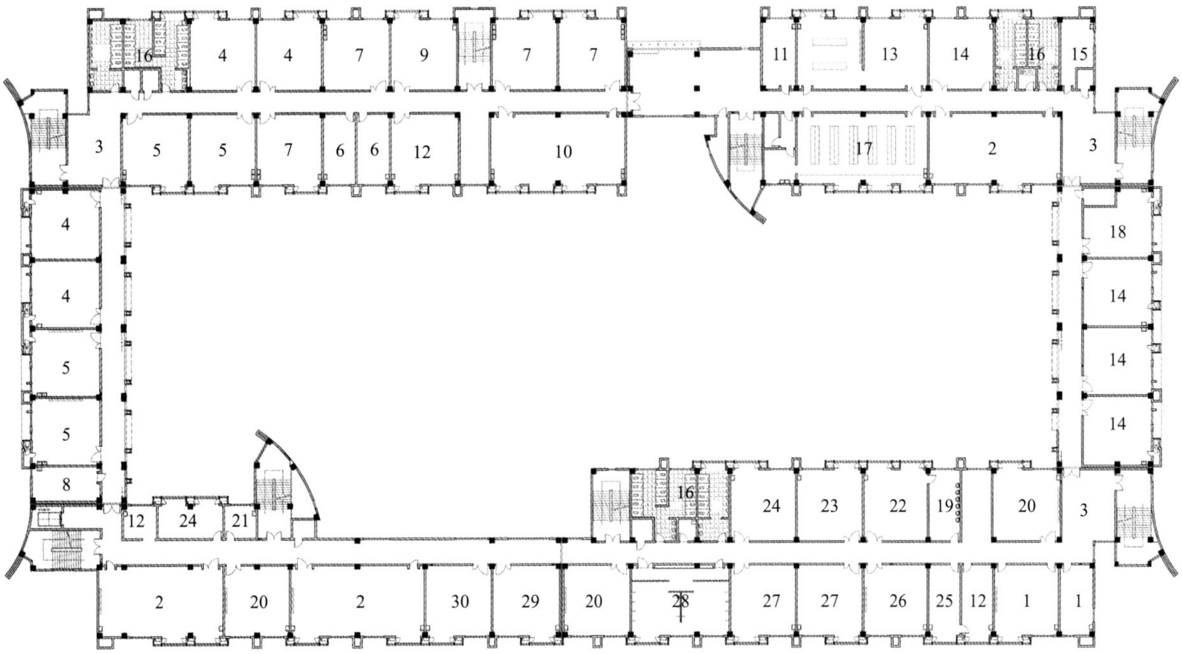

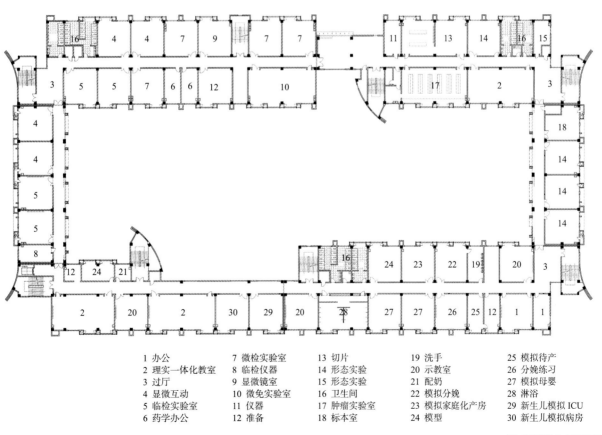

1 办公
2 理实一体化教室
3 过厅
4 显微互动
5 临检实验室
6 药学办公
7 微检实验室
8 临检仪器
9 显微镜室
10 微免实验室
11 仪器
12 准备
13 切片
14 形态实验
15 形态实验
16 卫生间
17 肿瘤实验室
18 标本室
19 洗手
20 示教室
21 配奶
22 模拟分娩
23 模拟家庭化产房
24 模型
25 模拟待产
26 分娩练习
27 模拟母婴
28 淋浴
29 新生儿模拟 ICU
30 新生儿模拟病房

■ 实训楼 A 四层平面

■ 实训楼B门厅

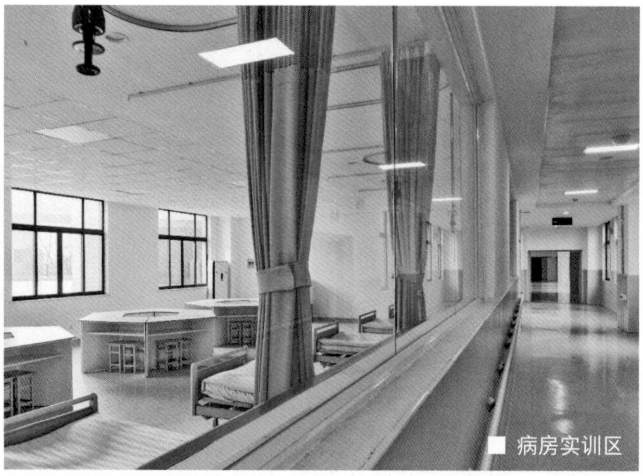

■ 病房实训区

■ 教学楼实景

项目进展及未来展望

与综合性大学相比，高等职业学校规模较小，项目吸取“大街区”“中央公园”的特点，以院落为基本单元，探索了如何在有限的空间内，营造尺度适宜、疏密得当而富有特色、对女生友好的校园环境，形成中等尺度规模校园规划形态的新模式。项目落成使用至今已成为淮安市高教园区的新地标，并受到该校师生的一致好评。

南京城市职业学院溧水新校区规划设计

PLANNING OF LISHUI CAMPUS OF NANJING CITY VOCATIONAL COLLEGE

东南大学建筑设计研究院有限公司

项目简介

南京城市职业学院是一所由南京市人民政府主办、国家教育部备案的全日制公办普通高等学院。学校普通专科教育起步于1978年，在此基础上，2006年经江苏省人民政府批准的高职专科学校。学院始终坚持“立足地方、服务社会、育人为本、彰显特色”的办学理念，以现代服务业为主，培养应用型技术技能型人才为主要任务，认真践行“修德砺能”的校训精神，大力倡导“进取创新”的校风，“敬业厚生”的教风和“勤学敏行”的学风，积极探索高等职业教育的办学模式和人才培养模式，不断深化教育教学改革，全面推进综合素质教育，以教学质量求生存，以专业特色求发展，加速争创一流高等职业院校。设有财金与商贸学院、工程与信息学院、社会管理学院、文创艺术学院、旅游管理学院等5个二级学院及公共教学部，开设国际经济与贸易、物流管理、跨境电商、计算机应用技术、智能控制技术、电子信息工程技术、老年服务与管理、社区管理与服务等30个专业。

项目位于南京市溧水经济开发区，居于南京禄口机场和溧水主城区之间。基地西邻华侨路，与角山公园隔路相望，南靠金山路，北依角山路，东侧以规划河道为界，总用地面积约500亩。基地内部地形较为平缓，整体呈现西高东低的态势。新校区预计建设约为16.7万m^2，将满足6000名学生的在校规模。

项目概况

项目名称：南京城市职业学院溧水新校区规划设计

建设地点：江苏省南京市溧水区

设计 / 建成：2015年 /2018年

总用地面积：30.39公顷

建筑面积：14.70万m^2

地上14万m^2，地下0.7万m^2

占地面积：6.18万m^2

建筑密度：20.32%

容积率：0.46

在校生总体规模：6000人

教职工规模：570人

建设单位：南京城市职业学院

设计单位：东南大学建筑设计研究院有限公司

主创设计师：曹伟、赵卓

合作设计师：方伟、侯彦普、李敏蕙、孔晖

■ 东南鸟瞰图

❶图书信息中心
❷行政楼
❸教学实训楼
❹大学生活动中心
❺体育馆
❻学生食堂
❼学生公寓
❽生活服务中心
❾发展用楼
角 山 路
校园次入口
用地红线
建筑退让线
华 侨 路
学生公寓一
学生公寓二
学生公寓三
学生公寓四
教学实训楼三
教学实训楼四
教学实训楼二
教学实训楼一
大学生活动中心
行政楼
中央水景
校园主入口
规 划 路
规 划 河 道
规 划 三 路
校园礼仪入口
科技创业园入口
金 山 路
0 25 50 100 200m

■ 总平面图

教
学
楼
3

■ 教学区连廊人视图

项目亮点

规划结构

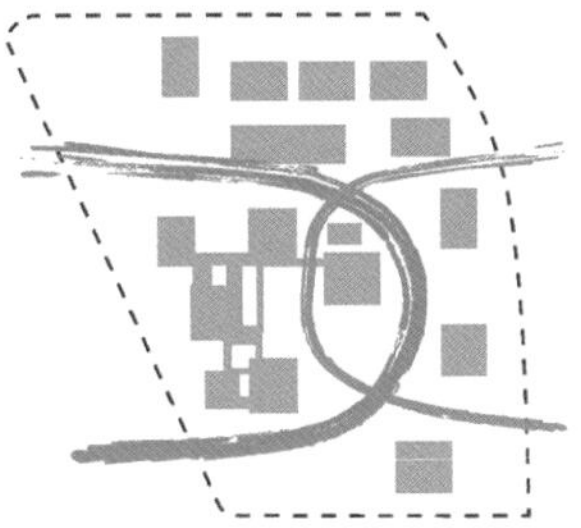
融入环境

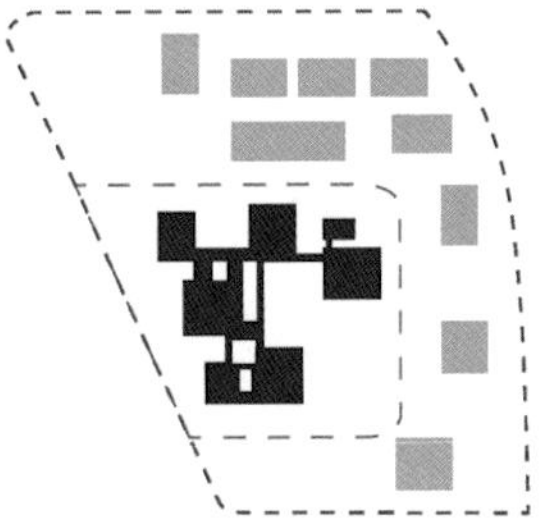
紧凑共享

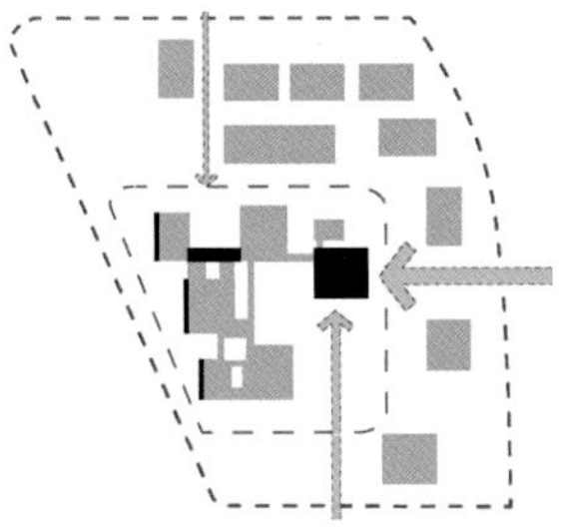
多向平衡

首先，校园布局有效地融入环境，以现有的环境资源作为布局的基础。基地东西两侧的山水脉络在基地内相互交织，成为校园的景观核心，奠定了校区的生态基因。

其次，布局紧凑共享。组团化的布局将相近功能集中布置，便于实现功能之间的共享融合。

同时强调多向平衡：校园的四个方向承担不同的职能，规划中确保从空间布局上实现平衡。

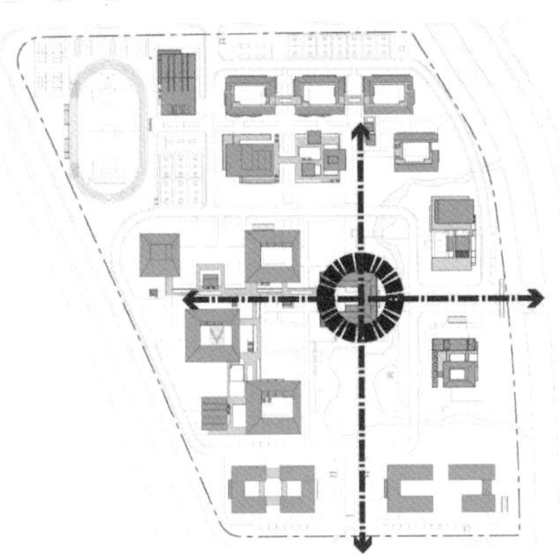
一核

双环带

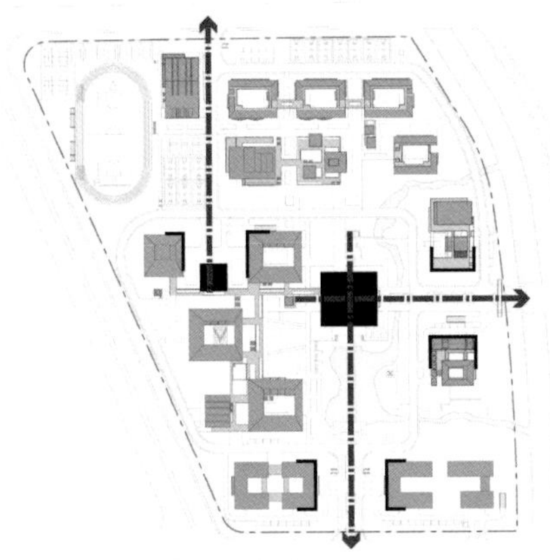
三轴

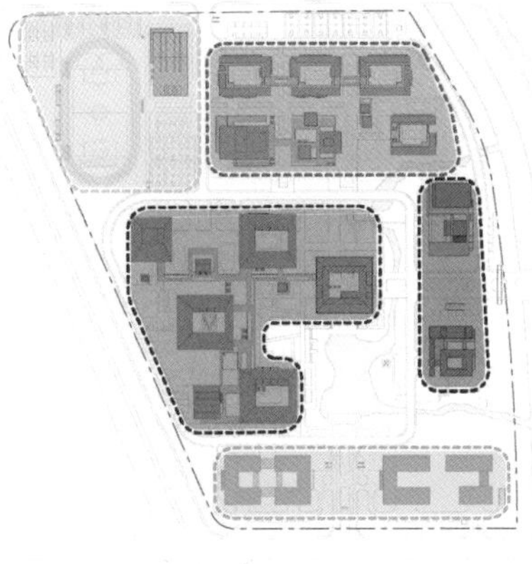
五分区

图书信息中心居于整体校园的中心部位，成为整个校园空间的精神核心。

规划布局中，在校区中部的教学实训图书信息中心组团与外部生活服务组团分别形成相错的两条环路，连接各个功能区并在中部交汇。双带从基地东侧河道引入的水体景观带与内环两翼引入的绿化景观带呈“双 C 型”，形成校园主体景观格局。

教学实训图书馆组团围合中心广场引入校园东入口和南入口两条轴线，以图书信息中心为焦点。北侧入口所引导的是正对实训区入口的轴线，其将教学实训核心和生活后勤区紧密相连。

上述“轴、环、带”确定了场地基础框架，形成校园核心区、校前区、对外发展区、食堂与生活服务中心和运动区。

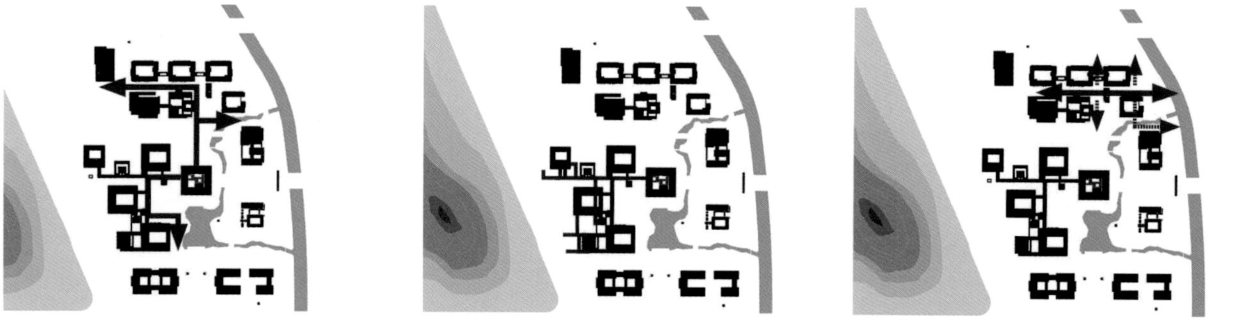

生活学习链　　学习街　　生活街

1. 紧凑校园

将校园的功能分为教学、生活、运动、服务等分区，设计中将图书馆布局整体校园核心，成为校园空间组织和流线组织的枢纽。以图书馆为核心组织学习链、生活链，将整体校园构成紧密联系的整体，校园生活组团采用服务聚落的模式将整个服务体量整合为一体，服务师生。各功能之间联系控制在步行距离5～10分钟之内。

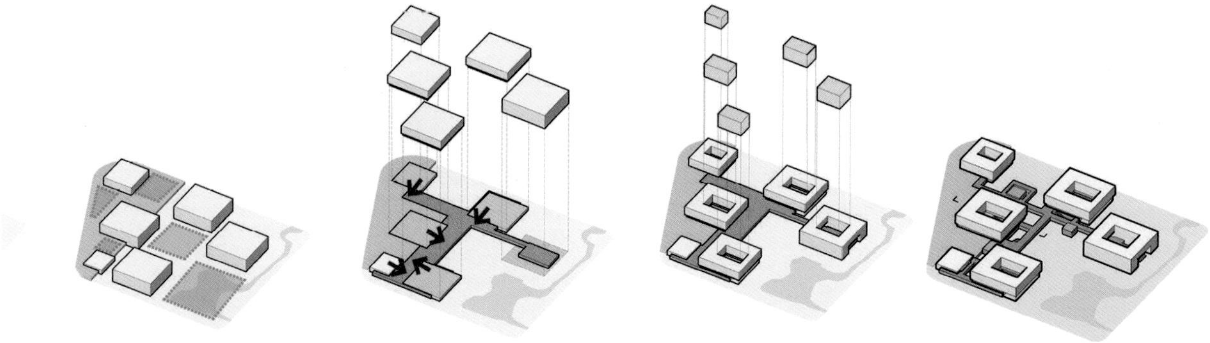

■ 紧凑校园

2. 融入校园生活的公共交往平台系统

公共交往平台系统是整体校园日常交往联系的骨架和核心，公共联系平台将教学功能、图书馆、实训功能等整合成一体。公共联系平台设计为上下两层，底层提供全天候、无雨化的联系空间，上部一层为开敞平台区，为师生日常交往提供场地。公共联系平台串接各部功能的共享部分，保证了教学图书集群的共享融合。

设计中利用公共平台衔接上下两层场地标高，解决了场地标高的问题。以公共平台为骨架，设计中串接联系多个大小不同的院落，形成园林化的教学场所。

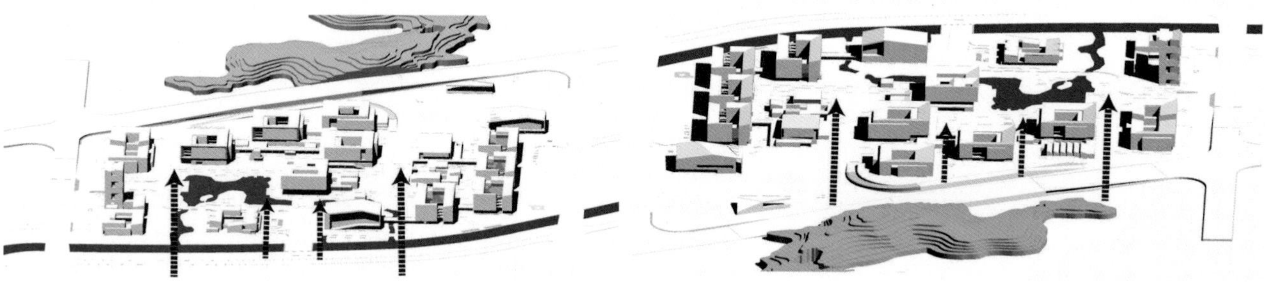

■ 公共交往平台

3. 适应地形的立体校园

原有场地西高东低，存在5m左右高差，设计中通过设计不同的平台，有效减少土方量。以多种形式的院落和楼梯联系各个平台，化解地形，形成紧密联系的交往系统。

组团设计

教学组团位于校园中部，与图书信息中心共同围合校园中心广场。组团包括三组教学群楼、一组公共实训楼、一个工商与工程专业实训室。组团通过底层平台——学习街串联共享。

■ 教学区立面

图书信息中心位于东入口与南入口的轴线位置，是整个校园的中心。既与教学实训组团共同围合校中心广场，强调东入口；又形成南入口的对景，优化南入口的形象。建筑造型首先根据基地条件分析，结合良好的景观优势，体块错落，并通过中央天井组织上下层空间，形成良好的通风采光和交流空间。

■ 与图书馆相连的连廊系统

学校秉承“立足地方、服务社会、育人为本、彰显特色”的办学理念，坚持以立足地方，面向全省，以现代服务业为主，培养应用型技术技能型人才为主要任务。在建设符合专业发展，满足教学需求的实训场所时，充分考虑教学、实训、研究等核心功能，为师生提供全面、仿真的实训环境。学校现有各类实训场所近百间，面向土木建筑、装备制造、交通运输、电子信息、医药卫生、财经商贸、旅游、文化艺术、教育与体育、公共管理与服务等专业。

智能网联汽车产教融合创新学习工场，建筑面积约 500m^2，是集新能源汽车、网络安全及物联车网技术等专业教学实训、科研、竞赛培训、创新等多种综合功能于一体的大型综合实训中心。学生可在该中心开展新能源汽车实训、虚拟仪器实训、机器人仿真实训和工业互联网实训等。

南京城市—东软学院实训中心和南京城市—中兴学院实训中心，包含了 13 个专业实训室和 2 个创新工作室，满足软件与智能应用和网络与通信 2 大教研室前端项目、测试项目、Java 后端项目、移动应用开发实训、Java 框架实训、光传输技术实训、移动通信基站建设与维护、宽带接入实训、高阶路由交换服务器系统应用实训、公共云技术实训和电子商务技术实训等。

南京城市职业学院罗克韦尔“智能制造协同创新中心”是我校与罗克韦尔公司共同投入 3000 余万元建设。该中心不仅为学校智能制造领域的研究开发服务，也可作为工科各专业教学、实习实训基地，夯实了智能制造类新工科专业的发展基础，并且为南京企业提供相关的各类技术服务，面向南京市职业学校自动化和相关专业学生提供教学实训服务。该中心不仅提供与产业紧密结合的职业教育内容，更提供了与世界各种先进技术近距离接触的平台。学生可在该中心开展单片机实训、嵌入式实训、3D 建模、传感器实训、电路仿真实训、虚拟仪器实训等。

空乘客舱实训室，是南京市“十三五”重点实验室（实训基地），由学校与江苏无国界航空发展有限公司合作共建，并由公司选派国航、南航、海航三位具备中国民航运输协会（CATA）航空乘务教员资质的退役空乘担任企业教员，对该专业学生实施准军事化管理，空乘教员同时承担专业核心课程教学。

■ 实训区连廊夜景人视图

■ 实训区二层连廊人视图

■ 实训区二层连廊人视图

智慧养老服务仿真模拟实训室占地 80m²，配置老年人生活照护和康复器材，结合健康管理平台、老人服务技巧实训平台、康复评定系统，构建养老服务模拟情境。学生在实训室内开展老年生活照护技能训练、老年人能力评估和康复训练指导等项目实训。

幼儿发展与健康管理专业实训室占地 185m²，集蒙台梭利、婴幼儿保育与保健于一体。学生在实训室内开展幼儿感官训练、语言训练、0～6 岁儿童体格、智能发育评价、托幼机构卫生消毒与常见意外安全事故急救等实训。

婚庆管理与服务专业实训室面积约 360m²，集婚礼情景模拟和婚礼设计于一体。该实训室既能为学生提供婚礼主持、婚礼摄影摄像、婚礼策划、婚礼设计、婚礼现场督导等情景模拟实训，又能满足婚礼主持人和婚礼策划师技能竞赛等专业比赛集训需要。

物流与商贸实训中心分布于教 2 楼与实训工厂，拥有物流一体化系统，该系统通过提供物流服务的企业开展的仓储配送、运输等模拟业务，高度仿真现实中的各种企业场景、业务单据、企业信息资料、业务实际操作等，让学生在实训中通过 3D 直观形式扮演企业不同的岗位角色，按企业的组织架构共同协助、分工完成企业业务案例操作，其操作与现实物流企业的作业方式完全一致。

财经类专业实训中心位于教 2 楼，是以企业经营与管理为主体，建立虚拟商务环境、政务环境和公共服务环境，进行仿真经营和业务运作，既可进行宏观微观分析，也可组织对抗和多人协同模拟经营。通过模拟企业运营，训练学生在仿真环境中运用已经掌握的专业知识。在经营模拟与现实接轨的基础上，真正实现最大真实化的实习。

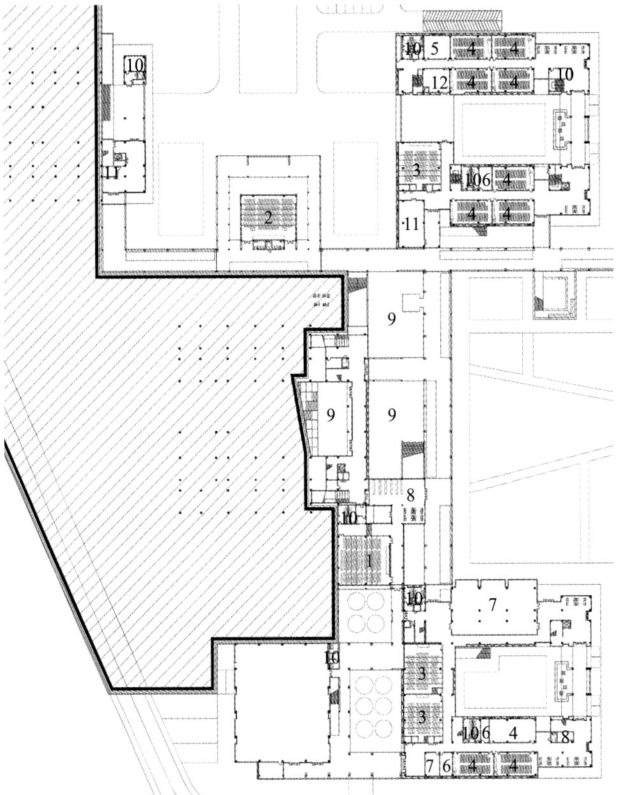

1 400 人教室　2 300 人教室　3 200 人教室　4 120 人教室
5 教学用房　6 准备室　7 美术馆　8 展示　9 庭院　10 卫生间
11 变电所　12 消防控制中心

■ 实训一层平面

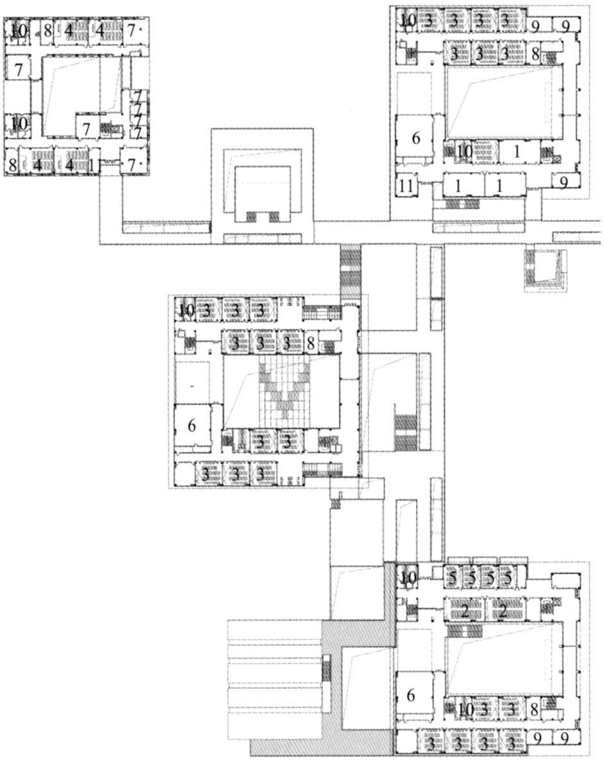

1 工程系教室　2 120 人教室　3 50 人室　4 48 人教室
5 30 人教室　6 多功能厅　7 办公　8 准备室　9 讨论
10 卫生间　11 教学用房

■ 实训二层平面

■ 实训区整体人视图

■ BIM展示馆

工而有信
■ 录播教室

■ 罗克韦尔实训室

■ 人工智能工作室

■ 实训区二层连廊人视图

项目进展及未来展望

南京城市职业学院溧水新校区目前已投入使用，规划的校企合作区也已开始进行设计。总体规划设计所追求的紧凑校园、活力校园、立体校园的设想均通过设计得以实现，立体化、园林化的校园空间也成为校区的特色和亮点，成为新一代职业院校规划模式的典范。

无锡汽车工程高等职业技术学校规划设计

PLANNING OF WUXI VOCATIONAL AND TECHNICAL HIGHER SCHOOL OF AUTOMOBILE & ENGINEERING

同济大学建筑设计研究院（集团）有限公司

项目简介

无锡汽车工程高等职业技术学校（原无锡市公益职业学校）为全日制中、高等职业学校，2006年10月由无锡轻工职业高级中学（无锡汽车工程学校）与无锡市公益中学合并组建，是一所国家教育部联合六部委发文认定的国家技能型紧缺人才培训基地的职业学校，主要专业是汽车运用与维修、工程机械等专业。整体校园规划遵照整体性原则、可持续发展原则、崇尚生态原则、文化导入原则、高起点高标准原则、以人为本原则综合考虑。新校区的用地功能、道路系统、景观环境均与教育园规划相互衔接、协调，形成整体，充分考虑与教育园配套上的共享、空间过渡及区域联系的合理性，并充分考虑规划的可操作性和分期建设，预留部分土地作为校园未来发展用地。充分考虑校区的自然环境和地方文化特色，在继承传统地域文化和尊重自然环境的基础上，塑造生态型的新校园，并在功能配置、整体环境等方面均体现前瞻性和现代化特色，使文化与现代化达成有机的统一，建设数字化、生态化校园。结合当今规划学科的最新理念与表达成果，以建设全国一流的、面向新世纪的花园式学校为目标。

项目概况

项目名称：无锡汽车工程高等职业技术学校规划设计
建设地点：江苏省无锡市惠山区
设计 / 建成：2007年/2009年
总用地面积：32.8公顷
建筑面积：149610m^2
占地面积：49528m^2
建筑密度：15.1%
容积率：0.51
在校生总体规模：5000人
教职工规模：345人
建设单位：无锡汽车工程高等职业技术学校
设计单位：同济大学建筑设计研究院（集团）有限公司
主创设计师：王文胜
合作设计师：李正涛、严佳仲

■ 整体鸟瞰图

主入口
后勤入口
步行入口
驾校入口
A 行政综合用房
B 基础教学实验楼
C 教育实训用房
D 体育馆
E 食堂
F 男生宿舍
G 女生宿舍
H 教师公寓
I 沿街商业用房
J 驾校用房

■ 总平面图

体育馆

■ 体育馆透视

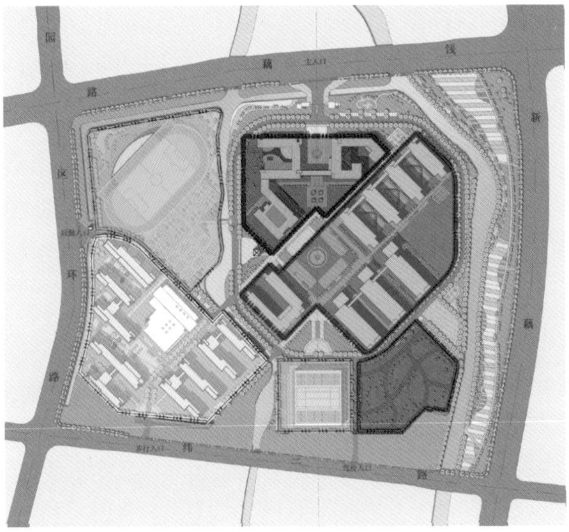

教学行政区　体育运动区　实训区
学生生活区　驾校实习区

■ 功能分区分析图

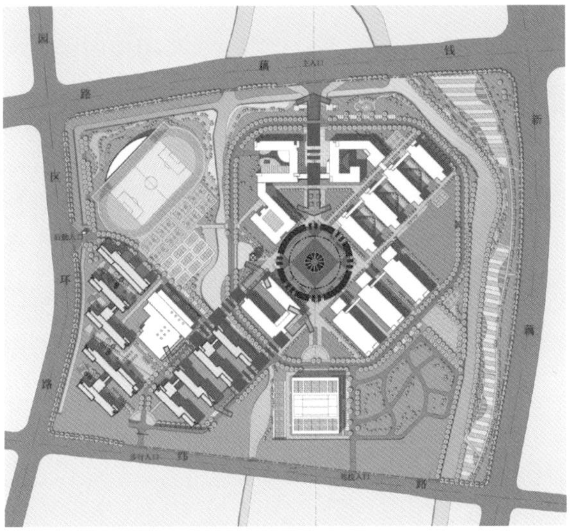

空间核心　空间序列轴

■ 规划结构分析图

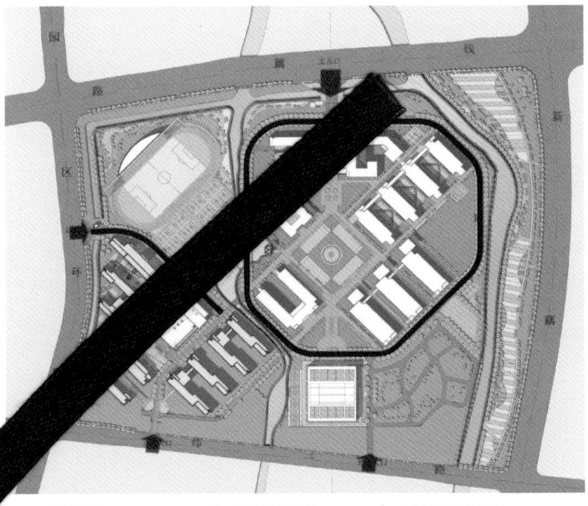

校园入口　滨水休闲步道　校园主环路
地面停车场　校园步行广场及街道

■ 交通系统分析图

项目亮点

“师法江南园林神韵，营造现代书院校园”

无锡地处江南水乡，江南园林渊源悠久、格局精雅、蜚声中外。其规划布局、流线组织、空间序列、虚实层次、叠石理水等方面均积累了丰富的经验，达到了极高的层次。在无锡营造大学校园，从规划、建筑到景观等各个层面，均可向传统园林学习，师法其神韵，借鉴其手法。这不仅有助于加强校园的生态化和园林化的特点，更有利于表现无锡的地域特色。

疏密有致的总体布局

“万顷之园难以紧凑，数亩之园难以宽绰。紧凑不觉其大，游无倦意，宽绰不觉局促，览之有物。故以静、动观园，有馆地扩基之妙。而大胆落墨，小心收拾，更为要。使宽处可容走马，密处难以藏针。”——陈从周《说园》。

江南园林区别于皇家园林的一大特点在于其在有限的用地内，通过巧妙的布局及空间处理，营造出疏密有致、气韵生动的空间，达到“小中见大”的效果。

本次规划用地面积 32.8 公顷，但因靠新藕路处洋溪河支流以北需退让大片城市绿地，另外还需预留驾校及挖土实习场地合计约 70 亩。因此实际可建设用地只有约 22 公顷，相对容积率达到 0.77。在此相对紧张的用地条件下规划方案通过疏密相间的布局原则营造出疏朗的校园形象。规划中功能相近的建筑相对集聚，以组群的形式出现，可细分为教学行政组群、实习组群、学生生活组群、后勤服务组群等。组群内部组织紧凑，以一系列街道、庭院形成近人尺度的活动空间。组群间则以绿化、水系、道路等分隔，形成疏密相间、张弛有度的规划布局，使校园在空间尺度和景观效果上形成紧密与疏朗的强烈对比。

起承转合的空间序列

“凡造作难于装修，惟园屋异于家宅，曲折有条，端方非额，如端方中绿寻曲折，到曲折处还定端方，相间得宜，错综为妙。”——明•记成《园冶•装折》。

江南园林以巧妙的收放、对比、转折等空间处理手法著称。规划方案中亦通过一系列空间的变化，通过园、街、桥、院、庭的起承转合，形成富于节奏感的、婉转深邃的空间效果。气韵生动、收放有序的园林化空间体系产生了如江南丝竹般抑扬顿挫的美感。

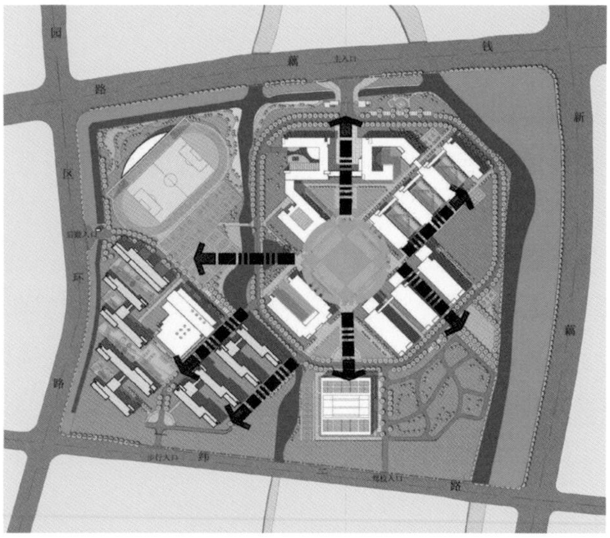

庭院绿化　体育绿化　景观水系

外围防护绿带　景观通廊

■ 绿化系统分析图

曲折通达、步移景异的院落景观

“深奥曲折，通达前后。”——明·记成《园冶·立基》。

建筑的组群式布局形成了众多的院落空间，组群内建筑单体强调南北朝向，由此产生的形体扭转使院落产生了更为丰富细腻的变化。通达但不单调的步行动线提供了更多驻留空间，促进了校园中的非正式交流活动。

对院落中的通视距离加以控制，通过遮挡、转折，形成步移景异的景观效果。

巧于因借的园林理水

“江干湖畔，深柳疏芦之际，略成小筑，造征大观也。”——明·记成《园冶·江湖地》。

“卜筑贵从水面，立基先究源头。”——明·记成《园冶·相地》。

无锡是一座水乡城市，城市水网川渠交织。秀美的太湖水更是无锡城市形象象征。江南园林中的理水也是极其重要的造园手法，大部分园林均山水并重，如寄畅园中心景区就以水池为主体，亭榭楼阁皆临水而立，倒映水中，相互映衬。

基地现状水网较密集，有洋溪河两条支流自北往南贯穿基地。规划方案将南面河道局部开挖扩大，形成集中水面，其间布置曲岸绿岛，形成具有江南水乡特色的校园生态中心。中心建筑群临水而立，并通过石桥、水街、亲水平台等元素。

■ 实训楼和水面景观

精在体宜的人性尺度

“本来中国木构建筑，在体形上有其个性的局限性，殿是殿，厅是厅，亭是亭，各具体例，皆有一定的尺度，不能超越。”——陈从周《说园》。

在规模较大的新校园规划中，容易产生超出个人感知范围的超常尺度。规划中除了必要的礼仪空间如入口景观大道、中心湖面、集散广场等保持在宏观尺度外，其他校园空间均控制在近人的亲切尺度，这一具有宜人尺度的空间是可被感知的，具体外在表现形态则引用了城市的空间形态中的广场、街道、村落、庭院等。这些人性尺度的空间与景观系统紧密结合，容纳了最大密度的校园活动，是真正意义的校园公共空间。

素雅内敛的建筑形象

“方塘石枷，易江曲岸回沙；洇周住楹，攻为青扉白屋。”——吴伟业《梅村家藏藁》。

建筑形象强调“素”“雅”、低调内敛的传统苏式建筑风格，追求粉墙黛瓦的意境。选材用色均遵循此原则，以青砖的灰色为基调，搭配白色及木色，体现对无锡城市主色调的尊重，同时也表现出文化教育建筑的内敛。通过细部处理上园林窗棂、砖雕等的移植运用，体现地域特征。

教学楼

■ 行政教学楼

■ 从景观湖看实训楼

实训特色

实训楼设计注重建筑整体布局形式与学校总体环境的和谐性，注重建筑本体的实用性，功能布局的合理性，在塑造优美校园环境的同时，为师生的工作和学习提供良好的条件。

每栋实训楼首层均为大空间，布置实际操作功能区，二、三层为小教室，布置理论课功能。上下功能直接联系，每个专业在同一栋楼内。

教学楼
■ 实训楼教学楼围合的广场

电气
理实一体化教学楼
■ 实训楼入口透视

■ 实训室内

■ 实训授课区

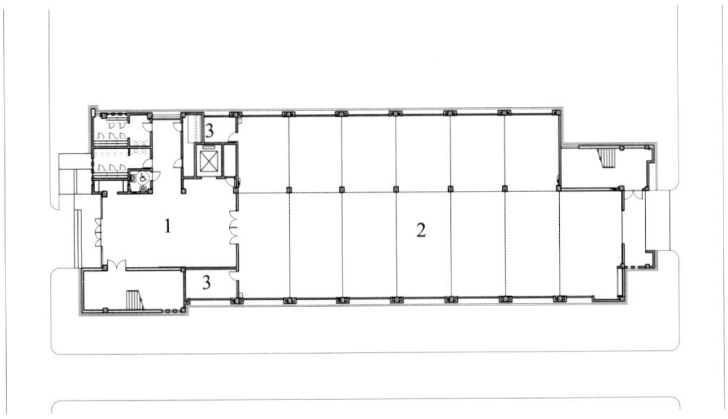

1 门厅
2 实习车间
3 准备室

■ 1 号教育实训用房一层平面图

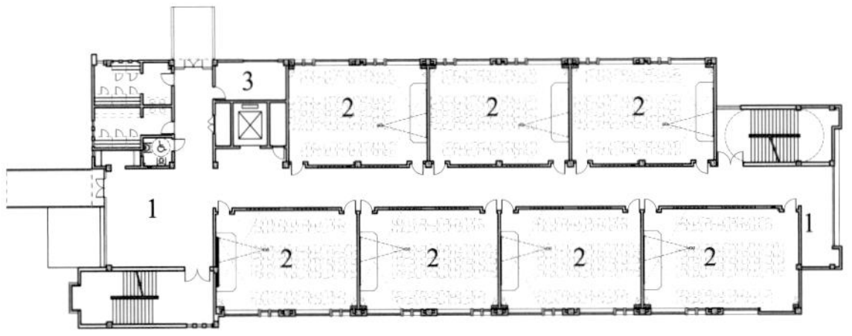

1 休息厅
2 77 座教师
3 教师休息室

■ 1 号教育实训用房二层平面图

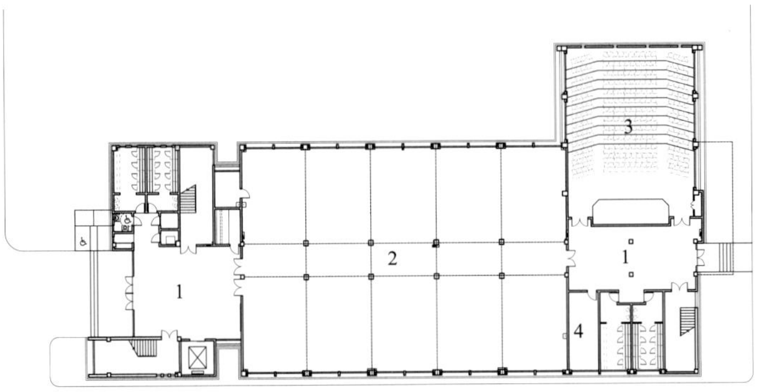

1 门厅
2 实习车间
3 234 座教室
4 教师休息室

■ 2 号教育实训用房一层平面图

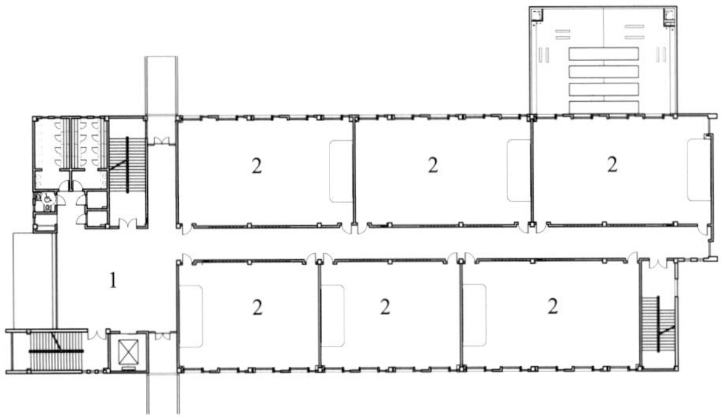

1 休息厅
2 教室

■ 2 号教育实训用房二层平面图

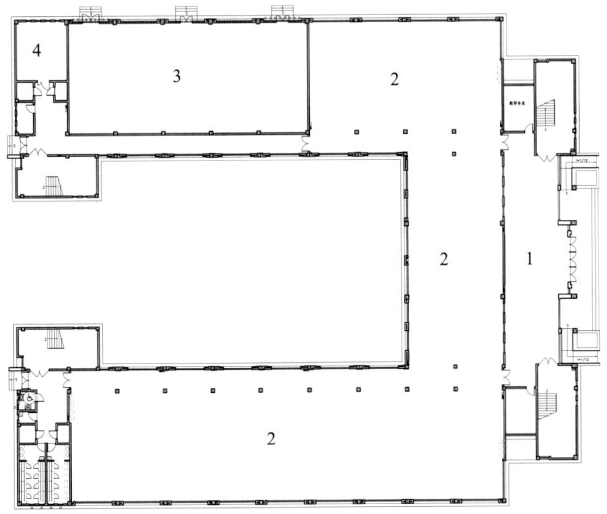

1 门厅
2 实习车间
3 变电所
4 库房

■ 3 号教育实训用房一层平面图

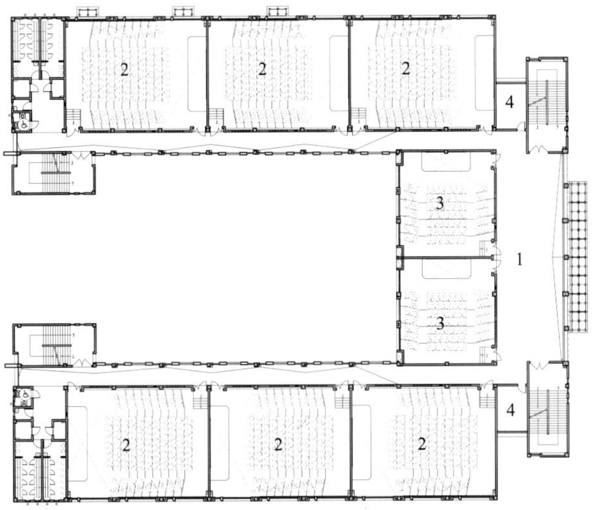

1 过厅
2 180 人教室
3 100 人教室
4 教师休息室

■ 3 号教育实训用房二层平面图

教学楼
■ 教学实训楼

■ 实训中心室内

■ 室内实训场所

大众项目培训课程
大众项目培训课程
大众项目培训课程
■ 大众项目培训室

■ 室内实训场所

项目进展及未来展望

学校按照“一次规划，分期实施”的原则，科学合理地分配土地资源，校园一期建成了公共教学楼、实训楼、体育馆、学生宿舍等设施。利用这些设施，学校培养了学生优良的职业道德和高超的职业技能，为地方经济建设和社会发展提供人才支持和智支撑。

学校秉承“有道正业”校训，始终坚持以服务为宗旨，以就业为导向，面向社会、面向市场的办学指导思想。学校现为国家技能型紧缺人才培养培训基地、国家交通职业技能鉴定所等重要机构。学校也取得众多辉煌成绩，连续多年被评为“江苏省职业院校技能大赛先进单位”“江苏省职业教育先进集体”等。

常州工程职业技术学院主校区规划设计

PLANNNING OF CHANGZHOU VOCATIONAL INSTITUTE OF ENGINEERING

常州市建筑设计研究院有限公司

项目简介

常州工程职业技术学院创建于1958年，是国家“双高计划”专业群建设单位、教育部优质专科高等职业院校、省高水平高等职业院校建设单位。全日制在校生、成人学历教育均超万人。国家重点专业2个、教育部创新发展行动计划骨干专业6个、教育部现代学徒制试点专业1个、省重点专业群4个、省品牌专业2个、省高水平骨干专业5个、国家专业教学资源库3个、国家教学成果奖一等奖3项、二等奖3项，培养品格高尚、技艺高超、复合型、创新型、国际化“双高三型”卓越技术技能人才，是全国高职院校育人成效50强。国家教师教学创新团队1支、省优秀教学团队6支、省科技创新团队2支，年“四技”服务到账超5000万元，科研到账超2000万元，四度蝉联全国高职院校服务贡献50强。牵头组建全国检验检测认证职教集团和现代焊接职教集团，政行校企协同共建产业学院6个、省级实训平台2个、省级集成实践平台1个、省级创新服务平台5个、省级创业教育平台3个。

大学城校区在规划、设计和施工的全过程中始终坚持“节能、绿色、智能”的建设理念，营造文化、景观、生态三位一体的校园环境，校园绿化率达到60%。

项目概况

项目名称：常州工程职业技术学院主校区规划设计
建设地点：江苏省常州市武进区滆湖中路33号
设计 / 建成：2002年/2008年
用地面积：48.9万 m^2
建筑面积：32万 m^2
容积率：0.65
在校生规模：12829人
教职工规模：669人
建设单位：常州工程职业技术学院
建设单位参与人员：欧汉生、周勇、姜柏祥、王兆民、孙洪流、孙德宝、刘福新、焦卫、贾立民、孙红卫、徐霞萍
设计单位：常州市建筑设计研究院有限公司
设计师：朱坚

■ 鸟瞰图

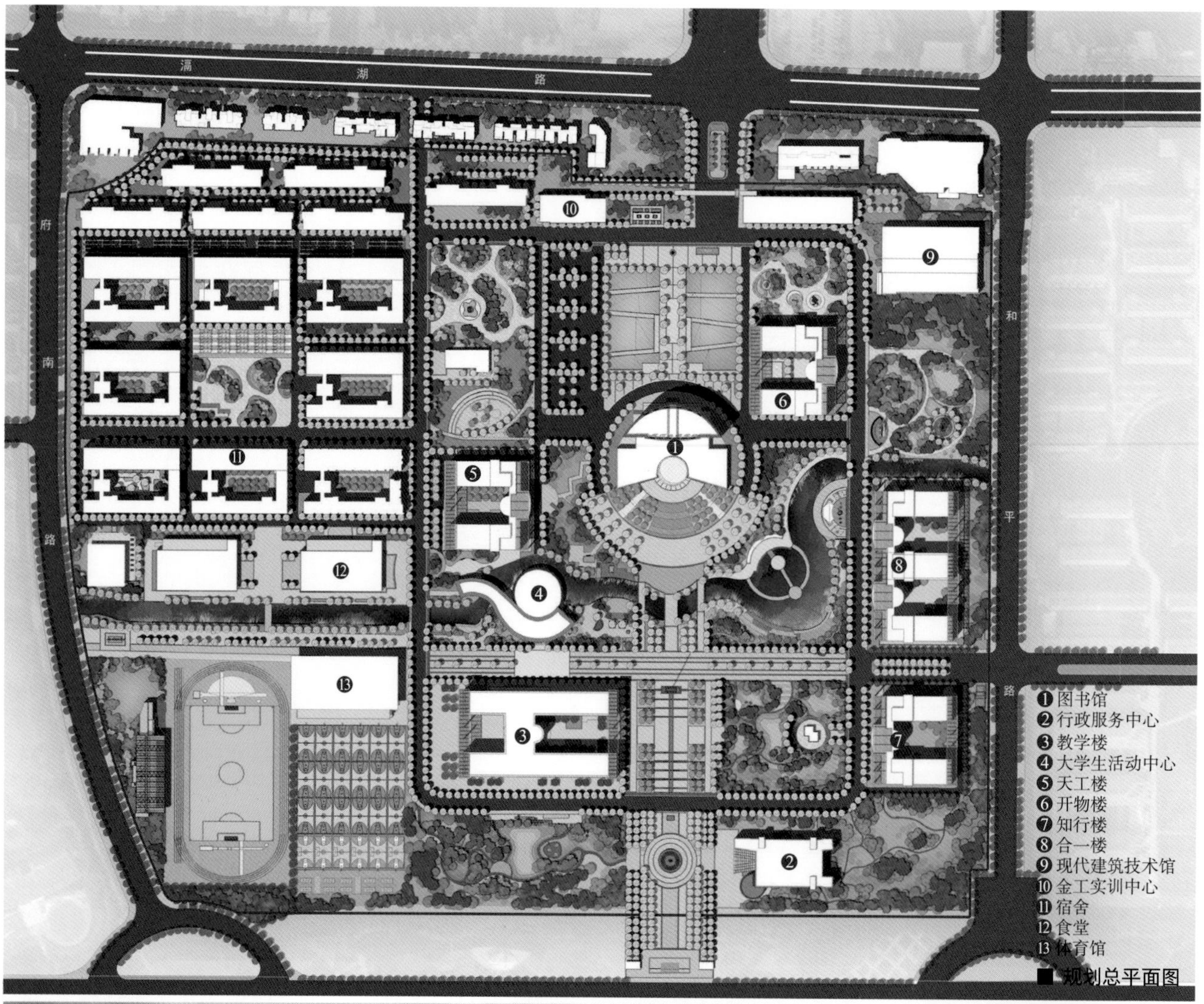
滆湖路
府南路
和平路
❶图书馆
❷行政服务中心
❸教学楼
❹大学生活动中心
❺天工楼
❻开物楼
❼知行楼
❽合一楼
❾现代建筑技术馆
❿金工实训中心
⓫宿舍
⓬食堂
⓭体育馆

■ 规划总平面图

■ 校园中心景观

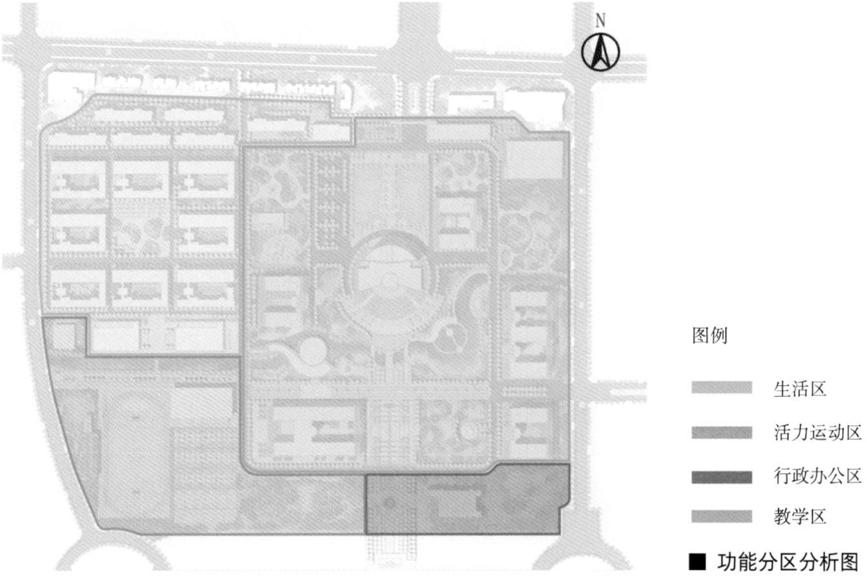
N
图例
生活区
活力运动区
行政办公区
教学区

■ 功能分区分析图

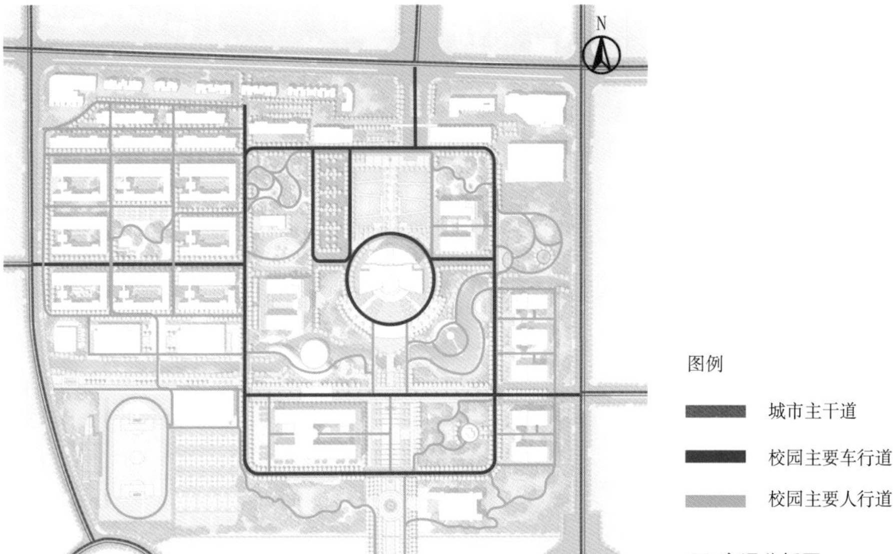
N
图例
城市主干道
校园主要车行道
校园主要人行道

■ 交通分析图

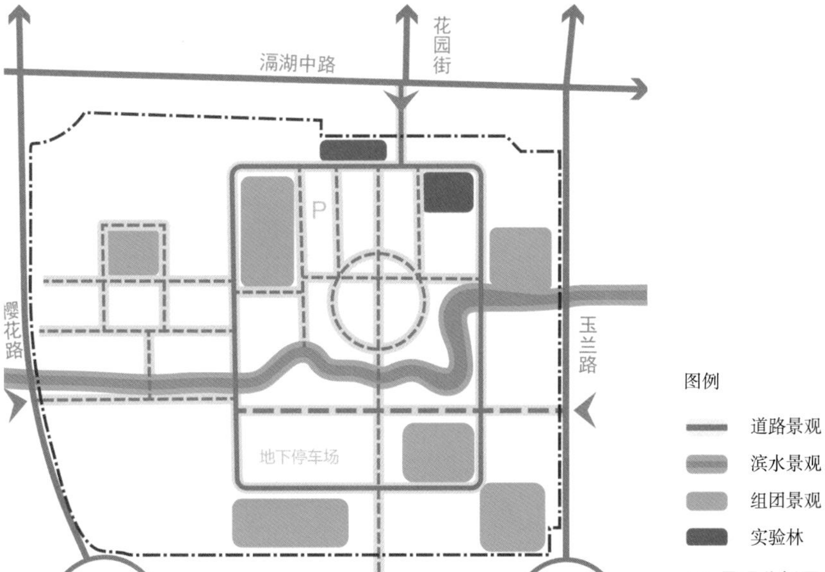
漓湖中路
花园街
樱花路
玉兰路
P
地下停车场
图例
道路景观
滨水景观
组团景观
实验林

■ 景观分析图

项目亮点

功能分区

教学区居中，生活区位于西北，运动区位于西南，行政区位于东南，各区块有序布置，相对独立又联系紧密。为广大师生提供了良好的工作学习环境。

交通分析

校园四个方向均设置校门，以北门作为主要出入口，内部以环路串联各功能分区，在校园绿化中灵活设置人行道，增加了校园交通的趣味性。

景观分析

校园景观以道路景观、组团景观及滨水景观等形式体现。校园整体以硬质化铺装为主，乔木、灌木、花卉配置合理，在校内形成了丝语园、校友林等七个不同主题、各具特色的小公园。

规划理念

校区位于常州科教城内，校园规划充分融入科教城整体环境。校园的轴线自北向南、校园水系自西向东贯穿校园。校园内从细部入手，结合城市文化及校园文化，布置了丰厚的文化内容，力图打造一个有内涵、有意境的人文校园，美丽校园。

图文楼作为学校主楼位于校园的中心和轴线、水系的交汇点。校园环路内侧以景观、绿化为主，环路外侧以各类建筑为主。校园建筑大量采用灰白色外墙和平屋顶，教学楼、实训楼、宿舍楼等多座建筑呈“工”字形，体现出理工科院校沉稳严谨的气质。

励志
践行
■ 校园建筑与水系

B
■ 知行楼

汽车检测与维修技术工程实践中心（巴哈工作室）

2015 年，学校依托汽车检测与维修技术专业组建巴哈汽车团队，2016～2017 年，学校对该专业校内实训基地进行整体改造，建立工程实践中心，立足于学院高水平高职院校建设目标，为培养“双高三型”（品德高尚、技艺高超，复合型、创新型、国际化技术技能型）汽车类人才提供实体保障。中心建筑面积 1200m^2，拥有专业汽检设备 80 台套，加工制作设备 10 余套，实训工位 14 个，可同时满足 90 名学生实训，集教学—训练—研发—生产—服务于一体，适合以实际工程实践项目为载体、实施小班化教学的创新型、复合型人才培养与训练。

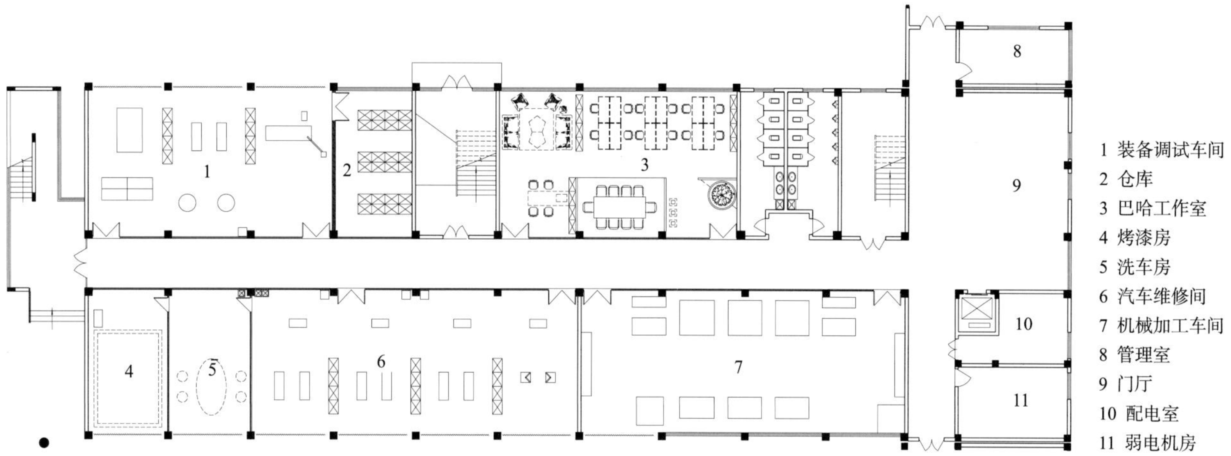
1 装备调试车间
2 仓库
3 巴哈工作室
4 烤漆房
5 洗车房
6 汽车维修间
7 机械加工车间
8 管理室
9 门厅
10 配电室
11 弱电机房

■ 巴哈工作室平面

Students Skills Competition
学生(团队)技能大赛
工匠精神
成果
展示
Results Display

■ 门厅展示区

■ 装备调试车间

■ 汽车维修车间

自2015年学校组建巴哈团队以来，在中国汽车工程学会巴哈大赛中屡获佳绩，历史战绩稳居职业院校前列。经过五年多的建设和运营，学校巴哈团队科教研能力得到了提高、工程实践水平得到了提高，学生创新能力的培养业已凸显。项目团队申报各级各类科研项目15项，其中省级项目8项，申报实用新型专利25项，已经获得授权18项，申报发明专利9项。陈宝生部长给团队成员回话中勉励大家“让高质量的毕业生成为职业教育的品牌和代言人”。

州工程
NISSAN

■ 教育部陈宝生部长视察

■ 图文信息中心室内

■ 后勤一站式服务大厅

■ 食堂室内

A
B

■ 校园一角

现代建筑技术馆

2015年9月22日，学校与上海城建市政工程（集团）有限公司签订战略合作协议，共同建设现代建筑技术馆（原名：地下工程技术中心）。上海城建市政集团将提供一台总价2600万元的6340mm土压平衡盾构机以及相应的软件和配件，与该院在校内共建集科技研发、技术培训、师资训练、学生实训等为一体的地下工程技术中心。

该项目于2016年9月获得江苏省发展改革委批准，建筑面积9079m^2，建筑高度16.75m，按照国家“绿建设计三星”“绿建运营三星”标准实施，采用18项绿建技术措施，建设成为住房和城乡建设部装配式建筑科技示范工程、江苏省住房和城乡建设厅建筑工业化示范工程。

现代建筑技术馆

■ 现代建筑技术馆鸟瞰

项目采用设计—施工总承包模式，在建设过程中使用BIM技术实现设计、生产、施工、装修和运营维护等“五位一体”的系统化和集成化管理，开拓出一条依托于虚拟构件库、BIM信息化集成云平台的全产业链、全生命周期的创新应用之路。

项目采用国际领先的“无支撑全预制装配结构体系”，根据结构形式、建筑特点将柱、梁、板、楼梯等构件拆分，按照标准化设计，在工厂进行机械化预制生产，现场采用履带吊等大型设备安装，实现干作业化操作，真正做到了绿色施工和节能施工。

■ 施工现场

■ 预制结构节点

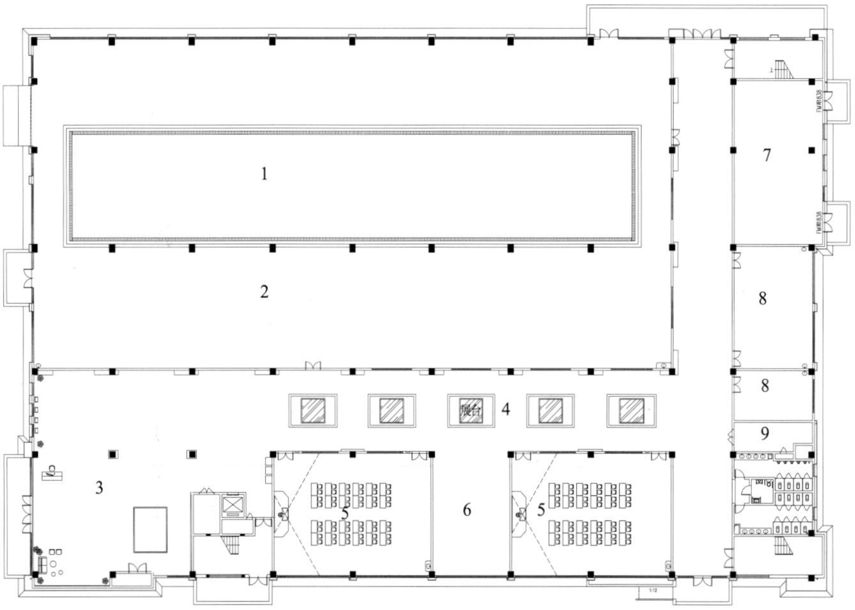
1
2
3
4
5
6
7
8
9

1 盾构机实验实训操作区
2 结构试验区
3 门厅
4 建筑工业化模型展示区
5 BIM 工作室
6 项目建设成果展示区
7 变电所
8 辅助用房
9 新风机房

■ 建筑馆一层平面

项目承担了建筑工程学院教学、科研、办公等多项功能。盾构机位于建筑内北侧，为保证操作空间，局部三层上空，东侧及南侧设置了 BIM 工作室、造价工作室、测量仪器室、制图室、产教融合办公室、博士工作站等，并安装有电动单梁吊车一台。在项目的外围还设置了砌筑工实训区和工程测量实训区。

■ 教育部原副部长鲁昕视察本项目

■ 一楼走廊

■ 测量仪器室

■ BIM 工作室

项目进展及未来展望

2002 年起大学城校区开始建设，至 2008 年学校主楼完工，校园建设第一轮规划基本完成。累计完成各类楼宇 31 座，建筑面积达 32 万 m^2。校园绿化面积 15.9 万 m^2。

为了紧跟职业教育不断发展的趋势，深度推进产教融合，适应现代职业教育对教学、实训的新要求，解决在校师生数不断增加带来的用房紧张问题，自“十三五”起，学校开始规划新一轮的校园建设方案，拟新建工程实训中心、科创大厦、风雨操场、留学生公寓等建筑，规划建筑面积达 10 余万平方米，目前相关方案还在编制中。

（供稿：常州工程职业技术学院　潘星）

徐州工业职业技术学院重大装配制造实训中心设计

DESIGN OF MAJOR ASSEMBLY MANUFACTURING TRAINING CENTER OF XUZHOU VOCATIONAL COLLEGE OF INDUSTRIAL TECHENOLOGY

北方工程设计研究院有限公司

项目简介

徐州工业职业技术学院是经国家教育部批准成立的（公办）全日制国家普通高等专科院校，隶属于江苏省教育厅。学院始建于1964年，校园占地1100余亩，建筑面积27万余平方米。校园环境优美，生活服务设施齐全，是省文明学校、花园式单位。

2011年7月，学院被省教育厅批准为第二批省级示范高职院第一梯次建设单位，2019年入选国家双高计划建设单位。为响应国家“产教结合、校企一体”的办学模式要求，依靠徐州“中国工程机械之都”的独特优势，借助我校机械制造与自动化、应用电子技术（光伏器件加工与应用）、高分子材料工程技术三个重点专业群的区域影响力，2012年，徐州工业职业技术学院在九里新校区启动“重大装配制造实训中心”项目。

重大装配制造实训中心将机械装备制造能力培养几乎囊进其中。建有25个实训室（区），同时接纳14个教学班约700人。总体按照产品方案设计、加工工艺设计、材料准备及检验、材料性能实验与检验、材料加工、工件形位及尺寸公差检验、工件装配调试等全工序、全过程、全能力布置。集教学、仿真、训练、生产、设计、研发与一体，从简单到复杂、从仿真到真实、从研究到生产、从技能到素质，尽可在其中得到实现。

项目概况

项目名称：徐州工业职业技术学院重大装配制造实训中心设计

建设地点：徐州工业职业技术学院九里主校区

设计 / 建成：2012年/2014年

占地面积：5170m²

建筑面积：8851m²

建筑密度：47.83%

容积率：0.83

绿化率：30%

在校生总规模：12000人

教职工规模：600人

建设单位：徐州工业职业技术学院

建设单位参与人员：张芳儒、李荣兵、刘继峰

设计单位：北方工程设计研究院有限公司

主创设计师：韩毅

合作设计师：卓景龙、丁立芹、张丁、周会科、靳晓召

■ 校园南向全景

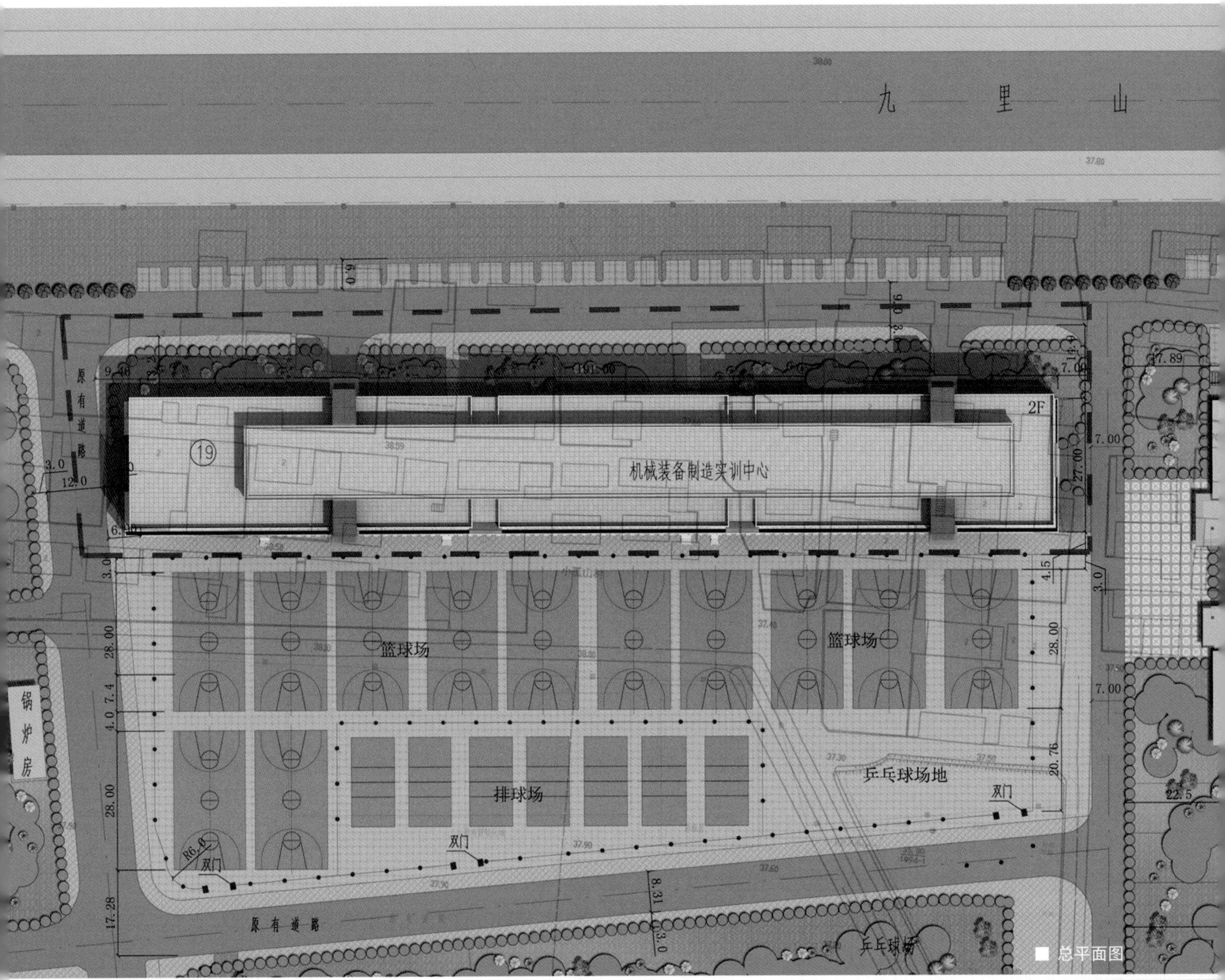

九 里 山
机械装备制造实训中心
2F
篮球场
篮球场
排球场
乒乓球场地
双门
双门
双门
原有道路
原有道路
锅炉房
乒乓球场

■ 总平面图

徐州市重大装备制造技术实训基地

■ 实训中心实景

项目亮点

功能分析

建筑内部布局条块相结合，静动分离，流程清晰，互不干扰，方便管理。一层中庭自东向西一字排开，设置车床区、铣刨区、线切割区、立铣区、柔性制造区及卧式加工区。东厅设置了300余平方米用于展示行业、专业、工序等方面高科技的视频展示区。二层主要布置各类实训室、办公室、工程中心等。建筑内部既满足设备吊装、摆放、操作的空间要求，又具备足够的前瞻性、灵活性，以适应新知识、新技术、新工艺、新方法的更新。

在功能布局上，引入了“实训步行街”的设计理念。中庭既是核心交通，又是实训大厅。各类实训教室分布中庭两侧，教室在中庭一侧均设落地窗，便于观摩学习，教学可以方便地在授课与实训之间灵活转换，做到了“教学与实训一体”。中庭顶设3吨行车，满足厅内各类大型装备的运送转移。“实训步行街”营造了一个“产教融合”的浓厚氛围，兼具实用功能与学院特色。

通过对实验实训类建筑使用空间的研究，提取不同使用空间的层高及面积要求，将建筑内空间划分为高大空间（实训大厅）和教学空间（实训室），并形成交叉围合布置，分区划分明确的同时又形成了相互交融促进的空间组织形式。各分区内空间划分互不影响，便于后期灵活转变，适应未来需求。

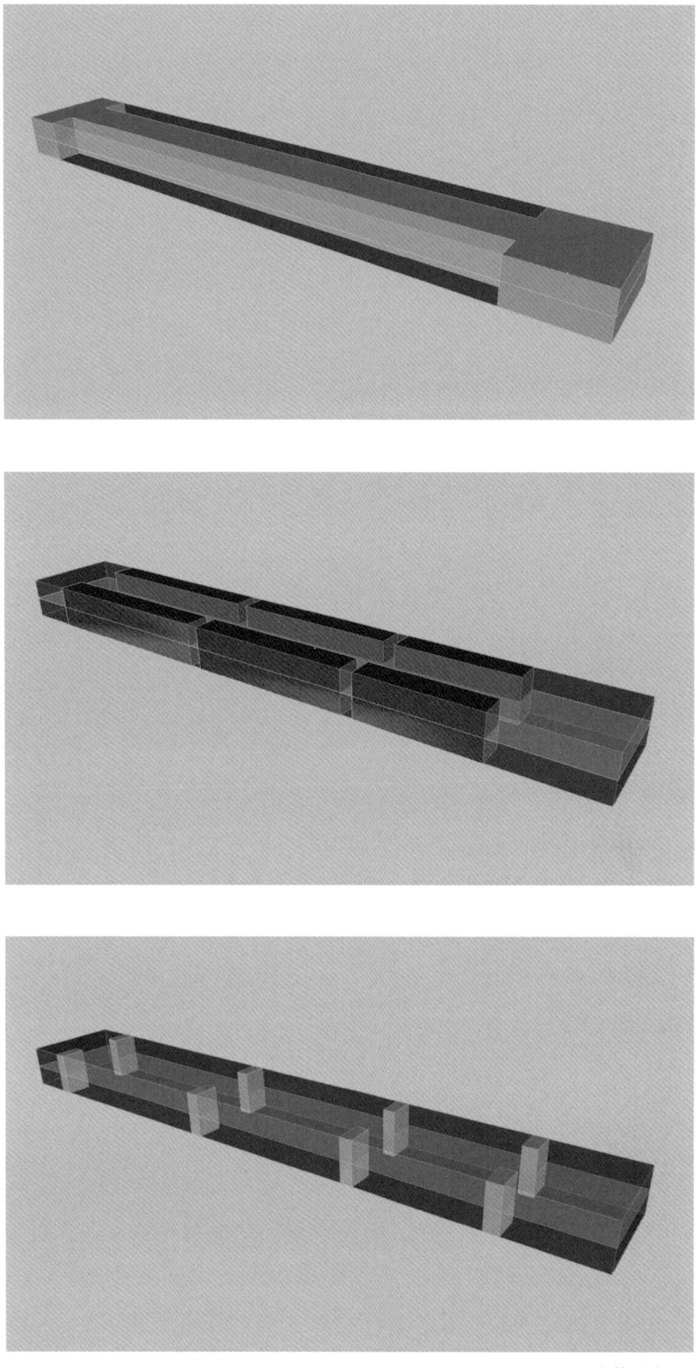
实训大厅
各类实训室
竖向交通
■ 功能分析图

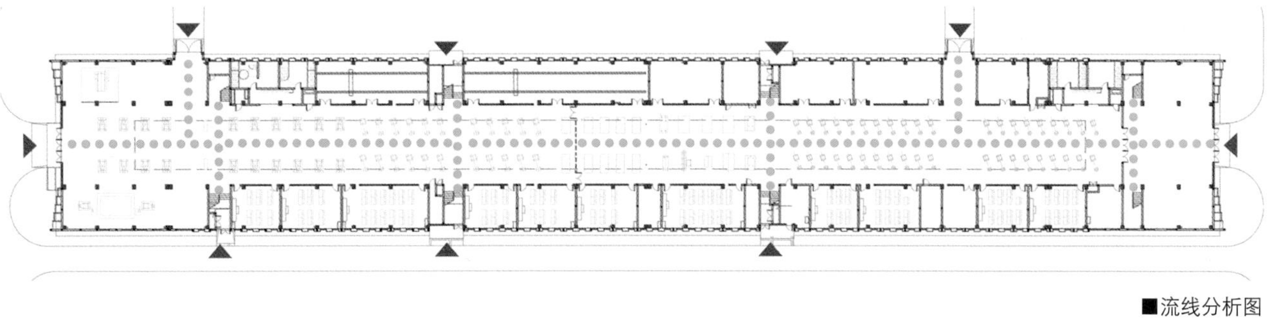

■流线分析图

交通分析

建筑东西两侧各设一个建筑主入口，建筑中庭即内部交通主轴线，主轴线两侧分布各项使用功能，各实训室均视线可达，达到了功能流线明确的效果。建筑南北两侧分设7个建筑次入口，与主轴线形成树状交通，方便使用的同时满足消防疏散要求。

规划布局

重大装配制造实训中心位于九里校区内，与机电工程技术学院楼一路之隔。方便教学使用的同时，避免机械实训对教学区的干扰。建筑长边沿九里山路展开，形成良好的沿街形象。建筑东、北、西三侧为校园现有道路，南侧与运动场地之间新建一条人行道，满足该建筑物人员疏散。

建筑造型

以浅灰色作为建筑主色调，突出工业的文化气息，局部采用赭石色铝合金格栅作为点缀，既突出建筑主旋律而又不落俗套。统一和谐的整体景观，与原有建筑的灰色基调统一协调。

建筑外立面利用防铝板真石漆与玻璃幕墙两种现代感极强的材质，通过虚实对比和细部处理，形成简洁明快的现代建筑风格。外观造型加上内部突出的采光屋顶，构造了“船”体式样，意寓扬帆起航、再创佳绩。

实训特色

实训中心设置一个中心管理办公室；四个实训组：数控实训组、钳工实训组、机加工实训组和汽电实训组；一个大学生创新创业基地。现已拥有数控加工实训室、数控维修实训室（FANUC）、数控维修实训室（SIEMENS）、线切割加工实训室、数控机床电气控制实训室、CAD/CAM实训室、汽车维修实训室、汽车底盘实训室、热处理及材料性能实训室、汽车发动机专业教室、电机与电器实训室、仪表实验室、PLC嵌入式系统实验室、三网融合实训室、通信工程实训室等40多个实训实验室，仪器设备总值约2000余万元。

旋挖钻“全球好机手”实训中心由徐州工业职业技术学院与徐工基础机械有限公司共同出资建设，占地约1600m^2，总投资约700余万元。

XCMG
■ 旋挖钻模拟仿真实训

■ 实训场景

工业机器人技术作为面向徐州战略产业的特需专业，与区域主导产业工程机械制造公司共同探索适用于工程机械产业链发展的“四螺旋”现代学徒育人模式，打造了由全国技术能手、国家级技能大师工作室领办人徐工重型孟维大师引领的一流教学团队，建成了以工业机器人应用为特色、服务工程机械智能制造、国内一流、具有国际影响的专业。

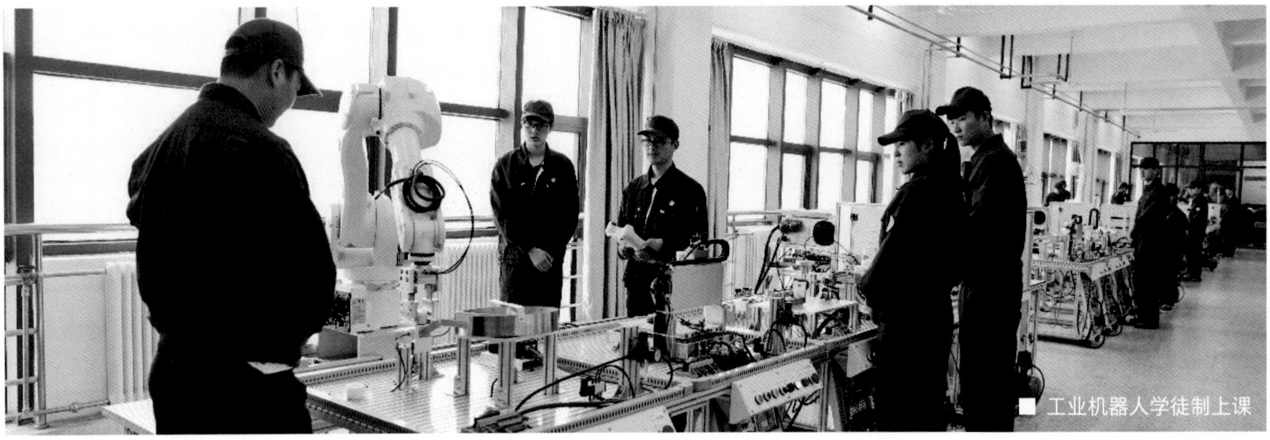
■ 工业机器人学徒制上课

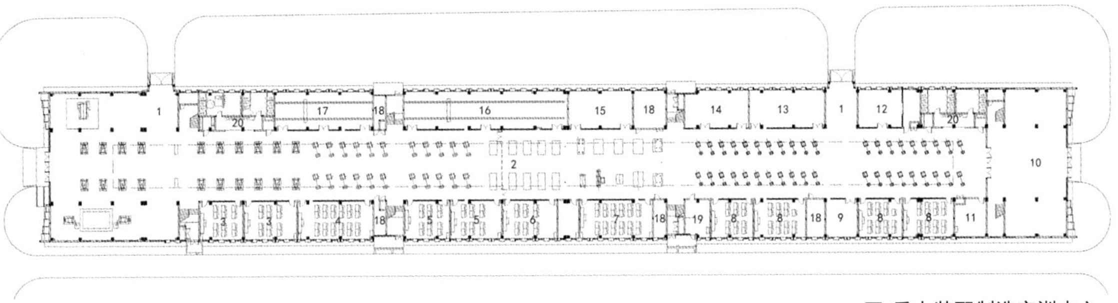

■ 重大装配制造实训中心一层平面图

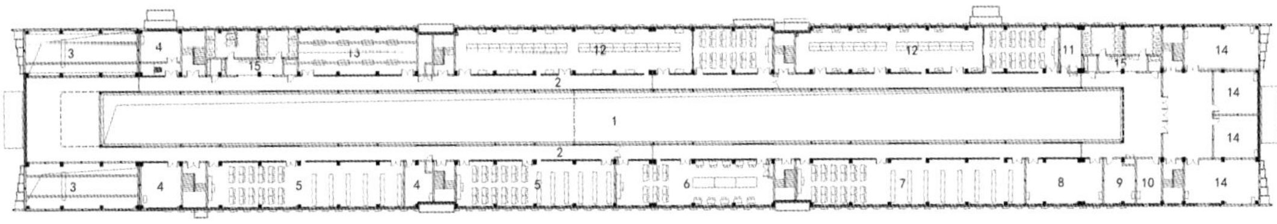

■ 重大装配制造实训中心二层平面图

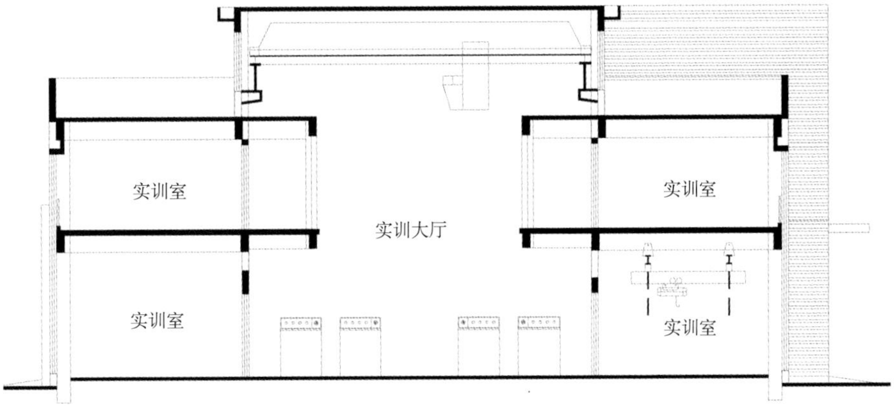
实训室
实训室
实训大厅
实训室
实训室

■ 重大装配制造实训中心剖面图

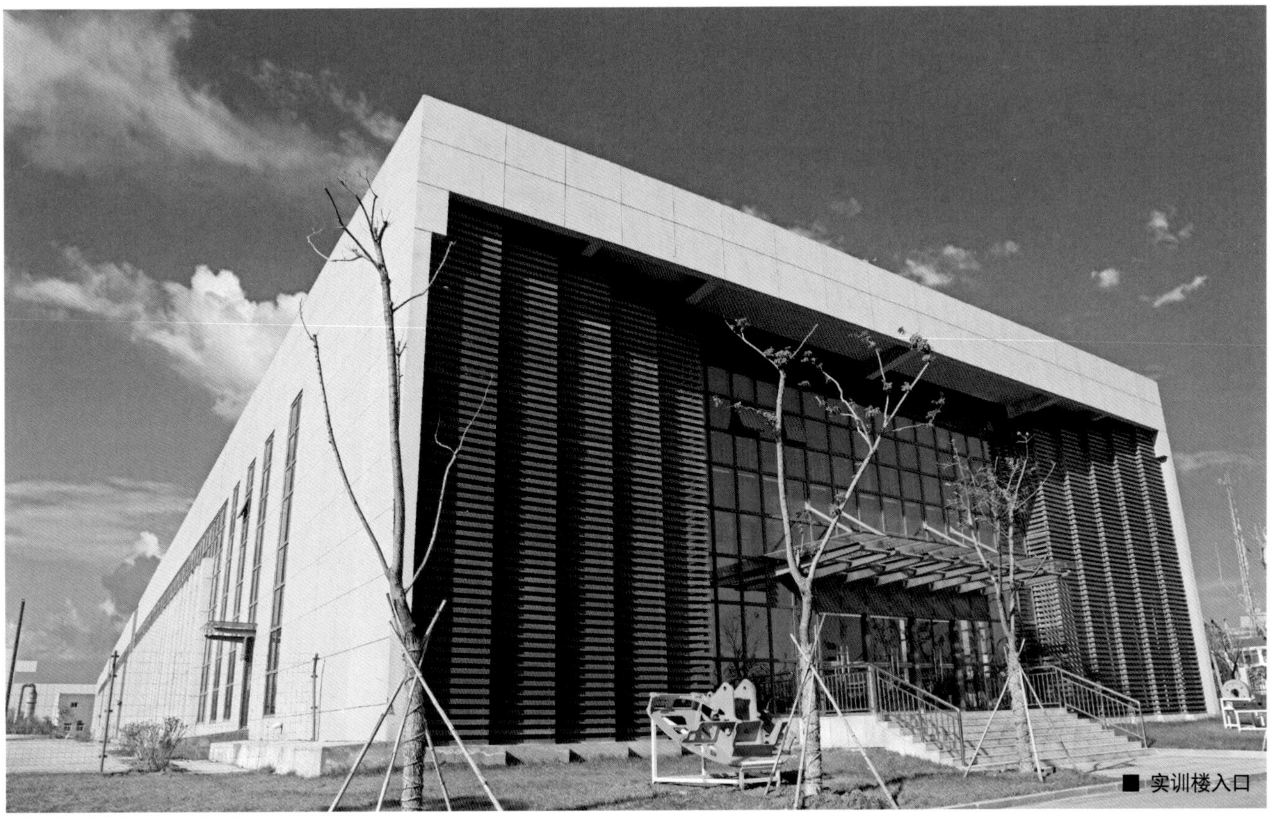

■ 实训楼入口

电加工实训区
电加工实训区
电加工实训区

车削加工实训区
Training Area for Turning
一区
Area 1
车削加工实训区

工程机械装配实训区

项目进展及未来展望

徐州是中国工程机械之都，工程机械制造业是徐州支柱产业之一。学校立足服务徐州“一中心一基地一高地”建设，主动适应经济社会转型发展和产业结构优化升级的需要，为老工业基地全面振兴提供坚实的人才保障。

重大装配制造实训中心的建设成果，彰显了设计和产学研联动的高度融合，项目获得徐州市“古彭杯”优质工程银奖。

重大装配制造实训中心的建设，进一步依托开放共享的机制与企业共建校内实训基地，取得省区域开放共享型实训基地“徐州市重大装备制造技术实训基地”、省级产教深度融合实训平台“江苏省重大装备制造技术实训平台”的成绩。

学校将进一步以省级区域开放共享实训基地、产教融合实训平台为建设起点，以服务换合作，以贡献求发展，整合四方资源，全面开放共享、推动行业发展，为国家和徐州市培养更多高素质、高技能的人才。

（供稿：徐州工业职业技术学院　吉智、周琳）

杭州科技职业技术学院新校区规划设计

PLANNING OF NEW CAMPUS OF HANGZHOU POLYTECHNIC

浙江大学建筑设计研究院有限公司

项目简介

杭州科技职业技术学院是杭州市人民政府主办的一所普通高等职业院校。学校于 1999 年 12 月依托杭州成人科技大学开始筹建。2006 年 12 月，经杭州市人民政府研究决定，以杭州广播电视大学为主体，与杭州成人科技大学共同筹建。2007 年 12 月 17 日杭州市发展和改革委员会通过“关于同意杭州科技职业技术学院（筹）新校区建设项目立项的批复”。2008 年初，杭州科技职业技术学院高桥校区规划设计启动。2009 年，新校区一期工程完工，校区主体设施投入使用，并于 2009 年 4 月经浙江省人民政府批准、国家教育部备案正式建院。新校区规划设计囊括：教学楼、图书馆、综合楼及陶行知研究馆、实训楼、学生宿舍、食堂、国际文化交流中心、文体中心以及其他附属用房，充分满足全日制专科生 8000 人（远期 10000 人）、教职工 800 人使用要求。校园功能齐全、宜学宜居，人文意趣和自然野趣融为一体，是浙江省高校首批“美丽校园”。

项目概况

项目名称：杭州科技职业技术学院新校区规划设计
建设地点：浙江省杭州市富阳区高桥镇西部
设计 / 建成：2008 年 /2009 年
总用地面积：47.353 公顷
建筑面积：31.38 万 m^2
地上 27.04 万 m^2，地下 4.34 万 m^2
占地面积：8 万 m^2
建筑密度：16.74%
容积率：0.60
在校生总体规模：10000 人
教职工规模：800 人
建设单位：杭州科技职业技术学院
设计单位：浙江大学建筑设计研究院有限公司
合作单位：汉嘉设计集团股份有限公司
主创设计师：鲁丹
设计人员：张燕、王立明、袁洁梅、冯小辉、徐崭青、徐晏、张昳哲、胡冀现、钱明一、陈学锋、包健、冯余萍、施明化

■ 校园鸟瞰

高 科 路
3 2 0 国 道
1
2
3
4
5
6
7
8
9
10

❶ 校前区
❷ 图书馆
❸ 教学楼
❹ 综合楼
❺ 艺术中心、文体中心及体育中心
❻ 实训楼
❼ 国际文化交流中心
❽ 学生宿舍楼
❾ 食堂
❿ 发展预留用地

■ 总平面图

■ 综合楼鸟瞰

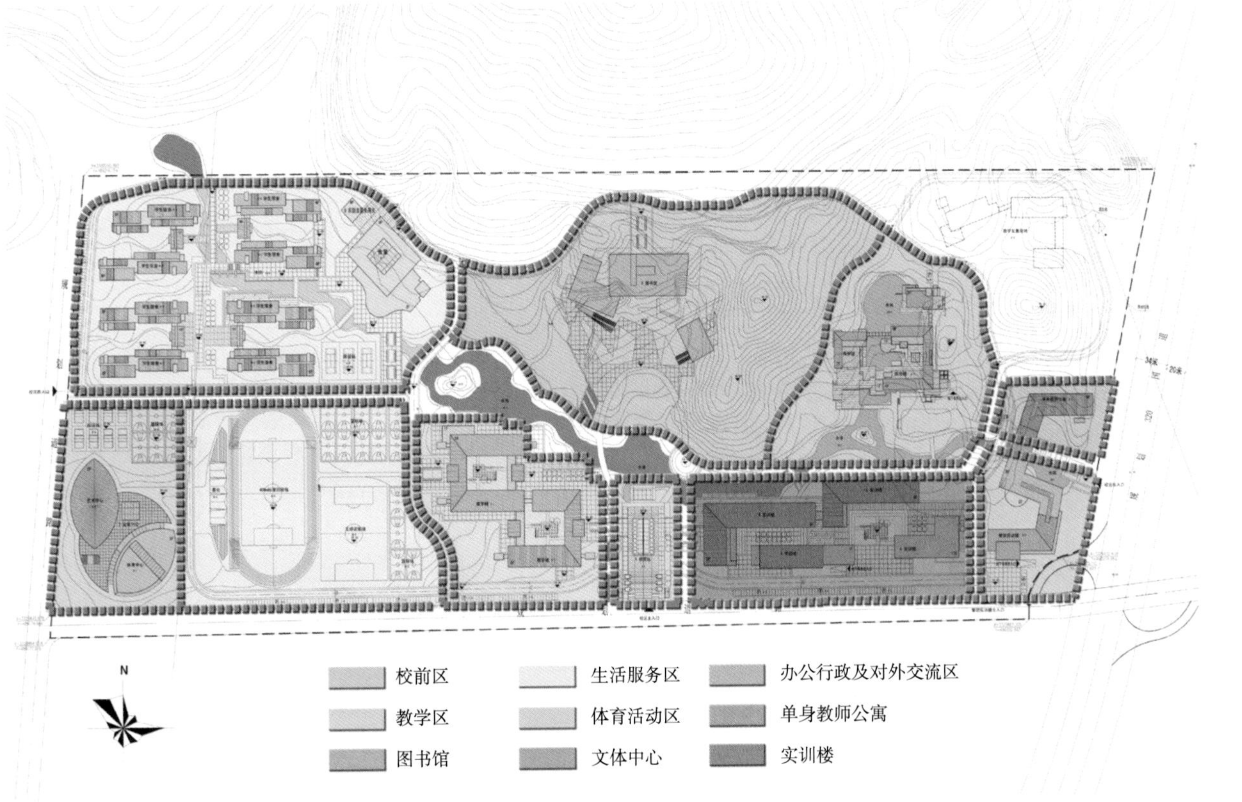
N
校前区
生活服务区
办公行政及对外交流区
教学区
体育活动区
单身教师公寓
图书馆
文体中心
实训楼

■ 功能分区示意图

项目亮点

贯彻规划理念，满足校园与周边地块的功能关系

校园主入口设于基地南面的规划道路上，同时在基地东西两侧分别设东、西次入口。整个校园分为教学区、实训区、办公行政与对外交流区、生活区、运动区五大部分，教学区、实训区和生活区、运动区呈品字形分布，分区明确，联系便捷且互不干扰。如何将校园规划在服从城市整体规划要求的前提下，创造出富有特色的校园环境，是规划设计的重中之重。

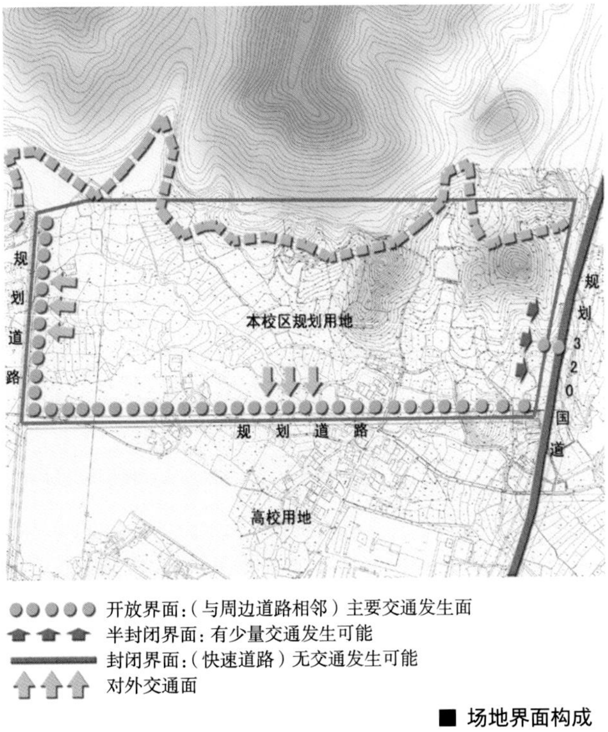
规划道路
本校区规划用地
规划320国道
规划道路
高校用地
开放界面:（与周边道路相邻）主要交通发生面
半封闭界面: 有少量交通发生可能
封闭界面:（快速道路）无交通发生可能
对外交通面

■ 场地界面构成

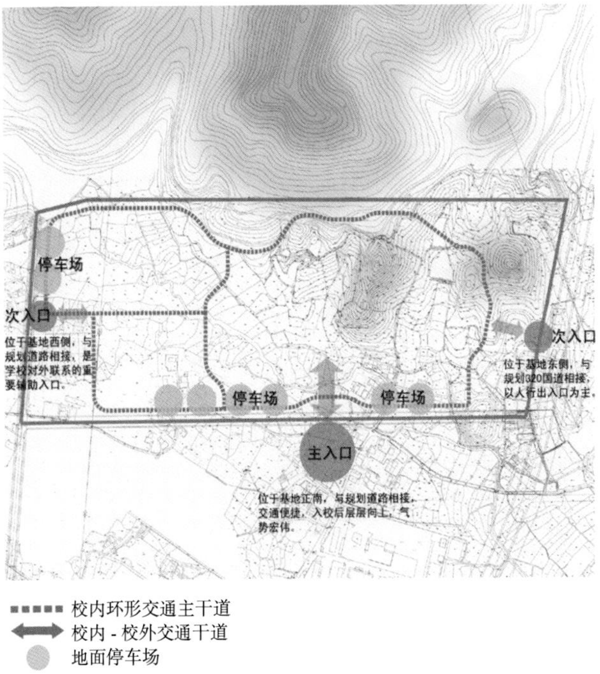
停车场
次入口
位于基地西侧，与规划道路相接，是学校对外联系的重要辅助入口。
停车场
停车场
次入口
位于基地东侧，与规划320国道相接，以人行出入口为主。
主入口
位于基地正南，与规划道路相接，交通便捷，入校后层层向上，气势宏伟。
校内环形交通主干道
校内 - 校外交通干道
地面停车场

■ 出入口与交通骨架

塑造生态校园、诗意校园、山地校园

基地环境优美，有山有水，充满诗情画意，设计希望新校园的建设对基地原生态环境的破坏降到最低限度。为了突出校园生态特色，通过对基地环境自然条件的分析和地形地貌特征的研究，萃取了构成基地的三个主要景观元素——丘陵、河流、池塘。为了保留基地原生态环境，通过组织与利用丘陵、建筑与水体的互相关系来取得诗意般的校园空间。

校前区保留原有的池塘，并开挖出小岛，在校前区东侧布置实训楼，采用条形多层与点式高层相结合的方式，形成校园内的第一个视觉中心。顺着校园主入口轴线展开山水相伴的校园中心园林，形成“桃花源”般独特的空间感受。中心园林的水体由原有池塘改造而来，形成大小不一、层层跌落的中、小尺度园林水景。图书馆顺应山势布置在中心园林的中心位置，正对校园中轴线，以北面大山为背景，形成校园内的第二个视觉中心。综合楼与陶研馆结合布置在校园中心园林东侧，借鉴中国园林的造园手法，强调空间的渗透与层次变化，形成校园内的第三个视觉中心，以强调陶行知思想之于学校办学的指导意义，以追求“思源致远”的意境。

紧邻中心园林的教学楼以中央生态区为背景，形成高低错落富有韵律与节奏感的空间界面。学生宿舍组团拉开组团间的间距，退让出丘陵绿地，使得山地溪河的自然景观与丘陵绿化呼应，内外景观有机融合。

设计将国际文化交流中心、单身教师公寓两个小体量建筑连成一个整体来考虑，以形成沿320国道及南部规划道路较好的城市界面。

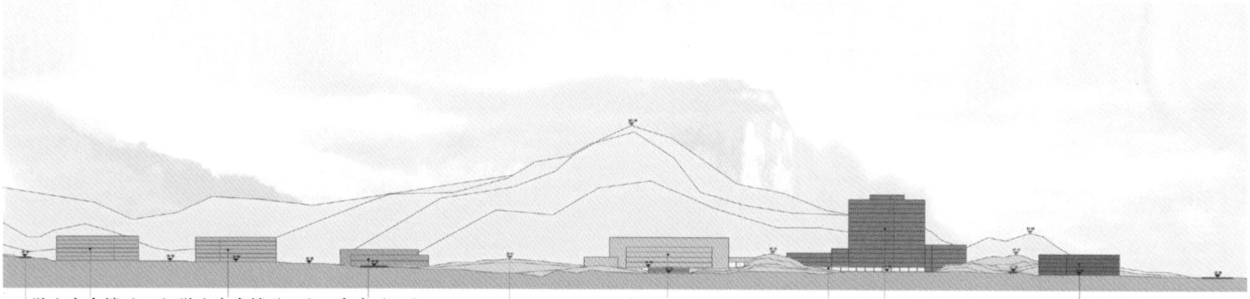
学生宿舍楼（6F）学生宿舍楼（6F）
食堂（3F）
图书馆（4F/6F）
实训楼（5F/17F）
教师公寓（5F）
道路及场地标高（余同）
山体标高（余同）
架空层（余同）

■ 校园布置图

以人为本，构筑开放性的校园环境，塑造多重交往空间

以人为本、开放性的校区环境也是方案孜孜追求的新模式。规划在校园共享空间组织上着意创造层次丰富、形式多样的空间形态。教学楼、图书楼、学生宿舍在布局形态上都沿校园纵向主轴和横向水体景观展开，每组建筑群都有从室内空间到公共活动空间的过渡，校前广场、丘陵、由层层跌落的实训楼群围合的景观园林步行带、广场和依山拾阶而建的图书馆，为师生提供充满活力、富有人情味的交流场所。同时结合水边缓坡、亲水平台、临水亭榭、小桥流水等营造多形态、多层次的交往、交流空间，尺度亲切宜人，也满足了现代化校园开放性的要求。

人车分流、动静分区，建立人行绿化走廊，追求学生学习、生活流线的便捷

校区以外环路作为区分动静、人车、内外等功能属性的界线进行基本分区，并通过广场、院落、绿带、水面等空间元素进行有机渗透，适度联系，完成了校园环境从外围到内核的由“闹”及“静”的逐层过渡，从而使生态内核保持舒适、宁静的环境。

沿校园纵横两条轴线布置教学区和生活区，两者之间以人流与自行车流为主，强调相互之间的交通便捷与紧密联系，并保证中心绿地的纯净性，而外环路则以机动车流为主，实现真正的人车分流的目标。通过规划的合理布置，将学生宿舍区至教学区、图书馆、实训区的流线得到较好的组织，便捷、自然，并将自然山水之景融入其中。

杭州科技职业技术学院的规划设计，充分考虑学院自身特色。校园布局契合学院开放式办学理念与发展模式。规划设计的各建筑组团有机散落于场地内，通过有效的功能分区、流线组织与景观设计，体现学院综合、人文、生态的办学特色，着力营造“思源致远”的校园意境。

规划突出生态校园、诗意校园、山地校园与以人为本的建筑主题，尊重场地原有地形与生态环境，充分利用场地现有的景观资源与地势条件，因势利导，合理布局。各功能组团与丘陵疏密相间，有机地掩映在江南山水之中。自然雅趣与校园建筑彼此交融，“情”“景”“境”三者相互印证。

建筑设计

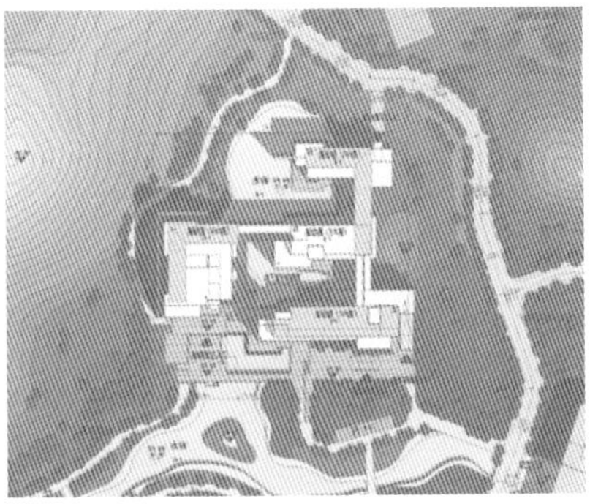

综合楼

综合楼及陶行知研究馆（简称：综合楼）规划设计位于校园东入口附近，南邻实训楼，东邻国际文化交流中心。综合楼用地东、西两侧均有保留山体，校园划水体自“合院型布局”的建筑院落筑中穿行，整个单体规划形成山水交融的幽静氛围，与综合楼及陶行知研究馆设计主题统一。

■ 综合楼透视

杭州科技职业技术学院作为杭州市属公办高职院校，以服务区域经济社会发展为己任，自2009年建校以来，贯彻“产教融合、校企合作”的办学要求，紧密对接杭州市“1＋6”产业体系，建设了土木建筑、电子信息、装备制造、艺术设计、旅游管理、商贸服务、学前教育七个专业大类，引入耀华建设、长安福特、国博中心等行业知名企业，共同打造集教学实训、科学研究、创新创业、技能鉴定、社会服务“五位一体”功能的综合实训基地，为人才培养提供了有力支撑。

典型案例——杭科院绿色建筑技术实训基地

杭科院绿色建筑技术实训基地占地2500m^2，是学校城市建设学院与浙江中浩应用工程技术研究院有限公司、耀华建设管理有限公司按产教融合理念共同打造的综合实训基地。主要做法有：

1. 以产业标准为遵循，校企共建实训基地

实训基地是中央财政支持建设项目、杭州市产学对接校企共建实训基地、浙江省十三五示范性实训基地。在实训基地的建设过程中，严格遵守国家规范、标准；学校、行业、企业通过产学对接、产教融合，形成了理念、技术、人员、设备、标准、渠道等多层次的复合型融合，产教融合效果良好，辐射技术研发、设备开发、人才培养等多个层面。

学校先后建设完成了再生能源、智能集成控制系统、中水利用系统等绿色建筑示范楼，建设成果完备。

2. 以人才融合为导向，校企共建师资队伍

实训基地充分发挥产教融合优势，聘请企业教师担任校内兼职教师，并积极引进企业优秀骨干担任校内专任教师，共聘请行业企业技术骨干、能工巧匠12名，密切与行业企业的人才融合；组织专业教师到企业顶岗、见习，参加社会服务，通过“下企业，进工地”的办法来提高教师实践操作技能，促进校企师资团队的融合。通过校企共建师资队伍，专业教学团队整体水平取得显著提升，近几年，教师团队主持省部级科研项目5项、厅局级科研项目8项、横向课题10项、获得绿色施工类国家实用性专利5项。

3. 以提升效益为目标，校企共同开展社会服务

以实训基地为载体，行业企业与学校完成了设备融合，校企共同投入、使用、管理实基地内的各种设备，并以此为基础协同开展各类社会服务。

■ 实训楼透视

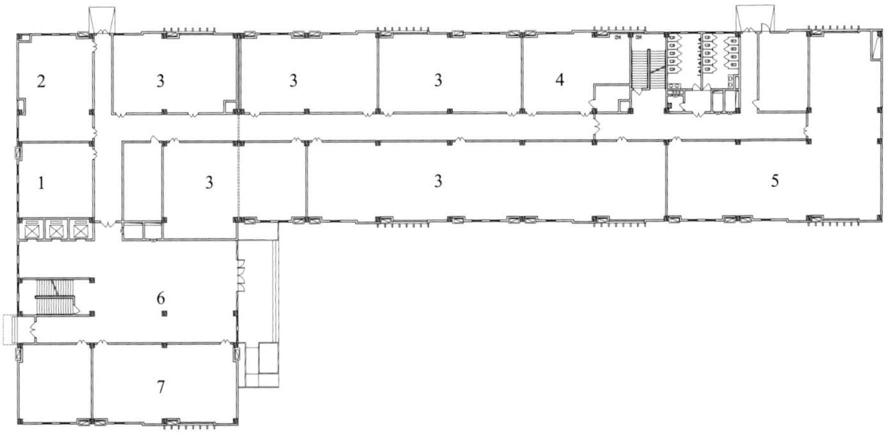
2
3
3
3
4
1
3
3
5
6
7

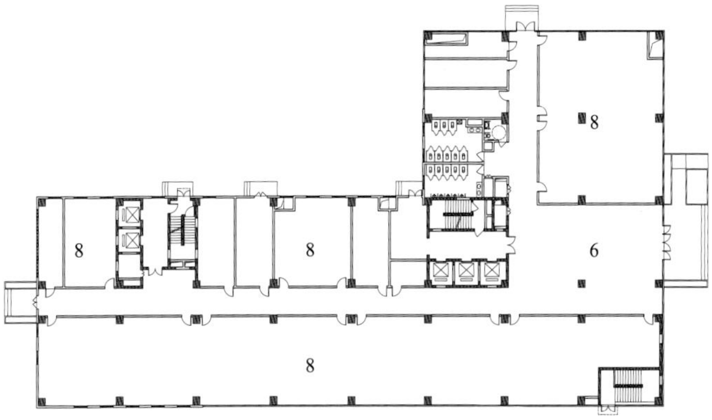
8
8
8
6
8

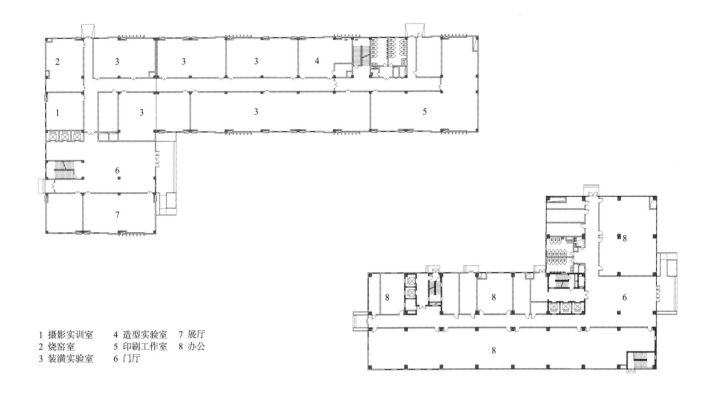

1 摄影实训室　4 造型实验室　7 展厅
2 烧窑室　　　5 印刷工作室　8 办公
3 装潢实验室　6 门厅

■ 实训楼一层平面

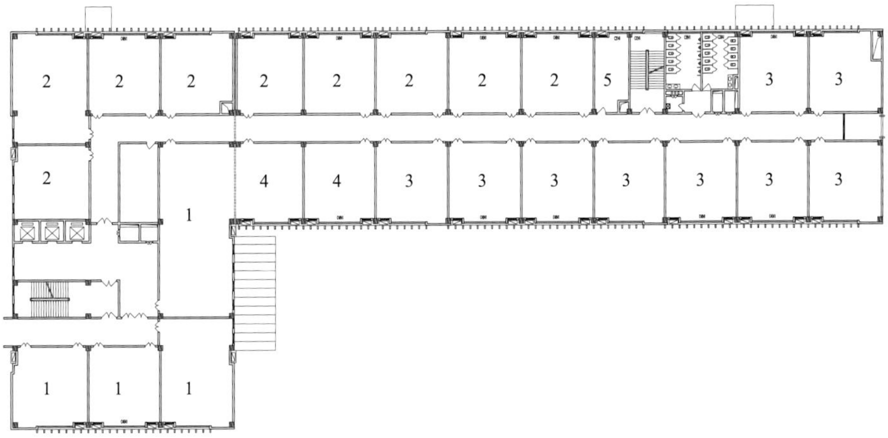
2
2
2
2
2
2
2
2
5
3
3
2
4
4
3
3
3
3
3
3
3
1
1
1
1

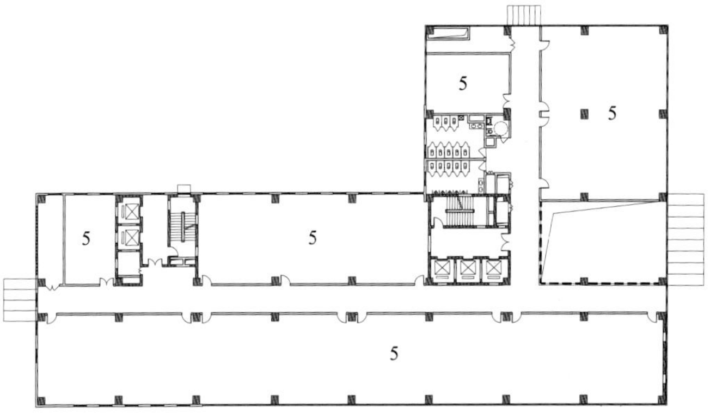
5
5
5
5
5

1 画室　　　　4 绘图室
2 专业机房　　5 办公
3 设计工作室

■ 实训楼二层平面

综合楼透视

施工实训

茶艺实训室

物联网技术应用体验馆

纸伞制作

项目进展及未来展望

杭州科技职业学院规划建设始终贯彻学校“建设全国一流高职院校”的发展目标。随着校园一、二期建设的相继建成，学校已形成以 7 个高职二级学院、1 个继续教育学院、1 个基础教学部为主体，涵盖 11 个专业群，34 个专业数的综合性高职院校。同时，在校园建设过程中，综合楼（陶行知研究馆）荣获全国优秀工程勘察设计行业奖建筑工程一等奖，学生公寓组团荣获杭州市建设工程西湖杯（优秀勘察设计）三等奖。茁壮成长的杭州科技职业技术学院，必将朝着建设成为特色鲜明的全国一流高职院校大步向前。

宁波国际职业技术学院规划设计

PLANNING OF NINGBO INTERNATION VOCATIONAL AND TECHINICAL COLLEGE

浙江大学建筑设计研究院有限公司
宁波市民用建筑设计研究院有限公司

项目简介

宁波国际职业技术学院（现为宁波教育学院和宁波幼儿师范高等专科学校共用）用地位于宁波杭州湾新区，西临兴慈八路，东临越林湖，北临宁波工程学院杭州湾校区汽车学院，南临北师大附属国际学校。地块用地性质为教育科研用地，基地现状以滩涂、水塘为主，用地方整、地势平坦，其中有一条规划泄洪水系流经基地中部。

工程规划用地面积约 487 亩，总建筑面积约 200000m^2，其中地上建筑面积约 173000m^2，地下建筑面积约 27000m^2。

在积极构建现代职业教育体系的背景下，宁波国际职业技术学院紧扣世界职业教育发展趋势，又要充分体现区域职业教育发展特点，在结合宁波社会产业结构的转型升级和城市国际化进程的基础上，努力在产教协同创新、教育国际化深化提升、应用教育品牌塑造、人的可持续发展等方面形成设计亮点，使之成为宁波现代职教体系构建的现实范本，成为集聚全球优质资源的平台，成为能引领浙江乃至全国职教发展和高等职业院校的新典型、新标杆。“立足国际化、培养国际人才。”

项目概况

项目名称：宁波国际职业技术学院规划设计
建设地点：杭州湾新区
设计 / 建成：2014 年 /2018 年
用地面积：32.5 公顷
占地面积：10.0 万 m^2
建筑面积：20 万 m^2
建筑密度：31%
容积率：0.53
绿化率：35%
在校生总体规模：5500 人
教职工规模：300 人
建设单位：宁波外事学校
设计单位：浙江大学建筑设计研究院有限公司
宁波市民用建筑设计研究院有限公司
（施工图设计）
主创设计师：劳燕青、李云峰
合作设计师：金鑫、张永青、毛联平、马迪、
钱乃琦、孙啸宇

■ 校园西南向鸟瞰

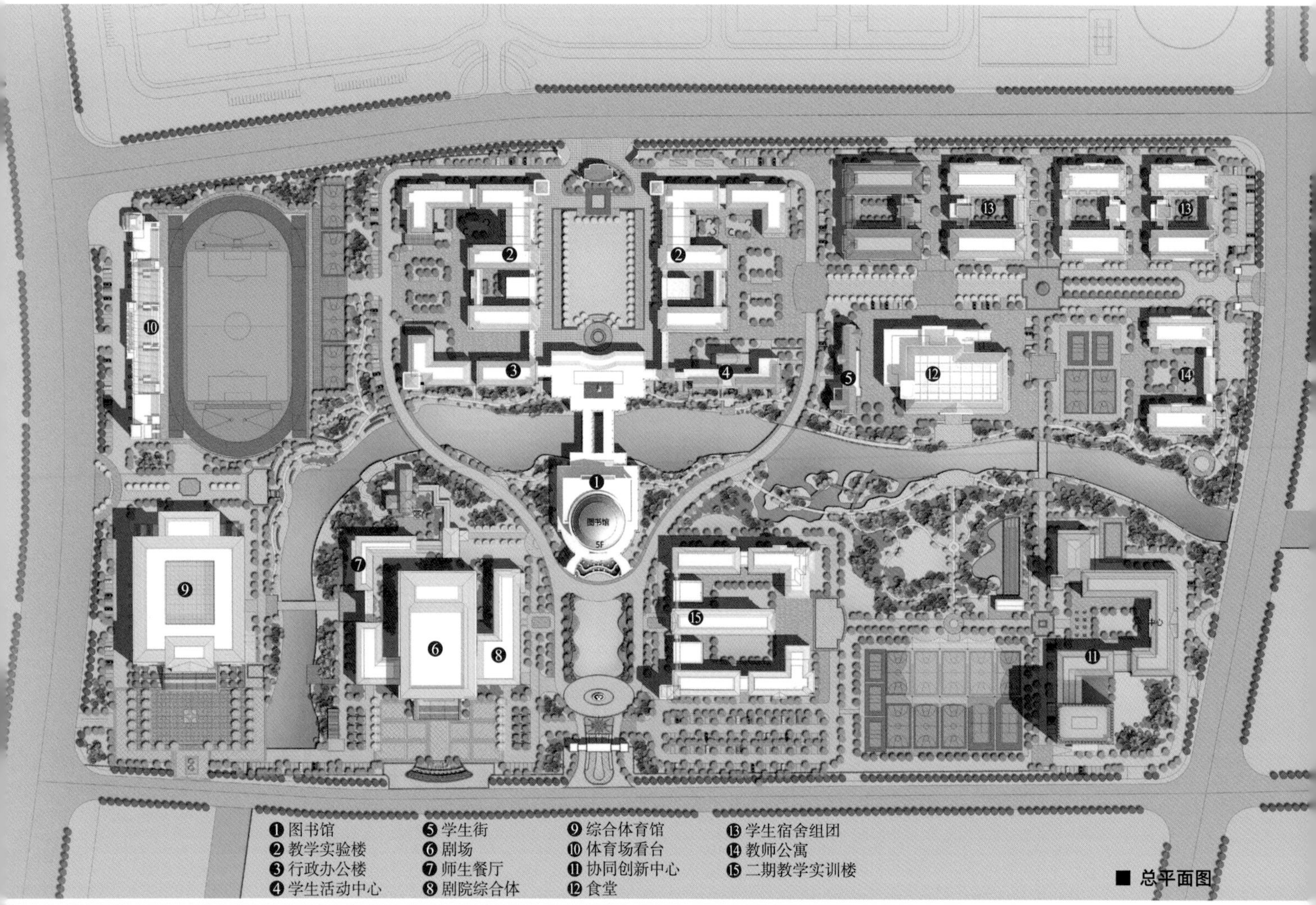
图书馆
5F
❶ 图书馆
❷ 教学实验楼
❸ 行政办公楼
❹ 学生活动中心
❺ 学生街
❻ 剧场
❼ 师生餐厅
❽ 剧院综合体
❾ 综合体育馆
❿ 体育场看台
⓫ 协同创新中心
⓬ 食堂
⓭ 学生宿舍组团
⓮ 教师公寓
⓯ 二期教学实训楼

■ 总平面图

■ 从北入口草坪广场看向图书馆

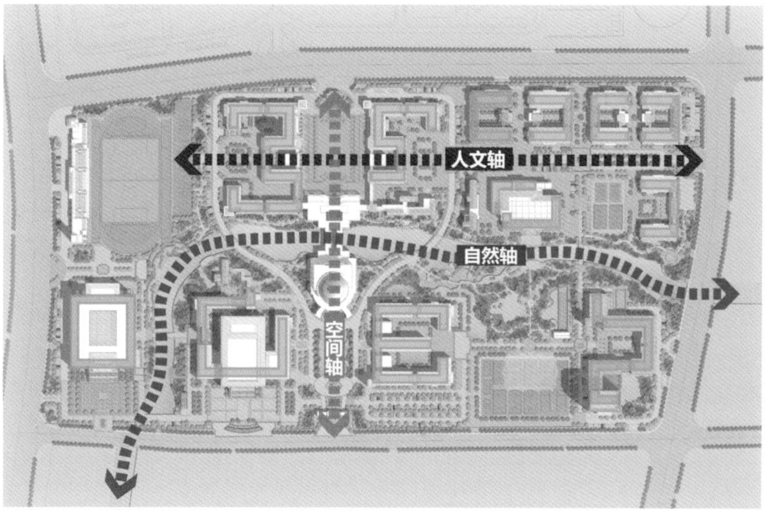
人文轴
自然轴
空间轴

■ 规划结构

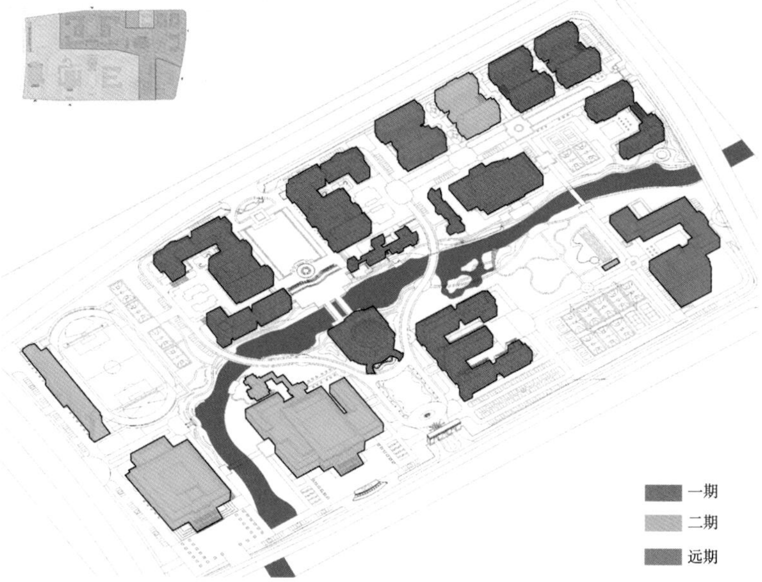
一期
二期
远期

■ 分期建设

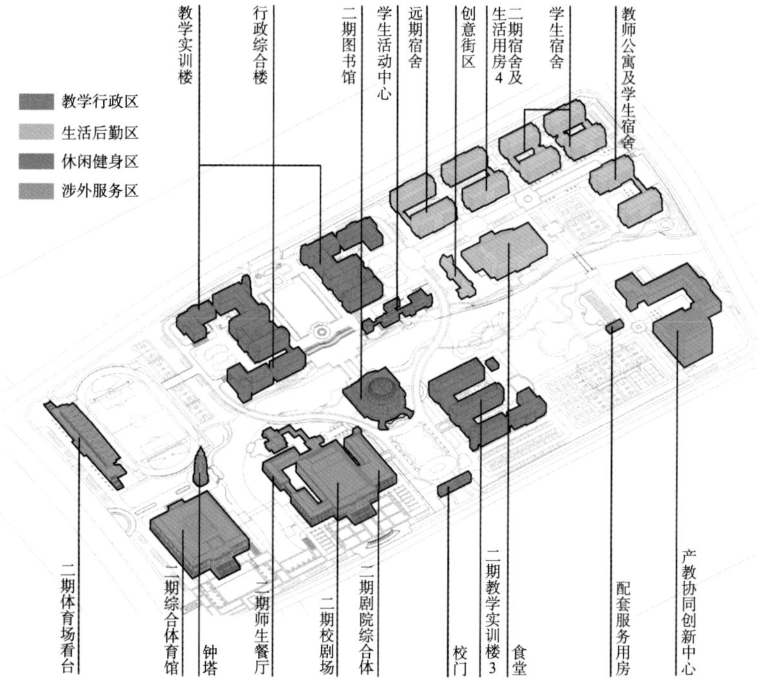
教学实训楼
行政综合楼
二期图书馆
学生活动中心
远期宿舍
创意街区
二期宿舍及生活用房4
学生宿舍
教师公寓及学生宿舍
教学行政区
生活后勤区
休闲健身区
涉外服务区
二期体育场看台
二期综合体育馆
钟塔
二期师生餐厅
二期校剧场
二期剧院综合体
校门
二期教学实训楼3
食堂
配套服务用房
产教协同创新中心

■ 功能分区

规划结构

设计引入“一核三轴多组团”的总体规划结构。

一核：在主入口内部，利用柱廊与建筑群的围合，形成一个以大草坪为主体的校前大广场，具有一定的古典仪式感，用以展示形象、聚集人气、营造氛围，形成向心性的校园主要空间领域。

三轴：以图书馆为核心的南北主轴线集中凸显整个校区的气势，体现严谨与治学精神，是校园的空间轴；以生活街为主的东西轴线通过长廊等空间的变化、自由与创造，是校园的人文轴；沿河流的景观轴线通过植被与小品的营造，体现生态、绿色、休闲的公园式氛围，是校园的自然轴。

多组团：围绕一核三轴的空间构架，建筑群以组团式展开布局，形成聚落化、充满活力的各个功能场所，相对独立又互相呼应。

功能分析

根据学校自身定位及单体建筑属性，设计将整体校园功能划分为教学行政区、生活后勤区、运动健身区、涉外服务区、教育认证区五大区块并合理规划分多期实施。

项目亮点

规划理念

在研究基地特征与校园文脉的基础上，设计提出“和”校园的总体规划理念。

空间之“核”——在主入口内部，通过校门、柱廊与建筑群的围合，形成一个以大草坪为主的校前大广场，具有一定的古典仪式感，在功能上和内涵上都使其成为整个校园的核心。

建筑之“合”——通过建筑体量的围合，形成各种合院，容纳阳光、空气和景观，与建筑本体一起组成具有聚落感的各个组团。

文化之“盒”——在中轴线上主入口的对景处布置校园重要建筑图书馆，在地位上和形态上都成为统领校园，象征了容纳知识与文化的方盒。

生态之“河”——对流经校园的规划河道作局部的改造，化弊为利，通过两侧河岸的景观环境设计，改善生态气候、优化视觉景观，使其成为贯穿校园的生态景观轴线。

■ 从宿舍区看向教学楼

■ 教学区鸟瞰图

建筑设计

在建筑设计中，以“理性、厚重、传承历史、向经典致敬”为大方向。

新校区的建设不能脱离老校区原有的基因，需要对历史要素进行继承并进一步创新发展。基于对宁波外事学院老校区的研究，设计采用“新古典主义”作为学术背景来展开对“欧式”建筑的探索，从理性出发，崇尚古典艺术形式的完整、雕刻般的造型，追求典雅、庄重、和谐的设计原则。一方面满足校园文脉传承的要求，另一方面也满足“立足国际化、培养国际人才”的办学宗旨，能够更好地适应国内外合作办学模式，能够更好地营造经典的学院精神。

设计采用米色基调，线脚、坡屋面、穹顶、拱券、柱廊、钟塔等设计元素呼应国际一流大学经典的构造形式，并延续了老校区的“法式”传统。

同时，设计在总体法式新古典主义风格的基调之上，各组团建筑单体根据自身特点略作变化，或端庄学术、或古典神圣、或优雅闲适、或自由灵动、或简约理性。

■ 剧院综合体正立面效果

■ 剧院综合体与体育馆隔河相望

实训特色

教学实训楼包括两大学科的教室、实训室以及教师办公，位于校园中心主轴，两个组团呈对称的“弓”字形布局，中间围合出校园主广场。建筑在底层靠近广场侧设置通达的连廊，由连廊连接教学实训、教师办公等各楼的底层门厅，并与行政综合楼、学生活动中心、大平台连接，形成一个围合的公共服务链，有效地将整个校园中心区联接起来。

教室部分模块化设计，主要分为小班教室、合班教室和阶梯教室三种类型；实训部分按大空间设计，并适当提高整体楼地面单位荷载，为将来空间灵活分隔提供可能。教师办公区位于教室和实训之间，方便教师就近到达每一区域，同时进行单元化设计，保持相对独立，营造安静舒适的工作氛围。

教学部分：一至四层主要为教室用房，分为30座小教室、50座中教室、合班大教室、阶梯大教室，教室按模块化设计，适应多种教学要求，并每层设置部分学生讨论室。

实训部分：学院的实训课程侧重于服务类和艺术类，一至四层包括语音室、计算机室、音乐美术等艺术专业用房、排练厅以及实训室。其中排练厅、实训室按大空间设计，并适当提高整体楼地面单位荷载，为将来空间灵活分隔提供可能。

同时，为丰富校园生活，在校园中部设置了学生活动中心、学生创艺中心，这两组建筑均是由两层小体量的英式风格建筑组成，为学生提供休闲服务和活动设施，并提供学生参与商业服务、模拟创业的机制，将教室内的实训拓展到课外实际生活中。

■ 北区教学实训楼侧院效果

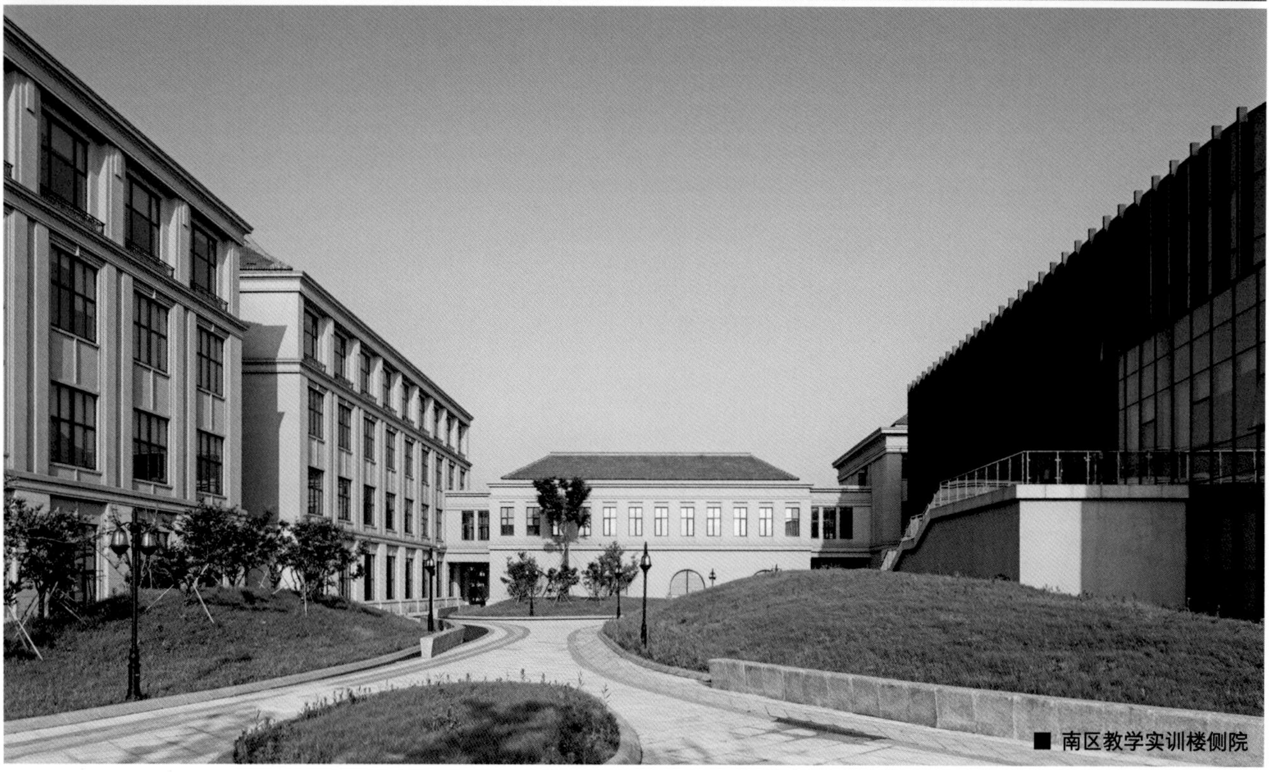

■ 南区教学实训楼侧院

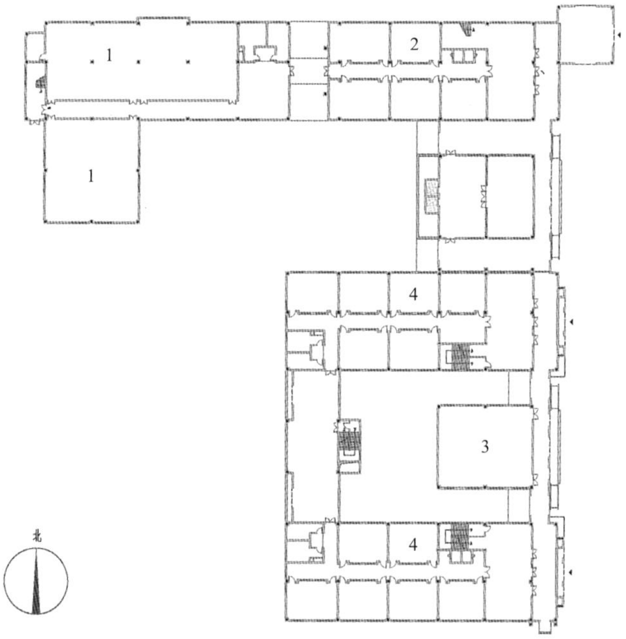
1
2
1
4
3
4
北

1 实训室
2 语音室
3 阶梯教室
4 多媒体教室

■ 实训楼一层平面图

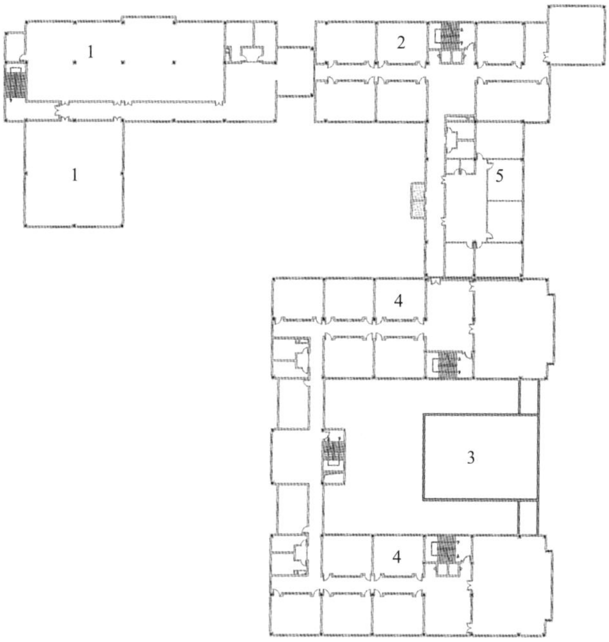
1
2
1
5
4
3
4

1 实训室
2 计算机房
3 阶梯教室
4 多媒体教室
5 教师办公

■ 实训楼三层平面图

■ 从图书馆北平台看教学实训楼

■ 从体育馆前广场看对岸校区

■ 学生活动中心沿河夜景

■ 剧院主门厅

项目进展及未来展望

项目是宁波市教育局与澳大利亚新南威尔州教育部战略合作项目，由宁波城市职业技术学院、宁波外事学校和澳大利亚西悉尼 TAFE 学院三方合作组建而成。项目一期工程于 2017 年完工并投入使用，而且截至目前工程的二期工程也已经基本完工，基本形成校园完整的教学功能体系。随着项目的基本完成，未来将在国内职业院校与国际方合作方面取得更扎实的实践经验和成绩。值得一提的是，二期工程中如宁波杭州湾体育馆、宁波杭州湾大剧院和宁波杭州湾图书馆等项目是校方与杭州湾新区共建共享。建成后，这批文化设施将充分发挥学校服务社会的功能，将优质的教育、文化、体育资源与杭州湾及周边地区的市民共享。

合肥职业技术学院合肥校区规划设计

PLANNING OF HEFEI TECHNOLOGY COLLEGE

东南大学建筑设计研究院有限公司

项目简介

合肥职业技术学院（原巢湖职业技术学院）是一所公办学校，成立于2002年，由原巢湖卫生学校、巢湖农业学校（安徽省土地管理学校）、巢湖财政学校三所省重点中专学校合并升格而成，是安徽省成立较早的高职院校之一。之后，安徽省汽车运输高级技工学校、安徽广播电视大学巢湖分校和巢湖商业干部学校先后并入。2012年3月更名为合肥职业技术学院，是合肥市唯一的一所市属综合性高职院校，是安徽省首批地方技能型高水平大学项目立项建设单位。项目选址位于合肥市新站区，项目南侧为岱河路，北侧为关井路，东侧为大众路，西侧为烈山路，周边交通十分便利，基地向西临近合肥市区及空港产业新城；向东临近合巢产业新城及巢湖主城区，具有明显的区位优势。

项目概况

项目名称：合肥职业技术学院合肥校区规划设计
建设地点：安徽省合肥市新站区
设计 / 建成：2016年/2019年
总用地面积：29.6公顷
建筑面积：24万 m^2
地上21.3万 m^2，地下2.7万 m^2
占地面积：6.1万 m^2
建筑密度：20.6%
容积率：0.82
在校生总体规模：8000人
教职工规模：730人
建设单位：合肥职业技术学院
设计单位：东南大学建筑设计研究院有限公司
主创设计师：王志刚、曹伟、史晓川、张立、刘学超、雷雪松

■ 东南鸟瞰图

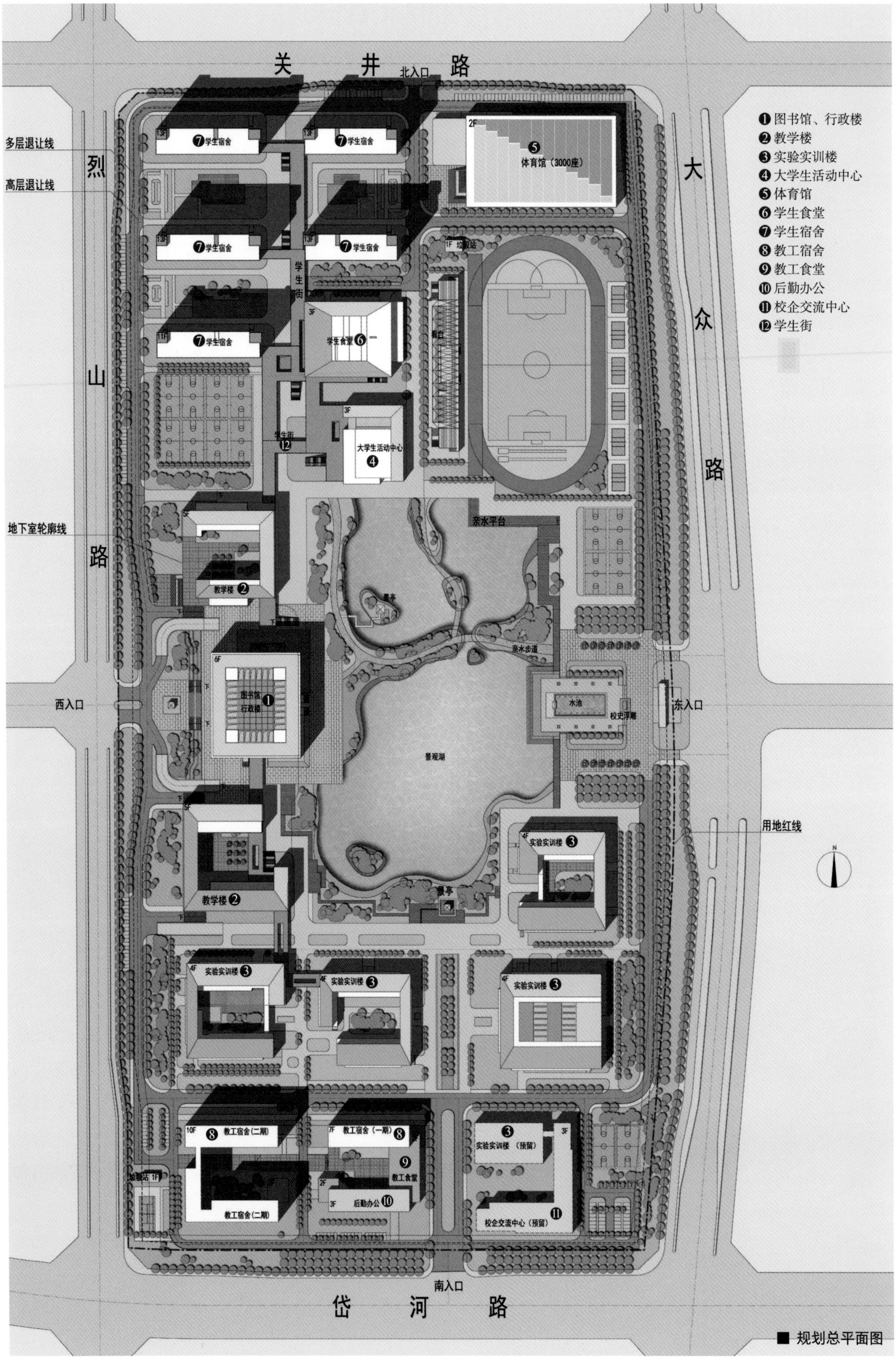
关井路
北入口
烈山路
大众路
岱河路
西入口
东入口
南入口
多层退让线
高层退让线
地下室轮廓线
用地红线
❶图书馆、行政楼
❷教学楼
❸实验实训楼
❹大学生活动中心
❺体育馆
❻学生食堂
❼学生宿舍
❽教工宿舍
❾教工食堂
❿后勤办公
⓫校企交流中心
⓬学生街
体育馆（3000座）
学生食堂
大学生活动中心
看台
亲水平台
亲水步道
水池
校史浮雕
景观湖
景亭
图书馆 行政楼
教学楼
实验实训楼
实验实训楼（预留）
校企交流中心（预留）
教工宿舍（二期）
教工宿舍（一期）
教工食堂
后勤办公
学生宿舍
学生街

■ 规划总平面图

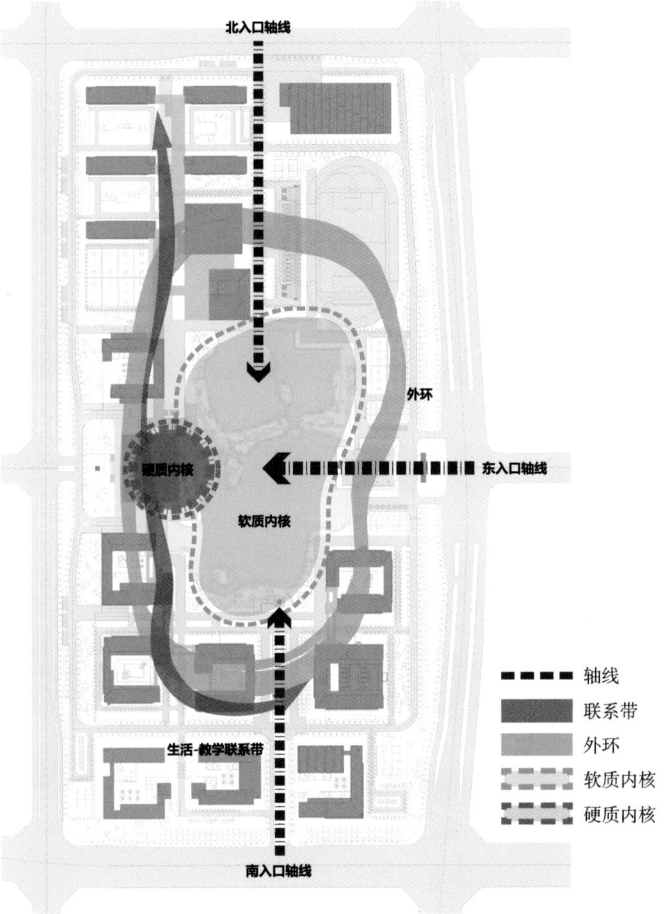
北入口轴线
外环
硬质内核
东入口轴线
软质内核
生活-教学联系带
南入口轴线
轴线
联系带
外环
软质内核
硬质内核

■ 规划结构图

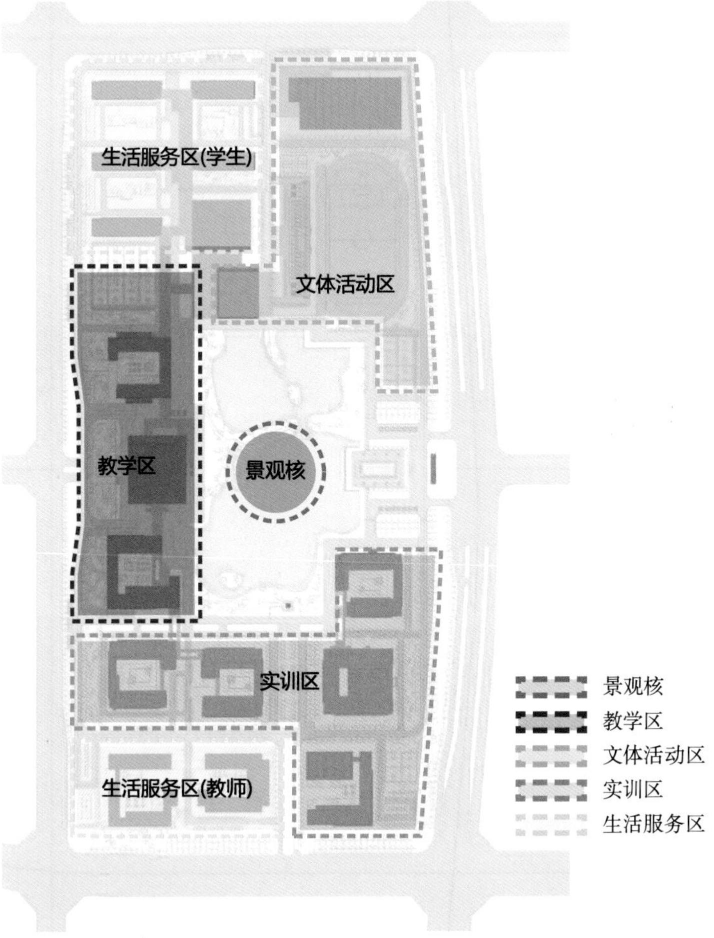
生活服务区(学生)
文体活动区
教学区
景观核
实训区
生活服务区(教师)
景观核
教学区
文体活动区
实训区
生活服务区

■ 功能分区图

项目亮点

规划结构

三轴一带

校园设计采用轴线控制，分为东西和南北三条轴线。主轴线东西走向，由东礼仪入口、礼仪广场、景观桥，图书行政楼和景亭组成贯穿校园的礼仪空间序列；次轴线南北走向，分为两条，其中一轴南起南侧的次入口，经过实训楼围绕的空间，通往校园的核心景观区，另外一轴为虚轴，北起北入口，经过林荫大道，透过水面遥望实训楼。一带：在生活区和教学区设置了二层的带状步行学生街，联系学生宿舍、食堂、教学楼、图书行政楼和实训楼。

内核外环

“内核外环”结构打造高效率、人性化校园。“内核”以“硬质”的图书馆标志建筑和“软质”的水景院落空间构成。“外环”由沿外围校园道路的教学楼、实训楼、会堂、活动中心和宿舍食堂等建筑组团构成，便于对外交通和使用。

功能分区

由于地形、场地资源、基地轮廓的限制，校园的功能布局必须摒弃常规的中轴对称或辐射式布局，而采用一种更为灵活的、顺势而为的、因地制宜的规划策略，以轴线控制、院落布局的规划策略应对场地挑战。总体功能分区可分为四个区：教学区、实训区、文体活动区、生活服务区。

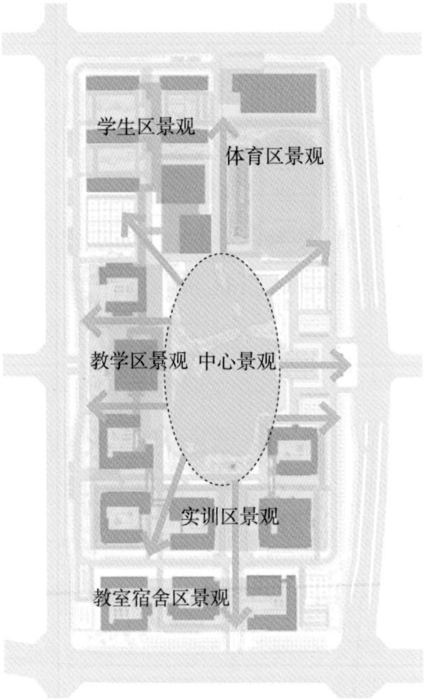
学生区景观
体育区景观
教学区景观
中心景观
实训区景观
教室宿舍区景观

■ 景观与建筑互相渗透

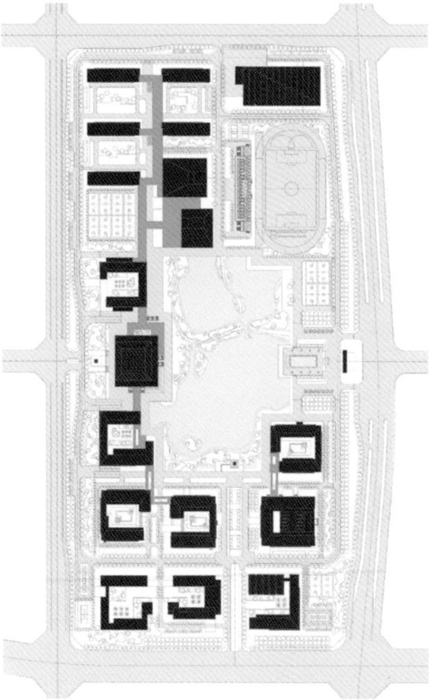

■ 游廊步道空间

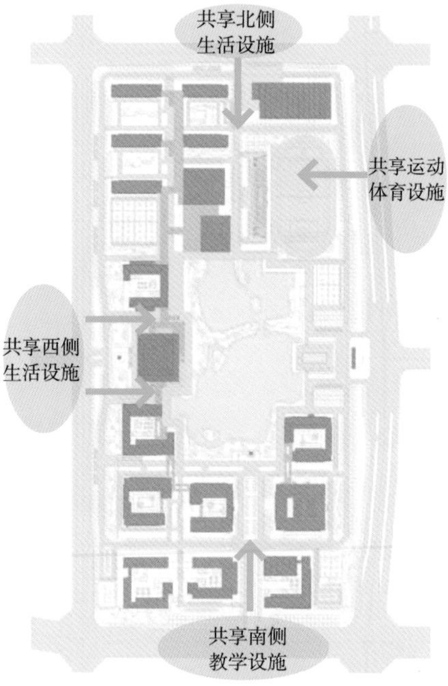
共享北侧
生活设施
共享运动
体育设施
共享西侧
生活设施
共享南侧
教学设施

■ 校园与周边城市的渗透

1. 开放共享 生态共融

合肥职业技术学院校区规划基于开放共享的理念，在校园、城市与生态景观三者之间建立共融互动的联系，以环境优先为原则，打破传统校园中轴对称的布局模式，各功能组团与核心景观相互渗透，实现水城共生的校园生态风貌，奠定了校区的生态基因。

2. 地域特色 人文水乡

校园规划要考虑地域建筑文化在校园中的延续，把具有徽派民居特色的建筑布局模式和环境特征加以总结抽象，使水乡古镇、江南园林等地域文脉载体借鉴、运用到校园设计中去，营造充满人文和学术氛围的现代校园文化环境。

3. 微缩城市 交往互动

城市设计理念规划校园，校园即是“微城市”，开放式校园使学校更好融入城市，将城市空间形态要素如广场、水街、公园、文化休闲设施及住区等填入校区。校园营造出的学习氛围和生活环境不同于传统意义上相对孤立的高等院校，而是与社会文化生活、创新思维和科技产业密切联系。

■ 东北向鸟瞰图

组团设计

教学区

教学区位于校园中心位置，建筑临水而建，包括教学楼、行政楼、图书馆等建筑，满足8000学生的教学、科研功能要求。图书馆作为校园最主要的视觉标识正对校园东入口的中心轴线。

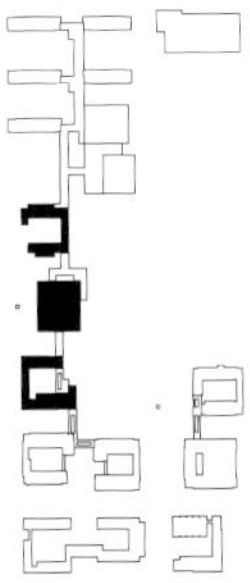

■ 教学区

■ 教学楼西南人视图

合肥职业技术学院

■ 图书馆人视图

实训特色

学校以服务发展为宗旨，以促进就业为导向，以能力培养为核心，以合肥市支柱产业和现代职业教育集团内的大中型企业为依托，不断开拓进取、改革创新，办学综合实力稳步提升，形成了特色鲜明、灵活多样、充满活力的办学模式和机制。

现有医学院、护理学院、汽车工程学院、轨道交通学院、机电工程学院、生物工程学院、信息工程与传媒学院（物联网学院）、经贸旅游学院、建筑工程学院、基础教育学院、马克思主义学院、继续教育学院十二个学院近56个招生专业。

2019年，学校汽车检测与维修技术骨干专业、护理骨干专业、会计骨干专业、工程造价骨干专业、校企共建一汽大众汽车4S店生产性实训基地、校企共建健康技术实训基地、护理专业职业能力培养虚拟仿真实训中心、物联网技术应用专业“双师型”教师培养培训基地、电子商务专业“双师型”教师培养培训基地被教育部认定为《高等职业教育创新发展行动计划（2015–2018年）》项目。

学校是教育部批准的首批“智能制造领域中外人文交流人才培养基地”，教育部和卫生部批准的“承担护理专业领域技能型紧缺人才培训基地”、教育部批准的“NIT人才培养基地”、安徽省计算机系统高技能人才培训基地、安徽省机动车维修从业人员从业资格考试考点、安徽省安全生产资格考试考点。

基础教育学院

■ 实训楼西北人视图

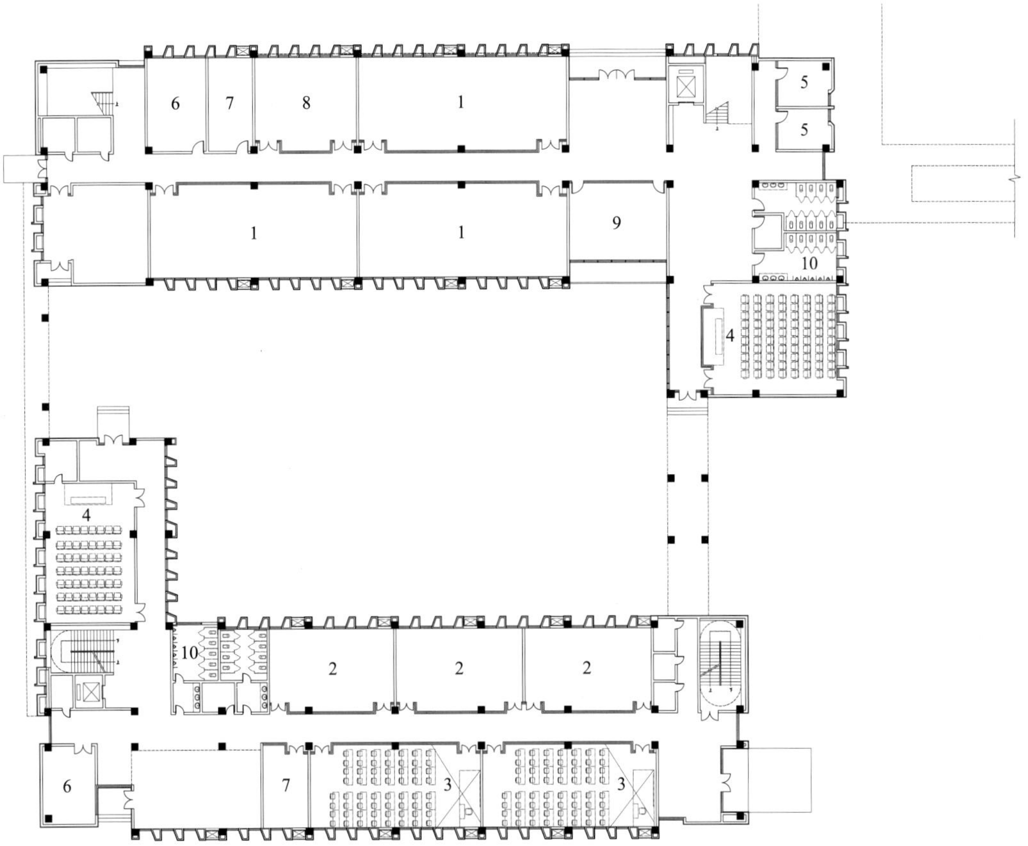

1 公共绘图室　2 培训教室　3 电大机房　4 多功能报告厅　5 办公室
6 值班　7 教师休息室　8 大图打印室　9 接待室　10 卫生间

■ 公共实训中心首层平面图

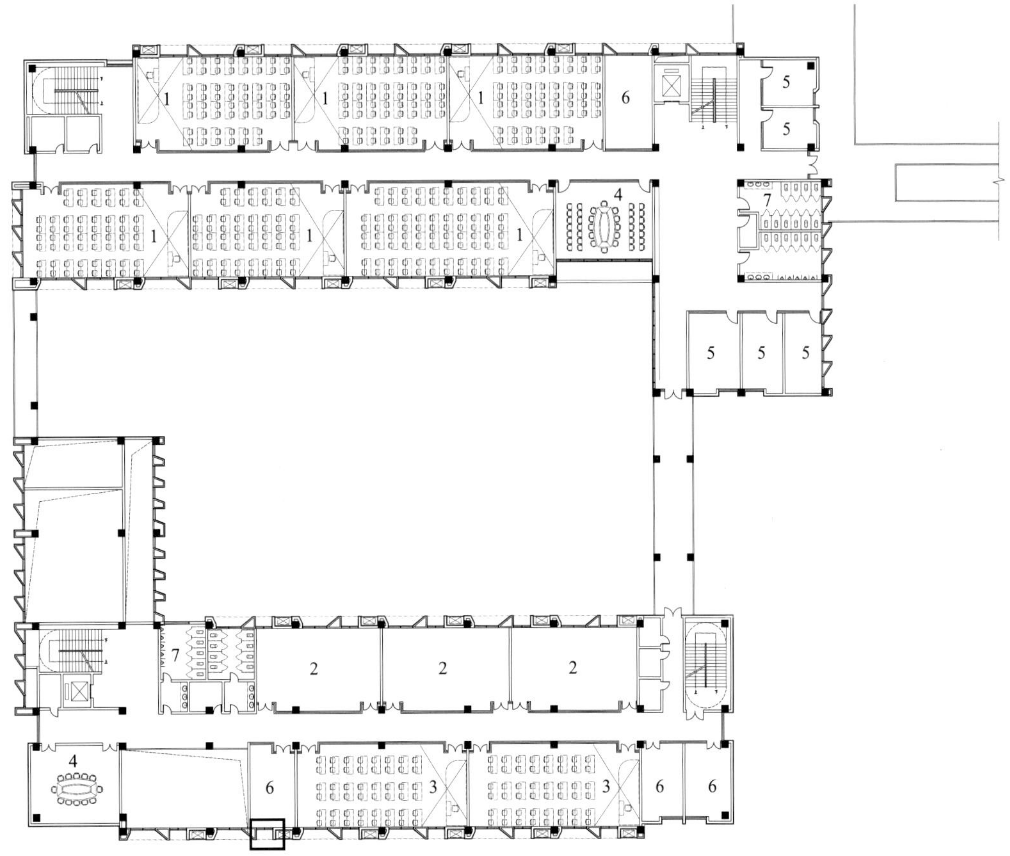

1 公共机房　2 培训教室　3 电大机房　4 会议室　5 办公室
6 教师休息室　7 卫生间

■ 公共实训中心二层平面图

■ 轨道交通系沙盘展示（一）

■ 轨道交通系沙盘展示（二）

■ 轨道交通系实训

■ 机电维修实训

■ 文体活动区

项目进展及未来展望

合肥校区建成后将主要承担合肥职业技术学院教学、科研、实训、产教融合和校企合作职能，建立与中职、应用型本科合作办学机制，积极推进教师互聘、师资互培、校区共建、教研合作等校地、校企合作项目进程；以提升职业教育服务能力为目标，将围绕合肥市支柱产业，战略新兴产业打造学科专业群，规划建设涵盖机电、信息、建筑、生物、环境、艺术六大类学科专业群，打造一批在全国有较大影响的特色品牌专业。

鹤壁职业技术学院新校区总体规划设计

PLANNING OF NEW CAMPUS OF HEBI POLYTECHNIC

华南理工大学建筑设计研究院有限公司

项目简介

鹤壁职业技术学院位于鹤壁市淇滨区，处于鹤壁市南部的门户位置。新校区地块位于柳江路以南、华山路以东、朝歌路以北、兴鹤大街以西。东西长约1000m，南北长约860m，总用地面积约1307亩。地界内地势较为平整，无明显高差变化。

新校区位于城市新城区“一廊两轴”的核心位置，新鹤壁高铁客运站西北面，两条垂直的轴线以高铁站为中心，往西沿淇滨区重要的景观大道朝歌路，连接会展中心，另一条由此垂直往北。从城市总体规划图上横平竖直的城市肌理中，高铁站点与中央公园形成一条斜轴线，沿西北方向穿越校园地块，新校区正处于南部片区最重要的两条轴线的夹角位置。校园规划势必要从城市的角度，满足正南北朝向的基础上，对此特殊的位置予以呼应。

鹤壁历史悠久，文化灿烂，因相传“仙鹤栖于南山峭壁”而得名，鹤，自古以来，象征着美丽吉祥。仙鹤飞舞的地方，无疑为世人所向往。地块东侧有兴鹤大街；地块内已建的体育馆叫千鹤之舞体育馆；毗邻的高铁客运站的造型也与仙鹤有关。于是，我们尝试着将“鹤”这一主题抽象地运用到规划设计中，通过水系、路网以及广场空间的拓扑关系呈现出来。将仙鹤优雅的曲线转译成校园内流动的空间，串联起四个分隔的地块，使校园成为放飞梦想的舞台，承载新校园生活的发生地。

项目概况

项目名称：鹤壁职业技术学院新校区总体规划设计
建设地点：鹤壁市淇滨区
设计 / 建成：2012 年 /2014 年
总用地面积：871191m^2
建筑面积：518074m^2
建筑密度：18%
容积率：0.59
在校生总体规模：15900 人
建设单位：鹤壁职业技术学院
设计单位：华南理工大学建筑设计研究院有限公司
设计人员：陶郅、谌珂、郭钦恩、陈子坚、史萌、涂悦、陈健生、邓寿鹏、王黎、童敬勇、张人泽、王慧、郑乃山、苏铁、侯雅静、唐骁珊、黄承杰、倪尉超
摄影：谌珂、张人泽

■ 鸟瞰图

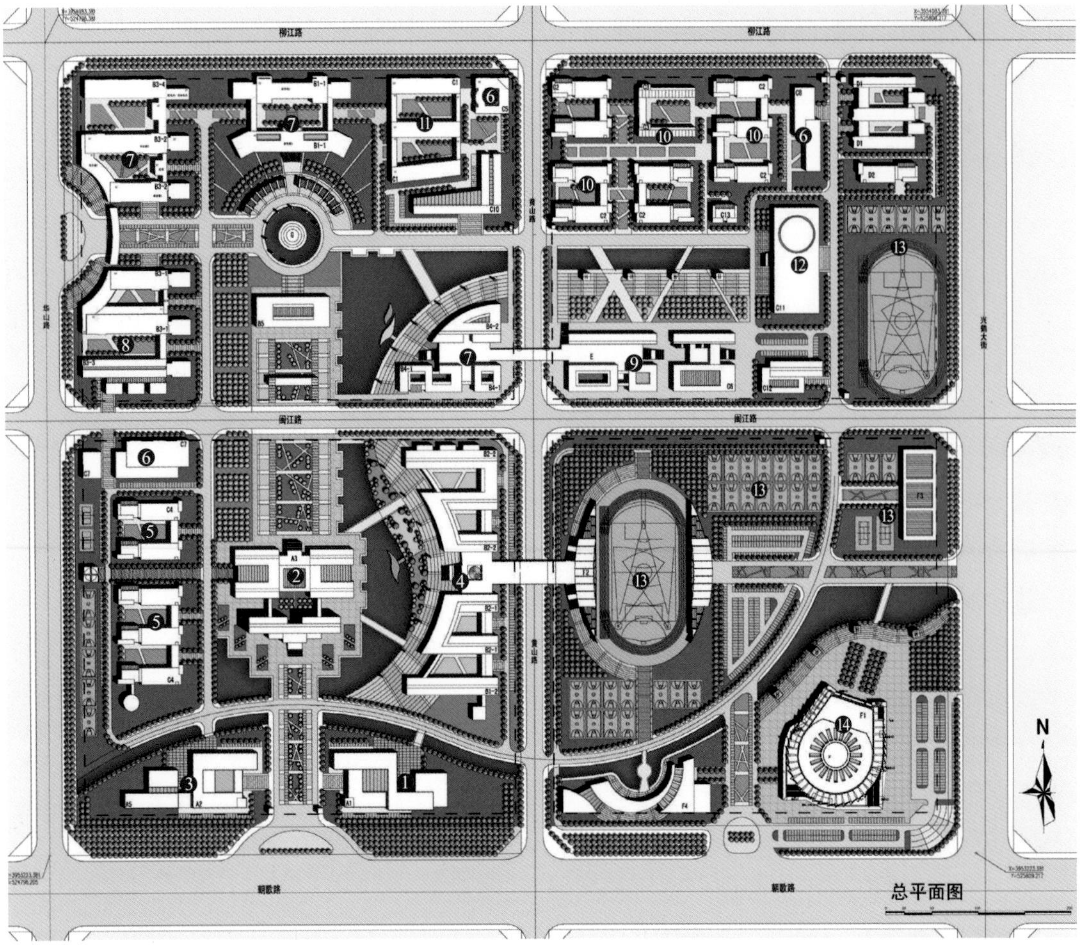
总平面图

❶ 图书馆
❷ 行政办公楼
❸ 学术交流中心
❹ 医学院组团
❺ 学生宿舍 C 区
❻ 学生食堂
❼ 公共教学楼
❽ 实训中心
❾ 学生创业中心
❿ 学生宿舍 B 区
⓫ 学生宿舍 A 区
⓬ 学生活动中心
⓭ 运动场
⓮ 体育馆

■ 总平面图

■ 校园鸟瞰图

项目亮点

轴线分析

在中心区利用反L形的空间，作为校园内最重要的景观和步行交通系统，将三个地块串联在一起的同时，校园的主要空间朝东南向打开，呼应由高铁客运站和中央公园组成并朝西北向延续的45°城市空间轴线。

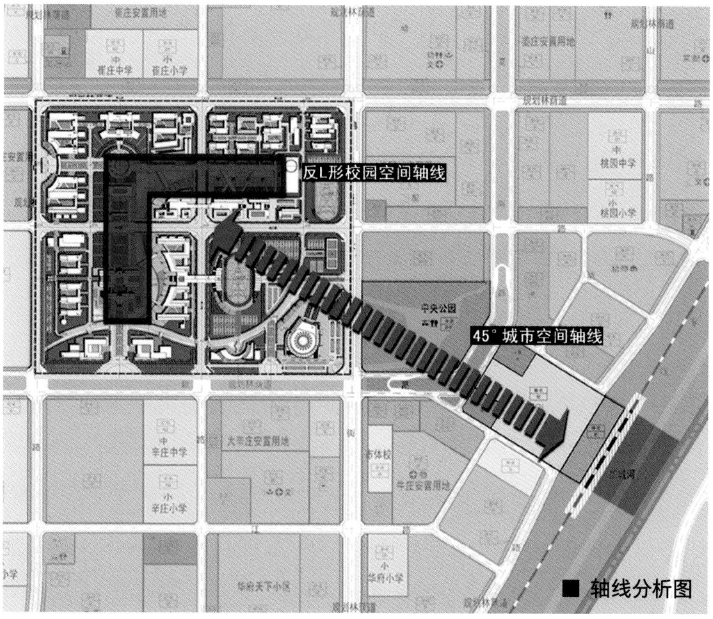
反L形校园空间轴线
45° 城市空间轴线
■ 轴线分析图

规划结构

在此空间的两侧，通过另外两组L形的建筑群，围合形成主空间界面。其中外侧的L形，由原有已建一期建筑为主体，向东向南延伸，分别作为两组宿舍组团；内侧的L形则是由两组学院组团和特色文化街区全新构建成一个集约化的教学中心区。实现了宿舍区与教学区之间有较长的连续界面和较短的流线距离。三个L形的结构将三个地块牢牢地联系在一起，对东南角的体育地块呈半包围态势，又有环路将四个地块整体地串联在一起，方便体育区社会化相对独立的要求，又满足了校园对体育运动区的要求。

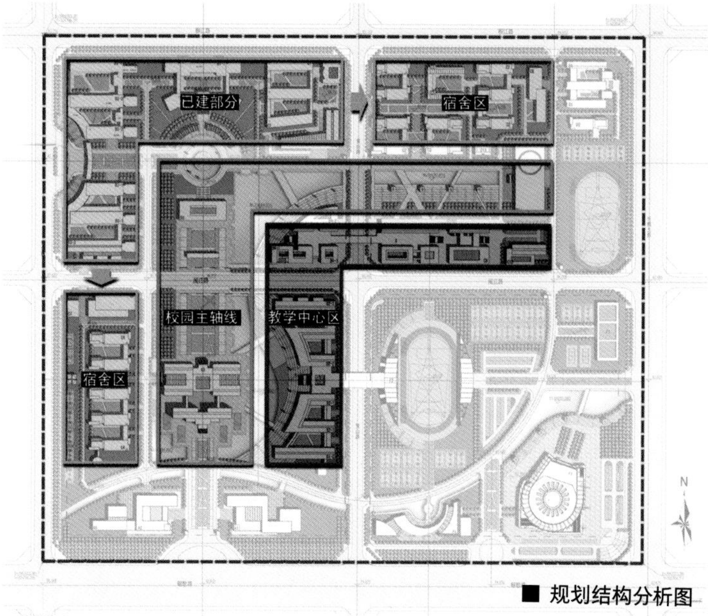
已建部分
宿舍区
校园主轴线
教学中心区
宿舍区
N
■ 规划结构分析图

景观分析

主要绿化景观沿校园内的两条水系展开，南边一条由西向东的水系主要是满足城市规划对用地的要求；另一条由南往北，继而往东流向生活区的水系，串联起三个地块，结合两岸的广场与绿化，为校园提供了舒适的步行路径，创造了两岸丰富的亲水空间。主广场西侧，有横跨南北校区300m长，近40m宽的绿化林带，作为校园绿肺，界定了中心广场的范围，强化了校园主轴线，同时也隔绝了生活区在视线、噪声等方面对中心景观区的干扰。

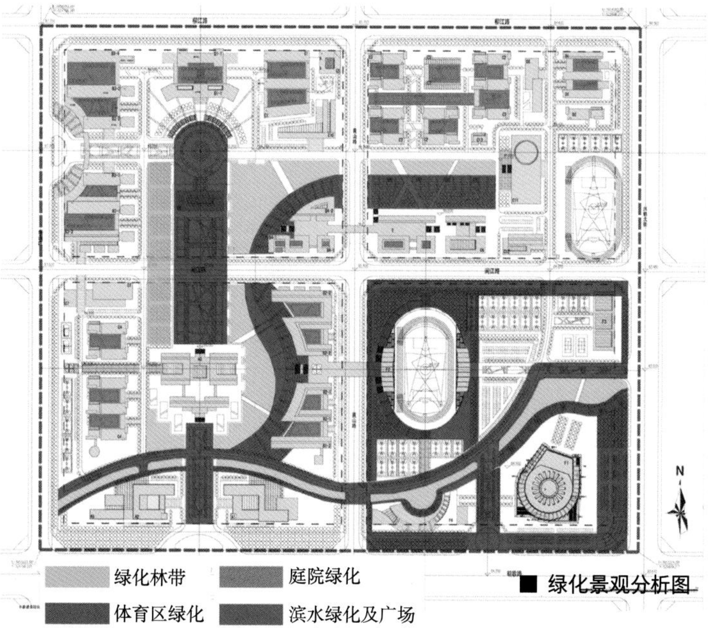
N
绿化林带
庭院绿化
体育区绿化
滨水绿化及广场
■ 绿化景观分析图

更新设计

西北角地块中有原规划在建的学校大门、刚刚建成的原规划中的教学实验楼组团和部分学生宿舍组团；新增的三块用地只有西南角地块未有任何已建和在建建筑，东南角体育区地块内有已建的千鹤之舞体育馆；东北角地块有已建成的原工贸学校遗留的部分建筑。此次总体规划势必让校园在功能分区和空间结构上有一次质的转变，而且我们把此次规划看作校园持续发展过程当中的一个重要片段，寻求新建校园与原有建筑的协调性、统一性和整体性，同时使未来校园的持续发展成为可能，保证校园平衡、有序、协调的发展。

空间序列

由临朝歌路的南向主入口进入校园和由图书馆与交流中心围合而成的校前区，左右对称，庄严肃穆，是校园空间序列的序曲。

沿着轴线北行，即是由院系行政楼共同组成的行政中心，三段式的立面与双柱式的柱廊更加强化了校前区礼仪性空间的性格特征。沿着岸边，顺着水流，绕过行政中心区，进入校园的中心广场，空间豁然开朗，在用地相对紧张的地块内，如此开阔的广场和水域奢侈地布置于此，彰显其核心景观的地位，也是空间序列的高潮。

远处各组团教学实验楼群，形态各异地布置在主广场周围：西侧为工学类组团，空间界面较为平直，刚硬；而水面东侧为人文经管类与医学类组团，界面相对蜿蜒，柔美。期望通过不同的空间特征表达建筑内部使用功能的性格特点。继续往北有一圆形的叠水景观，空间序列也以此作为转折，顺着蜿蜒的水面朝东转去，有几座廊桥横跨南北，连接学生宿舍区与中心区，尽头有学生活动中心和圆形的音乐厅，以其标志性的形体作为整个空间序列的尾声。

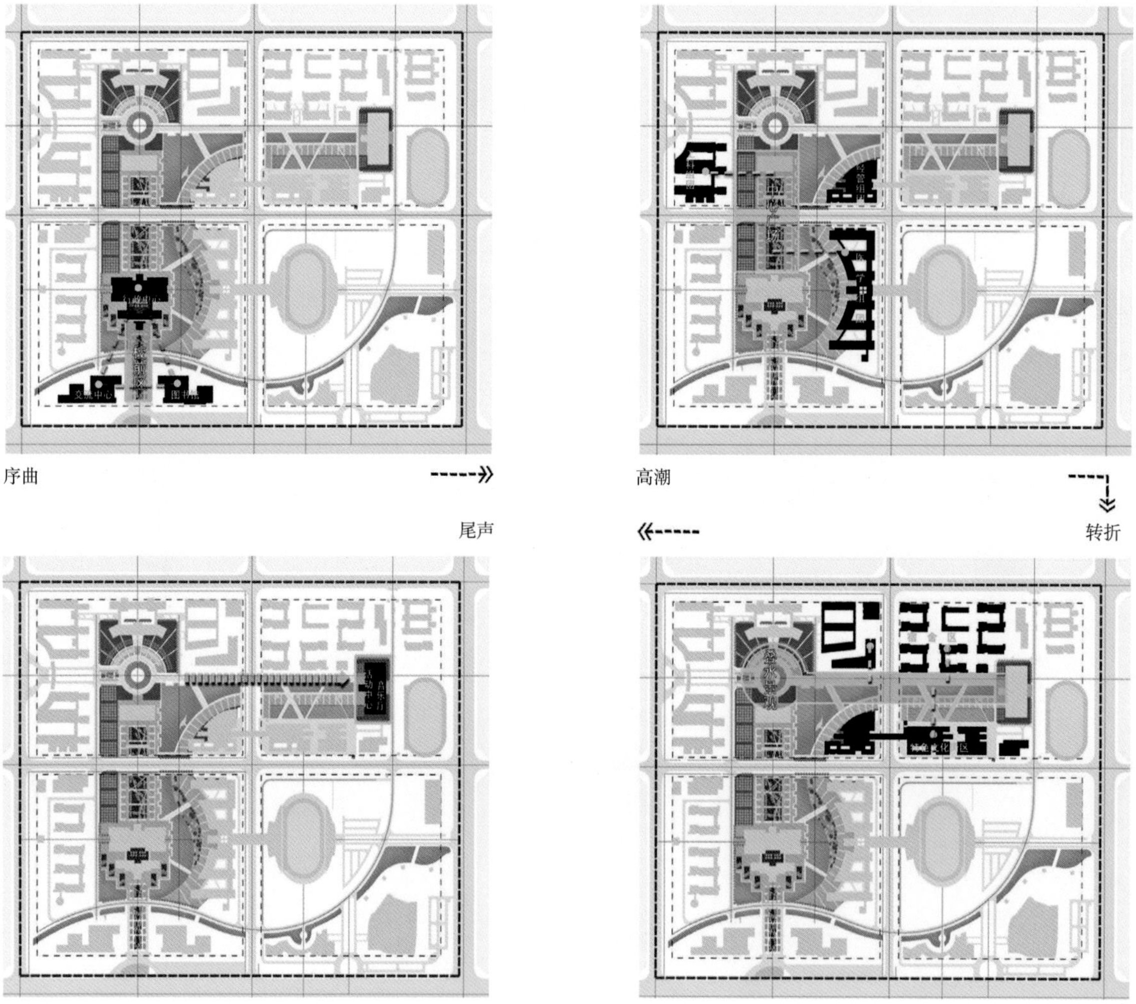

序曲
高潮
转折
尾声

■ 空间序列分析图

组团设计

图书馆

图书馆位于校园主入口的东侧，与交流中心东西相望，形成校前区，共同围合出了庄重、严谨的校园礼仪性空间。内部通过四层高的中庭组织空间，设置藏阅一体化阅览，增加空间的适应性和灵活性。在功能布置上，将书流、人流、办公人流以及车流分开，从不同方向立体地进入图书馆。将图书馆阅览室布置在二层至五层内，五层东翼布置电子阅览室和声像阅览室。办公用房安排在东翼的一至四层，通过建筑体块的分割将功能进行分区。

建筑整体简洁大气，富有力度。西立面是图书馆主入口，形体上较为庄重，严谨；而北立面临校园水体景观，相对活泼、自由。大部分的立面开窗均采用统一的竖向长条窗，力图用简洁的手法呈现鲜明而充满文化意蕴的校园建筑形象。

■ 图书馆鸟瞰图

医学院组团

医学院以及护理学院的建筑组群紧邻中心景观带，主立面以行政楼为中心沿着中心水体景观带展开。中间有一条方便联系东侧体育区的二层平台将组群分为南北两区，北侧为医学院，南侧为护理学院及其配套的教学楼。主立面借用一些横向的白色百叶向景观水面展开，隐喻鹤洁白的羽毛，使得整个建筑群的宛若一只水中翩然起舞的白鹤，强化“仙鹤”的主题。

■ 医学院鸟瞰图

教学区

教学区由已建和新建两部分组成。其中已建部分主要位于外侧L形建筑群的西北角。临华山路的原教学实训组团，通过改扩建作为工学类组团。主轴线上且靠近柳江路的教学楼作为公共教学楼。新建部分集中位于黄山路的西侧，主要作为医学类组团和人文经管类组团。

■ 教学区透视图

生活区

按照15000人的学生人数，学生宿舍区大致分为南北两个区。其中北区又由黄山路分为两部分，西侧为原规划已建成的宿舍区A区，可满足约3200人；黄山路东侧为学生宿舍区B区，可满足约7700人；西南地块内临华山路为学生宿舍C区，大概可以满足4000学生使用。

■ 宿舍区鸟瞰图

实训特色

医学院设有医学影像技术、医学检验技术、康复治疗技术、药学和口腔医学技术 5 个专业，建有 6 个实训中心，校内实验实训室 52 个，校外实习实训基地 42 个，能较大限度地满足学生实验实训教学以及面向社会进行技术培训和技术服务的需要。

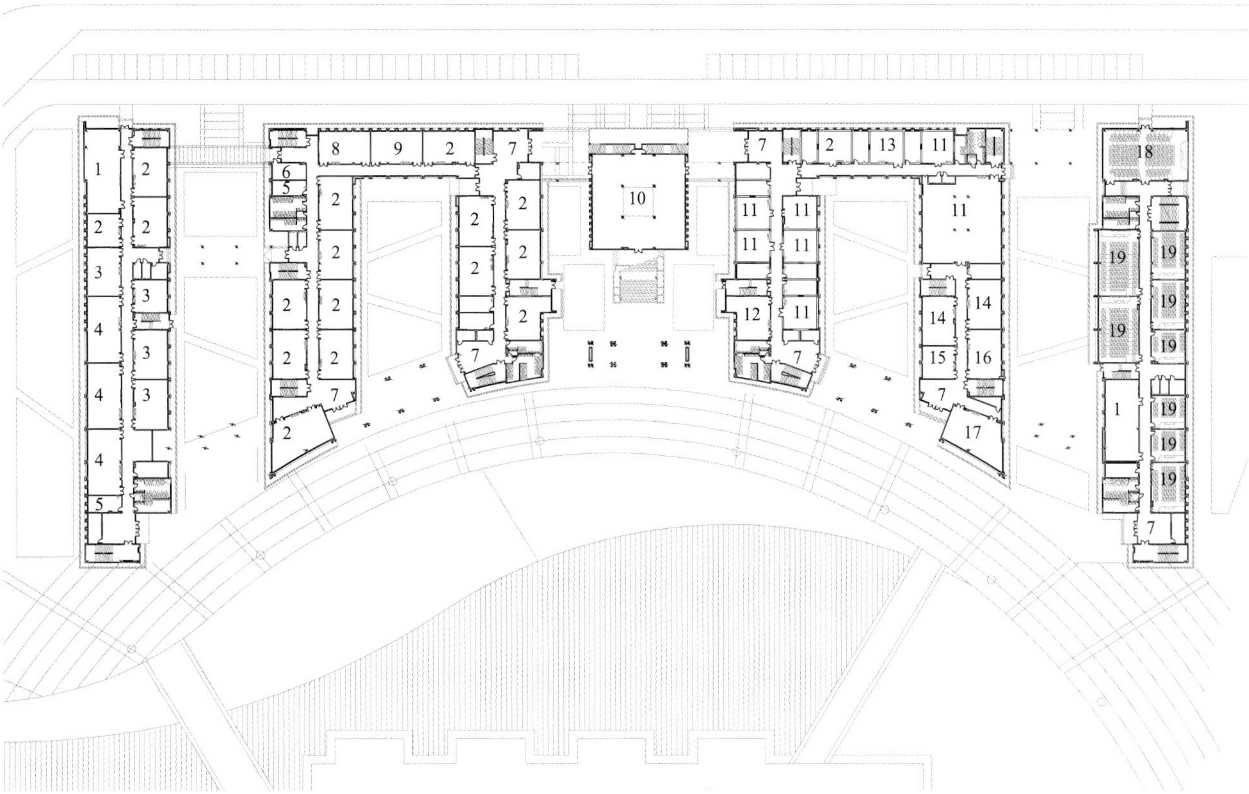

1 配电间
2 实训室
3 示教反示教室
4 教学实训一体化教室
5 教师休息室
6 消防值班室
7 门厅
8 尸体存放室
9 解剖实验室
10 展厅
11 摄影间
12 准备间
13 CT 检查室
14 药房
15 原料准备室
16 中药炮制室
17 储藏间
18 多媒体教室
19 公共教室

■ 医学院、护理学院、公共教学楼首层平面图

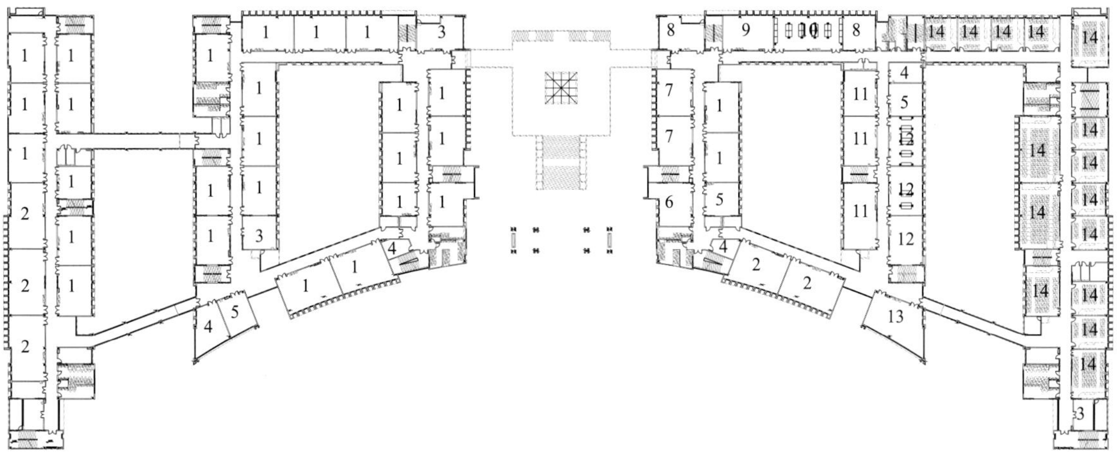

1 实训室
2 教学实训一体化教室
3 教师休息室
4 储藏间
5 准备室
6 彩超检查室
7 B 超检查室
8 办公室
9 GMP 教学软件室
10 检测中心
11 标本室
12 实验室
13 天平室
14 公共教室

■ 医学院、护理学院、公共教学楼二层平面图

诚信楼
诚信楼

■ 校园景观湖面

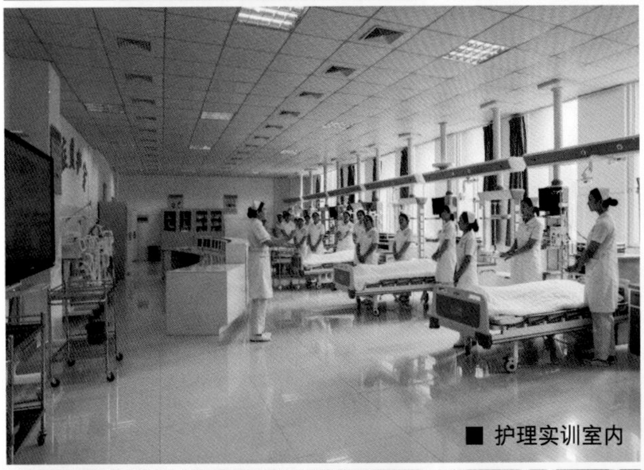

■ 护理实训室内

■ 图书馆室内

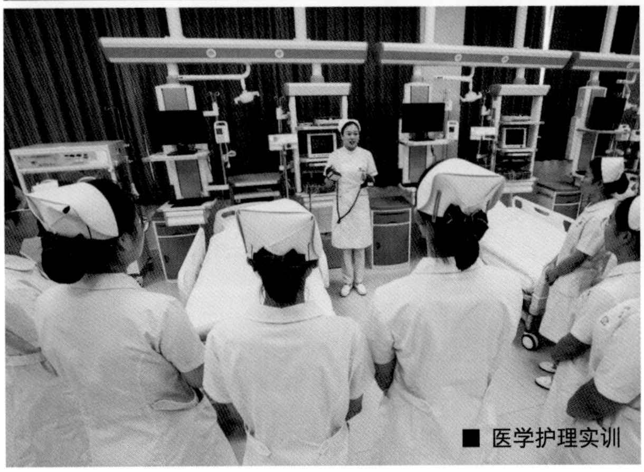

■ 医学护理实训

■ 实训场所

项目进展及未来展望

学校按照“统一规划、分期建设、分步实施”的原则建设，校园已建部分主要集中在西北地块，首期建筑主要往南向发展，包括临华山路的宿舍区，临黄山路的学院组团以及中心的行政楼群，约可满足 7200 学生教学和生活的使用。二期向东发展，并逐步完善，实现 15900 人的总体规模。预留部分办公实验楼，可供校园持续发展而不破坏原有格局。

鹤壁职业技术学院新校区的建设符合鹤壁市淇滨区城市总体规划，符合国家大力发展职业教育的精神，有利于培养地区急需的技术技能型人才、知识技能型人才和复合技能型人才，对促进地区经济发展，扩大就业，具有重要意义。

武汉城市职业学院汽车教学实训教学楼设计

DESIGN OF TRAINING CENTER OF WUHAN CITY POLYTECHNIC

湖北省建筑设计院

项目简介

为更好地服务武汉地区作为中国汽车之都，满足地区战略支柱性产业发展的需要，打造国内一流的高职汽车职业教育专业群，努力提升服务社会的能力，结合几年来学校汽车专业跨越式发展的良好局面以及深度校企合作的需要，2014年学校研究决定在现汽车技术与服务学院办学所在地武汉城市职业学院北校区建设一栋单体独立汽车教学实训大楼。同年进行前期可行性论证，确定建筑占地面积为2000m^2，总建筑面积8000m^2，层高不超过24m，四层结构的教学实训大楼，同年学校组织设计院，汽车技术与服务学院，学校后勤、教务、设备、科研等部门集体研究，商讨建设规划，设计方案确定后报武汉市发展改革委审批，2015年12月11日，武汉市发展改革委下文，批复“武汉城市职业学院汽车教学实训大楼项目”正式立项，项目总投资3600万元。

经过认真而细致的筹备，学校2017年3月完成代建方招标，2017年7月28日基建项目正式破土动工，2019年11月3日完成全部基建及装修工程，大楼正式交付使用。

项目概况

项目名称：武汉城市职业学院汽车教学实训教学楼设计

建设地点：湖北省武汉市

设计 / 建成：2016年 /2019年

用地面积：2055m^2

建筑面积：8349m^2

建筑层数：4层

容积率：1

绿地率：35%

建设单位：武汉城市职业学院
武汉城政建设有限公司

建设单位参与人员：李海燕、邓院方、刘晓天、屈果、段永发、杭勇敏、叶学文、尹少云、程华平、董达智、饶胜田、孙涛

设计单位：湖北省建筑设计院

主创设计师：周飞飞、程文思

合作设计师：王丁、程雷、叶宇、张鹏、刘晓炯

■ 鸟瞰图

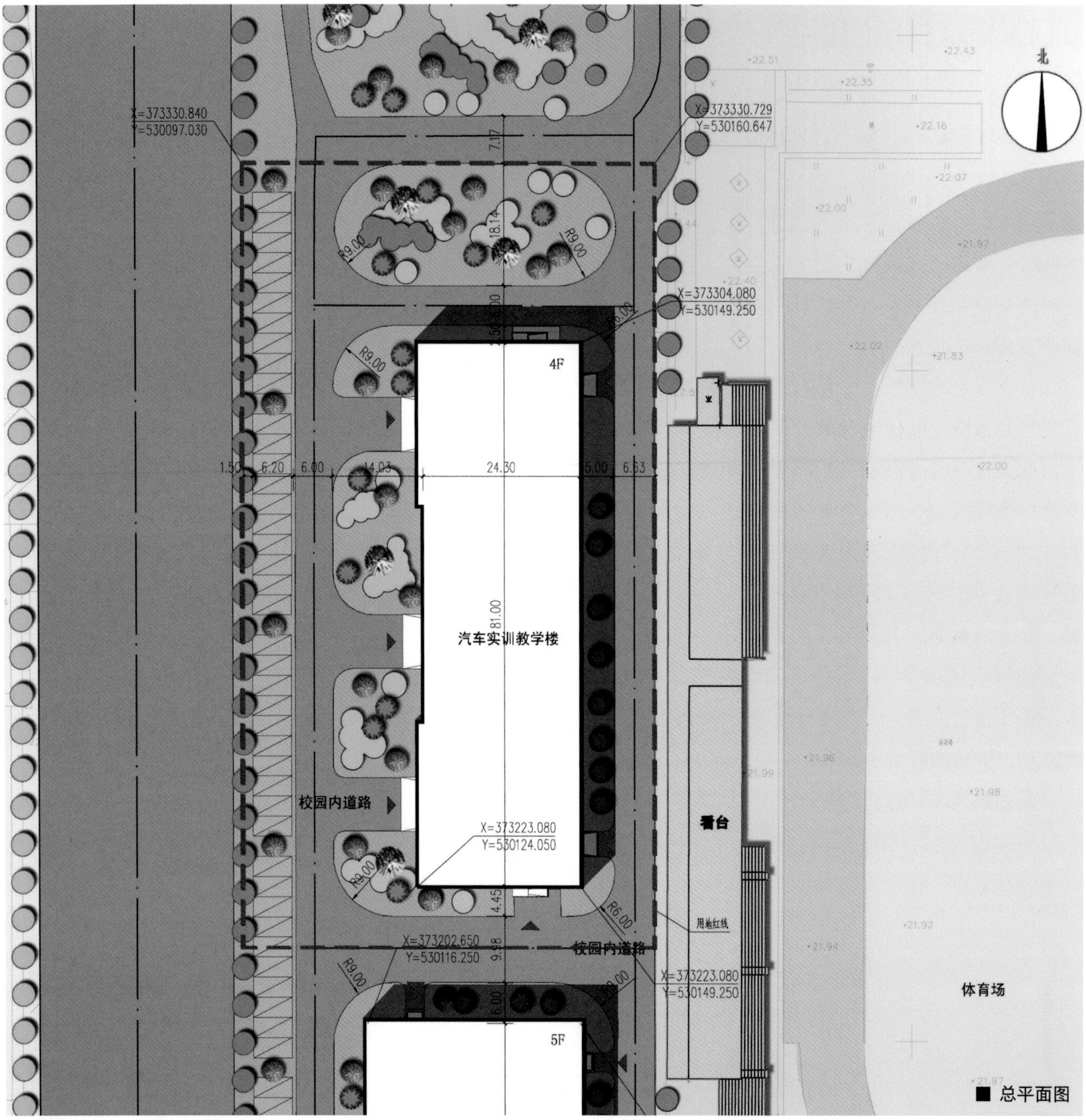
北
X=373330.840
Y=530097.030
X=373330.729
Y=530160.647
X=373304.080
Y=530149.250
7.17
18.14
R9.00
R9.00
R9.00
R6.00
4F
1.50
6.20
6.00
14.03
24.30
5.00
6.63
81.00
汽车实训教学楼
校园内道路
X=373223.080
Y=530124.050
4.45
9.98
6.00
X=373202.650
Y=530116.250
校园内道路
X=373223.080
Y=530149.250
用地红线
看台
体育场
5F

■ 总平面图

汽車技術與服務學院
Automobile technology and service college
匠之家
Craftsman Building

■ 实训中心实景

"融合、专业、安全、可塑"的设计理念

融合：就是与学校整体建筑风格和校园环境相融合。大楼属于后期增加建筑，特别注重与学校建设的整体一致性。故在建筑的位置选取、建筑的风格、整体色彩等均与校区原有建筑和环境形成整体。同时在设施设备、管理等方面也与学校整体相融合，是整个学校建筑中和谐的一分子。

专业：大楼是为汽车专业而建的，满足汽车专业功能需要是设计的优先考量，在设计时充分听取专业的意见，充分考虑汽车职业教育的特点和特色，突出教学功能的同时，与职业对接、与岗位对接、与品牌标准对接。如三楼规划为汽车钣喷教学实训区，为了满足喷漆专业环保和安全的要求，将三层汽车喷漆实训区地面整体下沉 30cm，这样的结构设计和建设，在全国同类建设中是开创性的，独一无二的。又比如，因各层功能不一样，在设计时，为了充分发挥空间效益，大楼四层的层高均不一样，同时大楼四层荷载均是按照汽车专业功能设计施工的，四层均可满足小型车辆自由行驶、汽车大型实训设备安全安装等，这些在全国同类专业建筑建设中也是独具特色的。许多大型设备的安装需要结构配合的都在设计时进行了规划，施工时全面落实，大楼完工后，给人的感觉是匠心独具。

安全：安全是汽车大楼的生命。结构安全、消防安全、电力安全、人员安全、材料安全、网络安全、环境安全"七大安全"在设计和施工中一直是优先考虑。做到结构是为功能服务的，功能是在结构上布局的，安全是通过两者完美结合实现的。如大楼的承载，就是进行了科学而专业的认证，四层楼均可自由行车。又如，大楼电力配置是以满足汽车专业教学、实训、生产等作业时最大负荷科学论证设计的，为了保障整栋大楼用电安全，配套建设了专门的配电房。又比如，大楼进行了整体消防设计，管路、喷淋、消防栓等都进行了科学测算和设计，既满足安全需要，又个性和美观，成为生命安全的保障，也和整体和谐一致。

■ 一层戴姆勒铸星教育基地 1

■ 一层戴姆勒铸星教育基地 2

BYD
比亚迪汽车
BYD AUTO
精诚英才培育项目湖北基地
Sincere Elite Cultivation Project Base of Hubei

■ 二层比亚迪精诚英才项目基地

BASF

■ 三层巴斯夫喷涂项目基地 1

ZONYI

■ 三层巴斯夫喷涂项目基地 2

■ 四层上汽大众项目基地

可塑：大楼是框架结构，布局规整，可根据需要进行分隔，既有大面积的生产性教学实训作业区，功能各异的一体化教室，还配套有多种类辅助功能区域。这些区域既相对固定，又能根据需要进行变化和调整，可根据专业的需要、市场的变化和人才培养培训的需要进行调整变化，也可以根据日常活动的需要，如技能竞赛、学生活动，职业培训等进行调整，满足了大楼的功能用途多样化和可塑性。

服务于“五位一体”的功能定位

所谓“五位一体”就是大楼功能定位于教学、科研、育人、竞赛和社会服务五位一体。建筑是为功能服务的。

教学：汽车技术与服务学院定位于培养汽车后市场复合型技术技能型人才，开设有汽车检测与维修技术、汽车营销与服务、汽车新能源技术、汽车车身维修技术、汽车智能技术等专业，这些专业职业教学课程、内容不尽相同，各有特点，对环境、场地、房子结构也有不同要求，各专业既相互联系，又相互渗透，故在大楼的设计时，充分考虑了专业的特点和教学需要。

科研：职业院校的科学研究重点是面向职业、面向岗位、面向生产，与企业协同的产学研性质的技术升级、技术改造、技术创新、技术应用型研究，大楼的设计为后期发挥这一功能提供了物质保障。

育人：本着环境育人、管理育人、文化育人的育人理念，大楼设计不仅是满足功能的需要，同时也是育人的重要载体，设计规划建设本身就是育人，可以让学生直观感受到职业场景的规划和建设思想。功能布局的合理规划和建设，也为学生提供了更多职业学习、职业成长的载体。如四楼，专门增加了复式错层结构，在错层结构上增加了仿真和 VR 实训室、大师工作室、汽车媒体文化室、创客空间、阅览室等多个功能室，为培养学生的综合素养，辅导创新创业，技能提升行动等搭建了良好的平台。

竞赛：新大楼的建设，一个重要的功能就是开展各级各类职业技能竞赛，各专业的学校级、市级、省级、国家级等技能大赛，行业企业的技能大赛等均可承接和承办。

社会服务：新大楼建成后，在职业技能培训、企业专题培训、职业教育精准扶贫、职业技能大赛、产学研结合、校企合作、武汉汽车职业教育集团建设、双师型教师培养、大众创业万众创新、职业技能提升等领域已经和正在发挥积极作用。

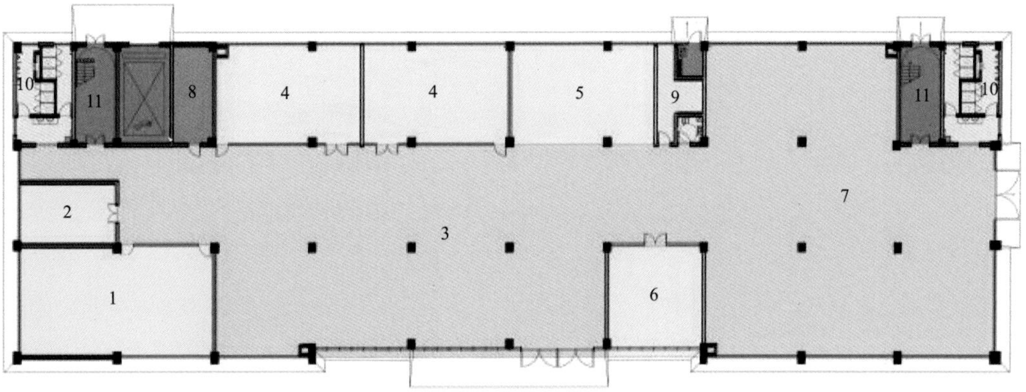

1
2
3
4
4
5
6
7
8
9
10
10
11
11

1 汽车电器理实一体化实训室
2 会议室
3 戴姆勒铸星教育实训中心
4 奔驰汽车综合教学理实一体化实训室
5 接待区
6 戴姆勒铸星教育项目实训教学资源制作中心
7 博世汽车诊断中心
8 配电间
9 更衣室
10 卫生间
11 交通区域

■ 实训中心首层平面图

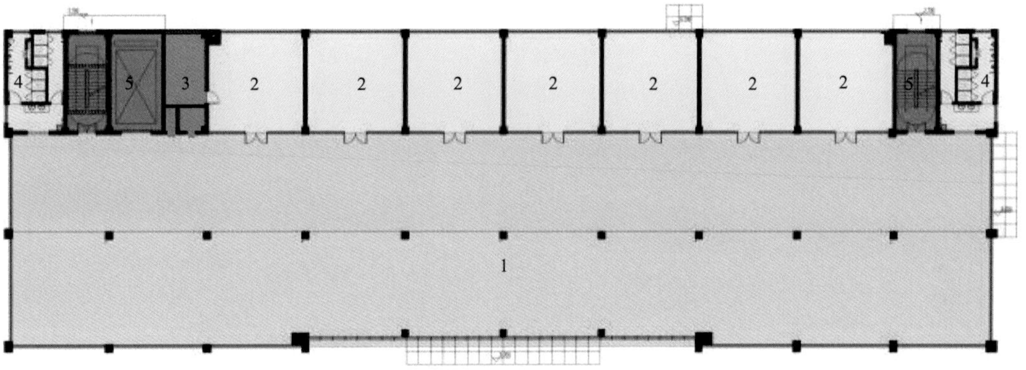

1 汽车底盘、电控及空调教学实训
2 汽车底盘电控空调维修教学一体化教室
3 工具间
4 卫生间
5 交通区域

■ 实训中心二层平面图

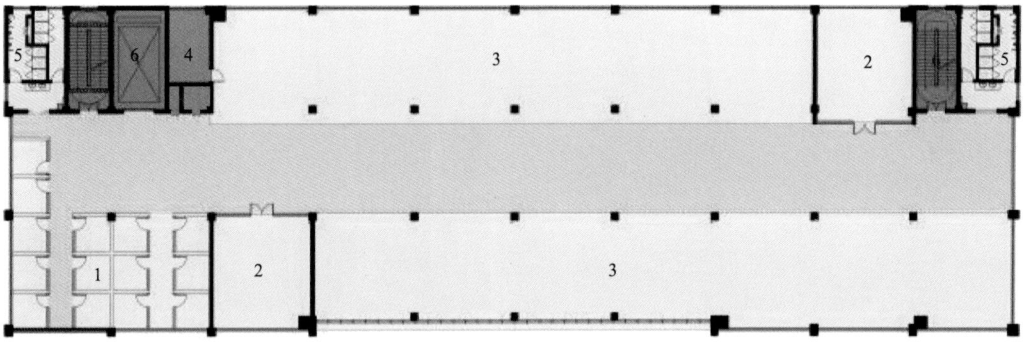

1 车身修复教学实训
2 汽车钣喷教学一体化教室
3 教学实训区
4 调漆间
5 卫生间
6 交通区域

■ 实训中心三层平面图

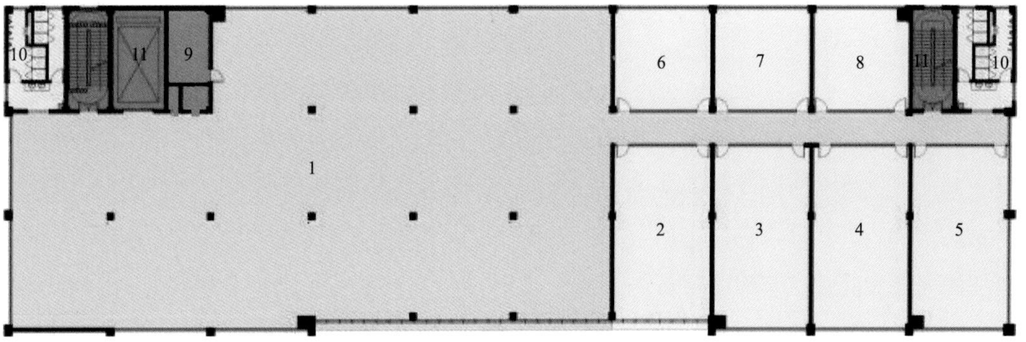

1 开放性实训区
2 新能源汽车一体化教室
3 大师工作室
4 录播教室
5 多媒体教室
6 汽车新技术应用研究所
7 电子图书阅览室
8 会议室
9 工具间
10 卫生间
11 交通区域

■ 实训中心四层平面图

科学配套的“四网”联通

所谓“四网”联通，就是水网、电网、消防网、和汽管路网联通。

水网：包括进水、出水、生活用水、废水等，大楼整体进行了科学设计，外部与学校系统相联通，内部自成体系，科学完善。

电网：包括强电、弱电等，统筹规划，强电突出安全，保障汽车功能使用的最大化，同时科学布局，适应功能变更对强电的要求，强电的规划是本大楼的亮点之一。弱电的配置充分考虑信息化对于弱电需要，后期，学校投入600万元，大楼进行了整体信息化建设，前期因为有了科学的弱电布局，在后期信息化建设中充分体现了作用，整栋楼的信息化建设水平是大楼建设的另一个亮点。

消防网：消防网既与学校整体消防系统形成整体，又自成体系，这些在前面大楼设计理念中已经描述。

汽管路网：汽车专业教学实训最大的特色就是专门的汽、电、水、管路等配置，需要有专门的汽管路系统、排风系统和环保处理系统。这个系统必须在结构设计时就予以充分的考虑并留下后期施工的平台。整个大楼专用的汽管路系统安全、专业、方便，是汽车大楼建设的又一个亮点。

BASF

■ 参观交流

■ 师资培训

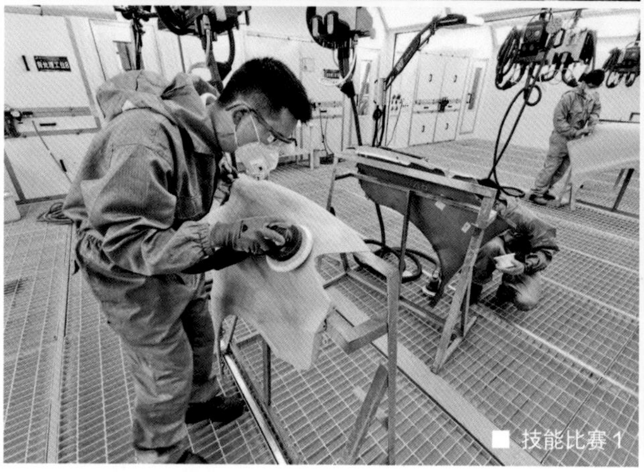

■ 技能比赛 1

Mercedes-Benz
C·E
M·S·SL
CLK·SLK

■ 技能比赛 2

项目进展及未来展望

项目建成后，多个知名汽车品牌校企合作项目落户大楼。建有戴姆铸星教育湖北基地、比亚迪精诚英才项目湖北基地、上汽大众湖北培训基地、巴期夫技能培训中心。

世界技能大赛湖北省汽车喷漆项目集训基地、全国首批1+X证书制度试点、汽车运用与维修含智能机新能源汽车办室落户实训楼；同时，承接了汽车营销、汽车喷漆、汽车维修等10多场国家、行业、企业等的技能大赛；接待了来自全国近200所院校的同行来校参观交流，受到广泛一致的好评。

实训楼命名为“匠之家”，彰显汽车职业教育核心定位之取向，培养工匠型人才，从这里走出的学子，胸怀大志，志向高远，抱着未来成专家、成名家、成大家型工匠的理想和信念，成就美好的人生。

（供稿：武汉城市职业学院　张利军、姜浩、袁玉龙、谢成嗣）

常德财经职业技术学院规划设计

PLANNING OF CHANGDE FINANCIAL AND ECONOMIC SCHOOL

华南理工大学建筑设计研究院有限公司

项目简介

常德财经职业技术学院是由常德市人民政府于2018年将财经中等专业学校和常德汽车机电学校合并而成立的新学校。常德中等专业学校和常德汽车机电学校经过近40年的发展，强强联手，已成为国家级重点中等职业学校、全国职业教育先进单位、湖南省示范中等职业学校等。合并之后的新学校位于常德市职教大学城，规划用地28.4公顷，建筑面积约18万 m^2。学校初设6系（22个专业）1部1院：财经商贸系、汽车工程系、智能制造系、信息技术系、旅游管理系、艺术设计系、公共基础教学部和继续教育学院。学校现有在籍学生4983人，社会培训每年完成2万余人次。

学校分为南、北校区，两校区通过造型优美的人行天桥相连。2018年8月南校区完工，同年9月投入使用，北校区2020年3月完工投入使用。校园整体生态环境优美，信息化教学设施先进，周边交通便利。

项目概况

项目名称：常德财经职业技术学院规划设计
建设地点：湖南省常德市武陵区高泗路602号
设计 / 建成：2015年 / 南校区2018年
北校区2019年
用地面积：28.4公顷
建成面积：18万 m^2
建筑密度：18.93%
容 积 率：0.56
绿 化 率：40.05%
在校生总体规模：5000人
教职工规模：305人
建设单位：常德财经职业技术学院筹建领导小组办公室
设计单位：华南理工大学建筑设计研究院有限公司
主创设计师：何镜堂、罗建河
合作设计师：蔡卓、童敬勇、陈勇、宋薇、田珂、柏小利、罗莹英、李海波、谢志昌、朱姝妍、丁潇、李婷婷、何建伟

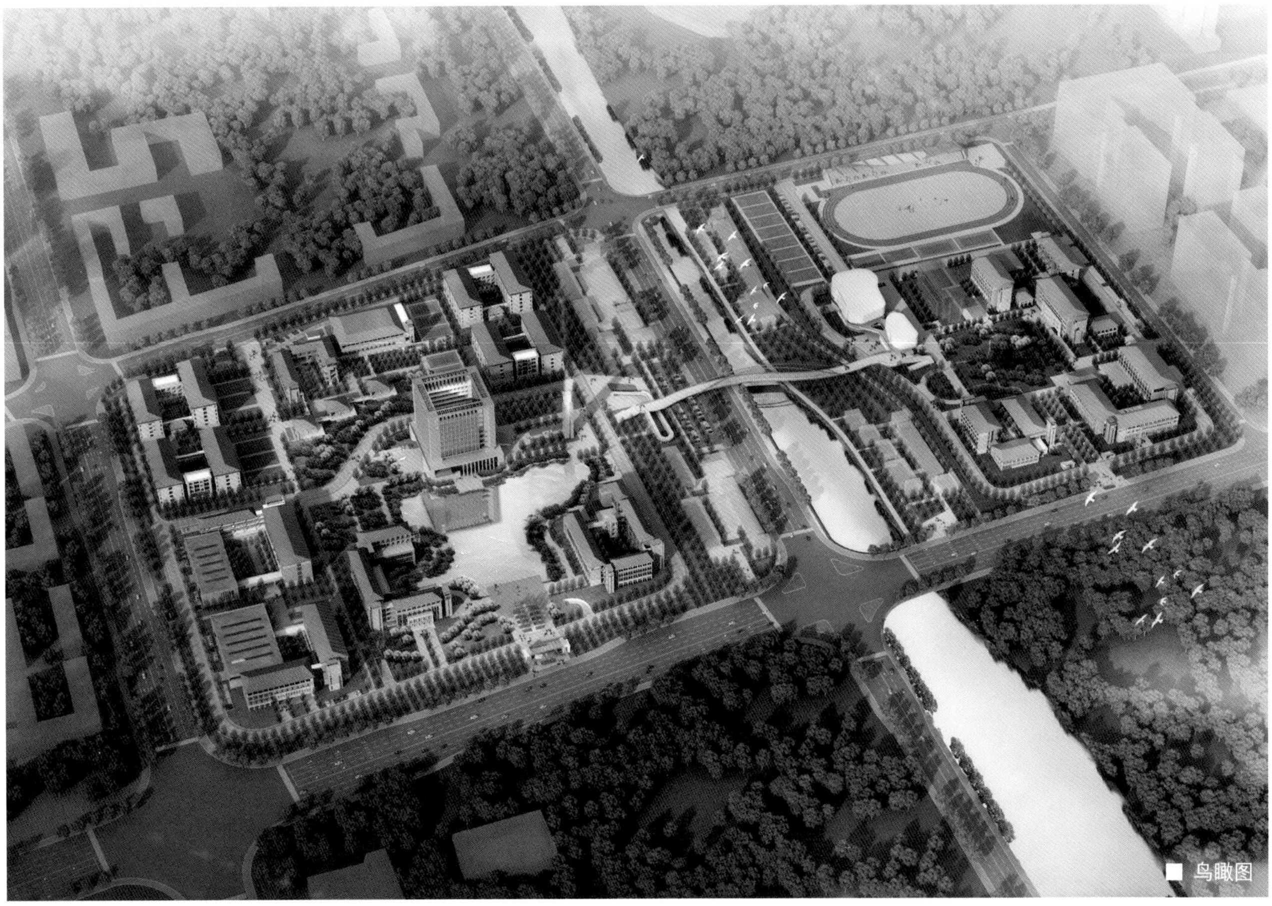

■ 鸟瞰图

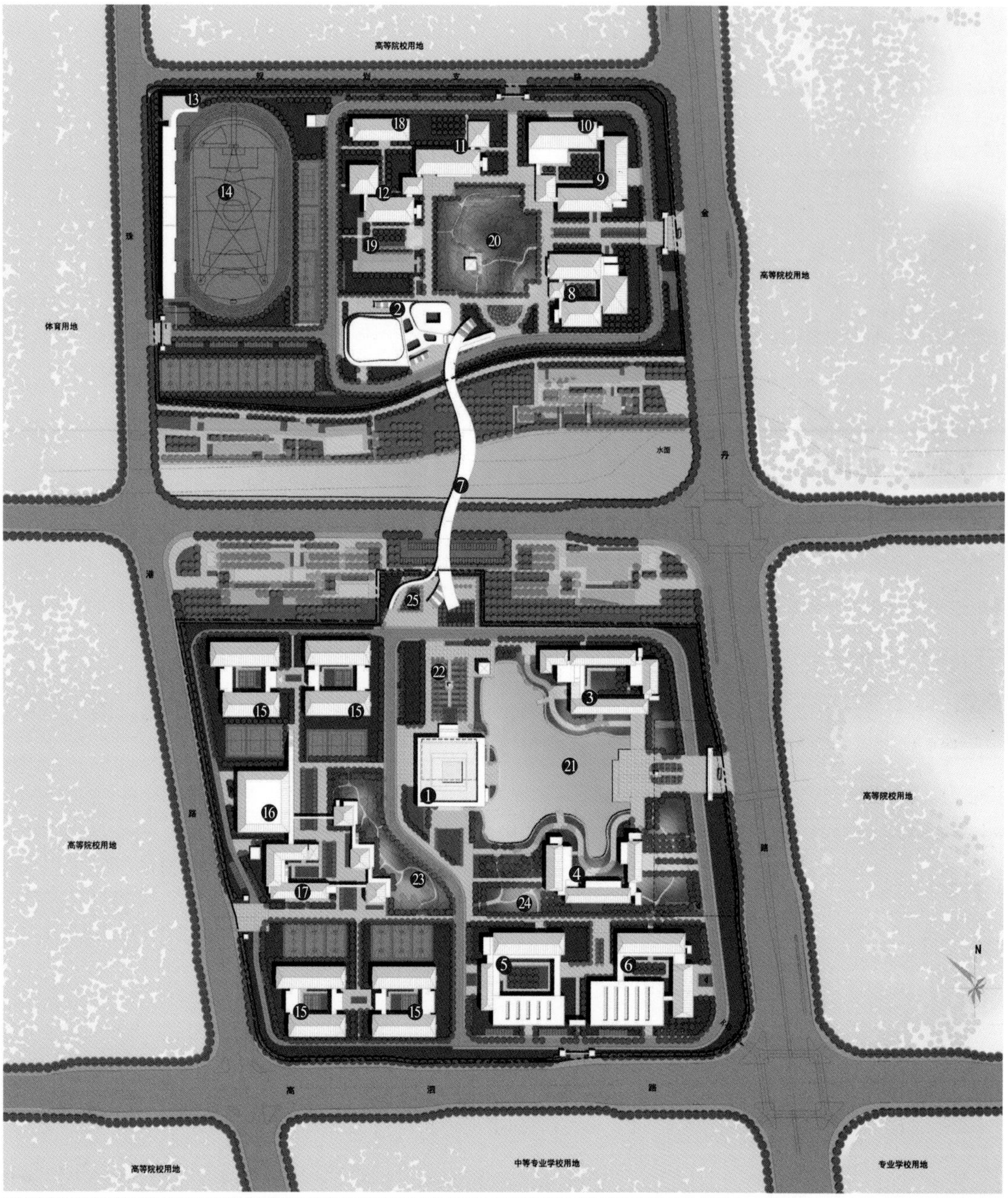

高等院校用地
规 划 支 路
体育用地
高等院校用地
水面
珠
港
路
金
丹
路
高等院校用地
高等院校用地
高 泗 路
高等院校用地
中等专业学校用地
专业学校用地
N

❶ 图文行政综合楼
❷ 文体中心
❸ 公共教学楼
❹ 财经管理系
❺ 机械工程系
❻ 汽车工程系
❼ 泽远桥
❽ 服装设计系
❾ 继续教育学院
❿ 创客中心
⓫ 旅游管理系
⓬ 现代商贸系
⓭ 焊接培训楼及看台
⓮ 运动场
⓯ 学生宿舍
⓰ 学生食堂
⓱ 后勤综合楼
⓲ 青年教师周转房
⓳ 预留建筑
⓴ 舆园
㉑ 泽远湖
㉒ 泽远广场
㉓ 友园
㉔ 思园
㉕ 汇园

■ 总平面图

■ 钟楼与公共教学楼

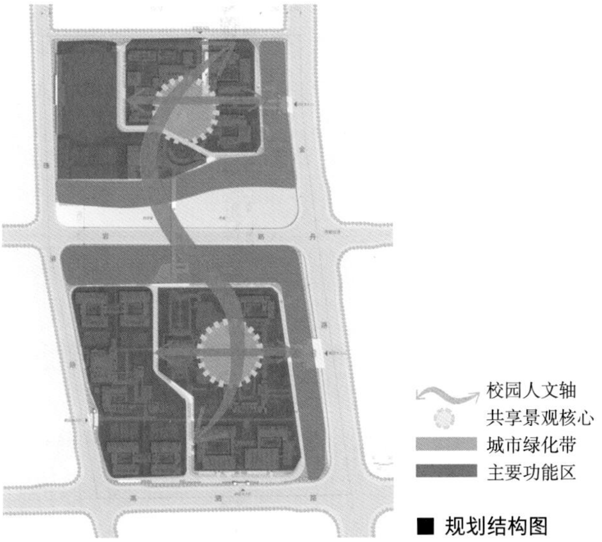
校园人文轴
共享景观核心
城市绿化带
主要功能区

■ 规划结构图

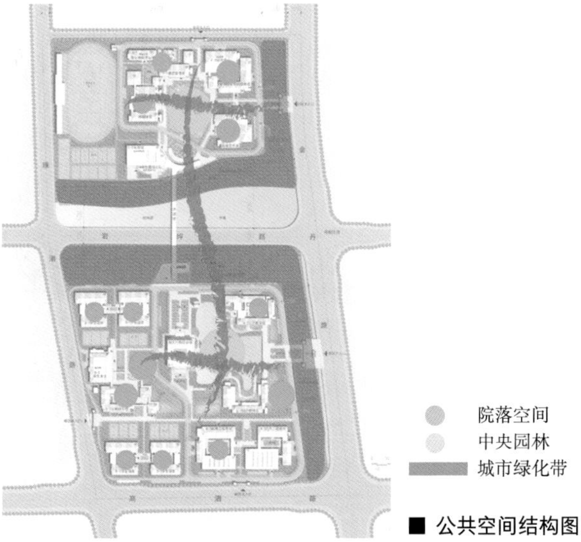
院落空间
中央园林
城市绿化带

■ 公共空间结构图

总体规划布局分析

总体规划结合地形、景观和建筑功能特点，形成“三轴、四区、两核心”。三轴：贯穿南北区的人文主轴和南、北校区各自沿东西方向的人文次轴；四区：通过校园内部道路将南校区分为东侧的教学实训区和西侧的生活服务区；北校区分为东北侧的教学实训区和西南侧的体育运动区；两核心：南北校区建筑组团共同围合出两个中央大园林，形成开放共享的景观核心。

公共空间设计分析

两区以中央园林为核心，设置平台、连廊等景观步道，扩展了交流与学习空间。建筑群体围合成内部庭院，相对安静和私密，形成半开放公共空间。南北区之间的城市绿化带为校园提供另一开阔的空间，丰富和延伸了校园的公共活动。中央园林、院落空间、城市绿化带之间互为补充，相互渗透，构成了层次丰富的公共空间。

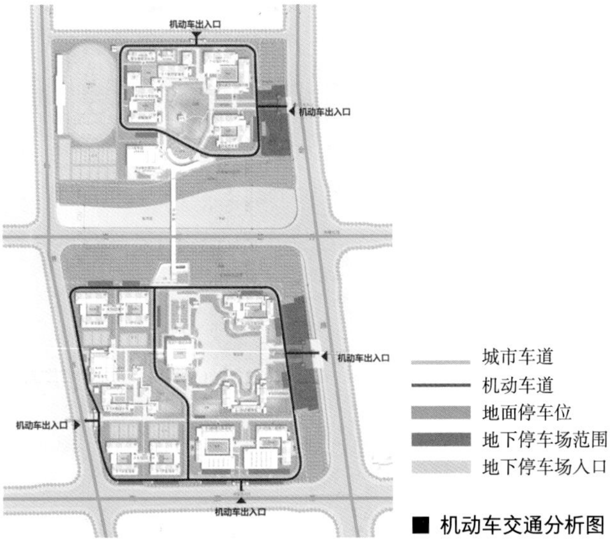
机动车出入口
机动车出入口
机动车出入口
机动车出入口
机动车出入口
城市车道
机动车道
地面停车位
地下停车场范围
地下停车场入口

■ 机动车交通分析图

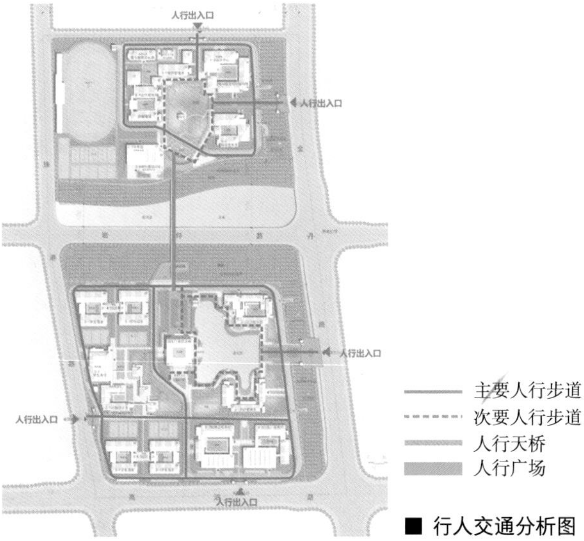
人行出入口
人行出入口
人行出入口
人行出入口
人行出入口
主要人行步道
次要人行步道
人行天桥
人行广场

■ 行人交通分析图

机动车交通组织原则

南区在东、西、南侧各设一个机动车出入口，校园与城市道路间设置外环机动车道，并在生活服务区与教学区之间设置机动车道，增强了行车的便捷性，最大限度降低对校园内部环境的干扰。北区在东、北侧各设一个机动车出入口，沿教学实训区外围设置环形车道，联系各功能组团。机动车道沿线灵活布置地面停车，同时在南北主入口附近设计地下停车库。

行人交通组织原则

南区在东、南、西、北四个方向均设置人行出入口，北区在东侧和北侧设置人行出入口。南北区均设计环形的绿化步道，方便到达各功能组团，并在主要校园出入口设置了人行广场；人行天桥联系南北校区，满足无障碍通行，并在天桥的南北两端均设置广场，方便集散。中央园林设置了栈道、亭台和平桥等景观步行系统，使得景观资源更有效利用。

项目亮点

设计理念

常德市环境优美，水绿交融，职教城的规划延续了绵延厚重的城市水绿文化。规划以环境育人为原则，将自然融入校园，以灵动的水作为规划的点睛之笔，南校区通过与城市贯通的水系作为景观中心，北校区则通过绿化中心，营造宜人的景观环境。南北校区和谐共生，形成水绿交融的校园空间，为师生提供良好的学习生活场所。

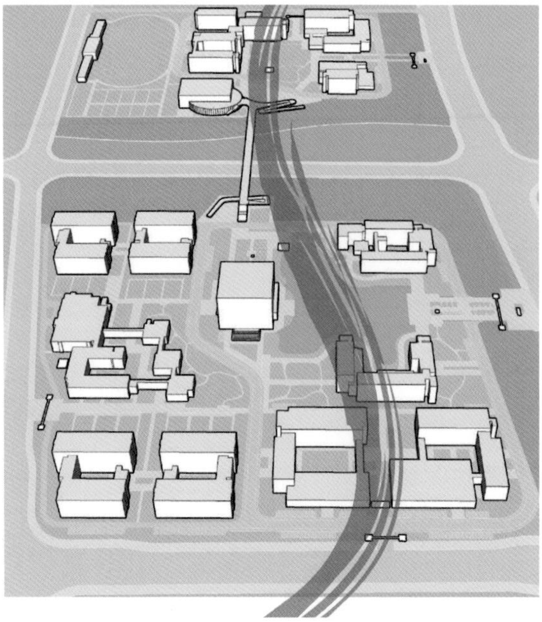

■ 水绿交融，环境育人

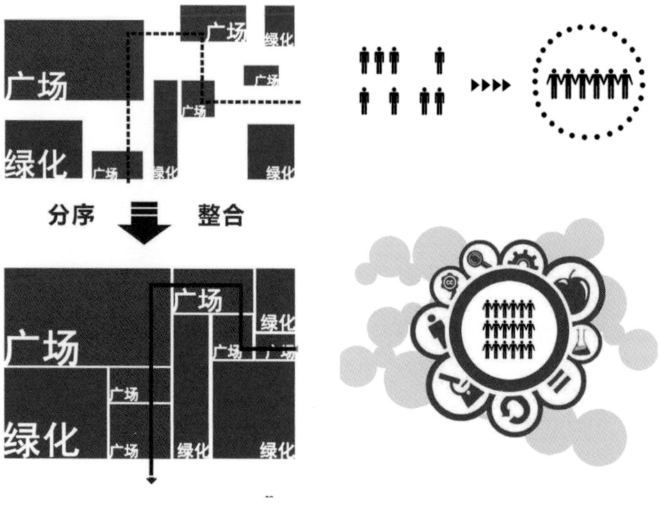

广场
绿化
分序
整合

■ 以人为本，共享交往

规划布局上借鉴中国传统园林造园手法，将古典园林进行现代演绎，建筑围合出大小不一、灵动自由的庭院。各院系进行组团化布置，以围合、半围合的方式形成层次丰富的庭院空间。各院系组团错落有致，又共同围合出南北校区两个中央园林。南校区中心沿着水面，北校区围绕中心绿化展开，与院系组团庭院之间相互融合，相互借景。建筑采用新古典风格，灰蓝色坡屋顶、红色墙面，比例和谐，与校园自然景观环境交相辉映，营造出宁静、经典、深厚的校园文化底蕴。

职业技术学校教育的目标在于开发和锻炼学生的品质和能力，鼓励学生课余走出课室，走出书本，参与各类活动与交流。规划通过对校园广场、绿地空间进行分序和整合，创造出连续、积极的校园步行网络，为师生营造各类开放、充满活力的交往空间。

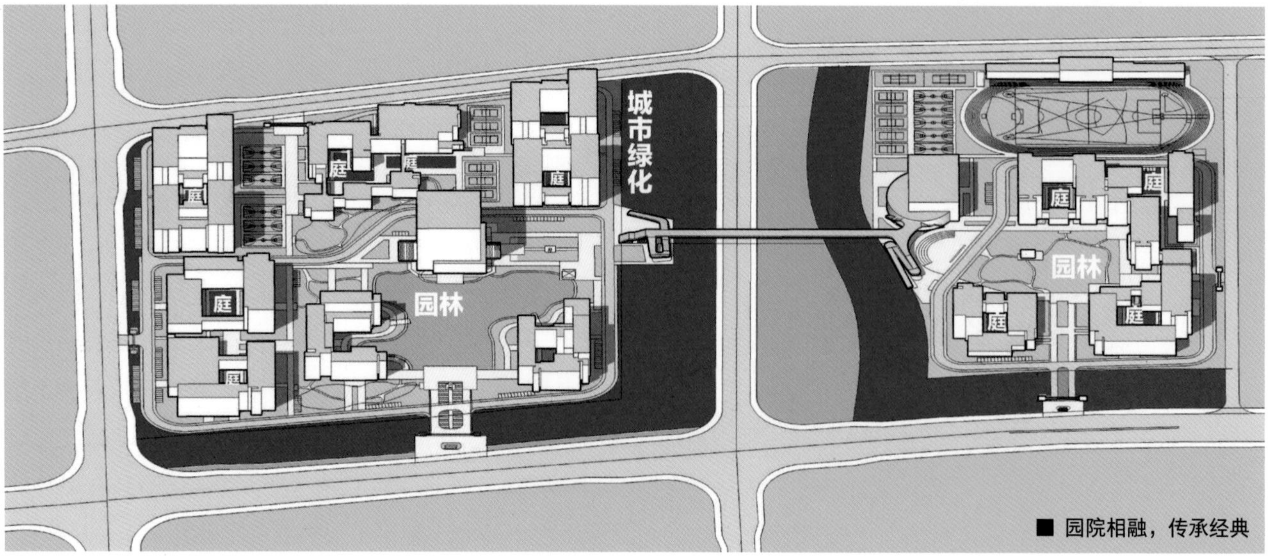

城市绿化
庭
园林

■ 园院相融，传承经典

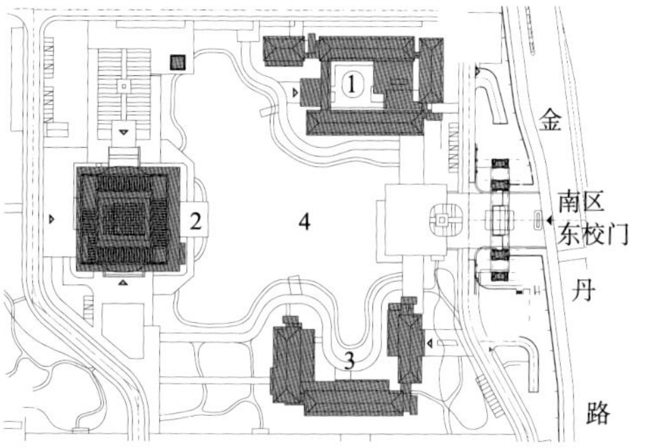
1
2
3
4
金
南区
东校门
丹
路

1 公共教学楼 2 图文行政综合楼 3 财经管理系 4 泽远湖

■ 南校区校园中心区总平面图

校园中心区

南校区中心区围绕中心湖面依次展开，包含主校门、主入口广场及中心湖面正对的图文行政综合楼、中心湖面东侧的公共教学楼、中心湖面西侧的财经管理系以及中心湖面西北侧的钟塔。各单体组团相互独立又互为因借，共同围合出较大尺度的校园中心水景及主入口广场，既实现了校园所需要的礼仪性广场中轴空间，同时曲线柔和的湖面、滨湖景桥及周边绿化又共同创造出环境宜人的休闲及游憩空间。

■ 图文行政综合楼

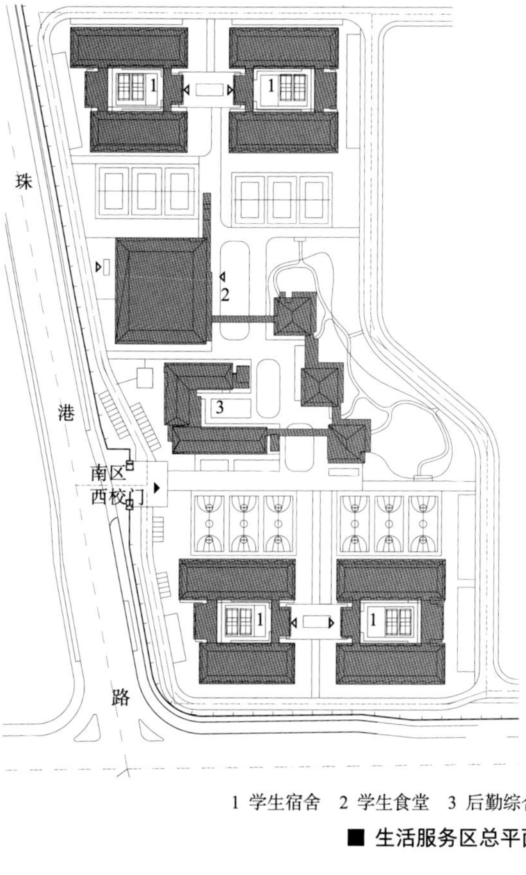
1
1
2
3
1
1
珠
港
南区
西校门
路

1 学生宿舍 2 学生食堂 3 后勤综合楼

■ 生活服务区总平面图

学生生活服务区

生活服务区位于南校区西侧，中部布置学生食堂及后勤综合楼，南北两侧布置学生宿舍，三个组团呈一字形排开，均呈庭院式布局，其中学生宿舍庭院相对封闭，食堂及后勤综合楼庭院尺度相对较大，且半开放式格局，结合错落有致的开放平台及连廊，有利于形成积极、共享的交流空间。整个学生生活服务区赋予相对独立和安静的环境，同时又能方便抵达图书馆、教学区及运动区。

■ 后勤综合楼庭院

■ 植草沟

■ 透水铺装

■ 蓄水池

■ 雨水花园

■ 海绵城市设计措施

项目进展及未来展望

常德财经职业技术学校位于常德市智慧谷园区内，作为国家级重点中等职业学校以及湖南省示范中等职业学校，学校建设被纳入常德市政府重点工程。学校建设遵循“统一规划，分期建设，分步实施”的原则，校园总占地28.4公顷，建筑面积约18万m^2，总投资约12亿元，一期建设为南校区，主要包含图文行政综合楼、公共教学楼、财经管理系、机械工程系、汽车工程系、学生宿舍、学生食堂及后勤综合楼；二期建筑为北校区，主要包含文体中心、服装设计系、旅游管理系、现代商贸系、继续教育学院及创客中心、青年教师周转房、运动场看台以及焊接楼，目前二期建筑单体土建已完工，二次装修部分在施工当中。南北校区建成将按中（大）专标准每年完成学历教育5000人，社会年培训人数20000人，为常德市会计、模具、汽车工程系、智能化制造系、酒店管理、旅游业等行业输送大批量高技能人才，为大力发展职业教育、完善常德现代教育体系作出了突出贡献。

学校建设在新技术革命的浪潮下，坚持创新的建筑理念和技术逻辑，设计中充分考虑绿色建筑以及海绵城市理念。绿色建筑设计上，项目按照本地适用、被动节能、低成本的技术路线，并结合实际情况进行设计，主要体现在以下几个方面：一是通过优化场地内日照、采光、通风效果，提高场地内的自然通风能力和环境空气质量；二是Low-e中空玻璃、高效空调设备、用能设备及器具的选择降低了建筑整体的运行能耗；三是电梯均采用能量再生反馈技术的节能型电梯，并采用并联或群控控制、轿厢无人自动关灯、变频等技术。海绵城市设计上，为响应常德市海绵城市建设要求，校园建设采用低影响开发雨水系统、城市雨水管渠系统及超标雨水径流排放系统，按照因地制宜和经济高效的原则，以不同形式布置低影响开发设施，主要有透水铺装、绿色屋顶、下沉式绿地、渗透塘、调节塘、植草沟等。通过各种创新的规划及建筑设计理念，力求为常德打造一座可持续发展、环境优美、教学优质的全国示范性职业技术学校。

湖南工贸技师学院规划设计

PLANNING OF HUNAN TECHNICIAN COLLEGE OF INDUSTRY AND COMMERCE

华南理工大学建筑设计研究院有限公司

项目简介

湖南工贸技师学院是一所以培养高技能人才为主要目标的高等职业院校，是世界技能大赛国家集训基地、国家综合职业培训基地、国家机电类职业技能鉴定所、全国职工职业（工种）技能实训基地、全国高技能人才培训基地、湖南省高技能人才培训基地、湖南省职业技能竞赛基地、湖南省技师培训鉴定点和湖南省创业培训基地。

1958 年，学院前身株洲市劳动局工人技术学校成立。2010 年，经湖南省人民政府批准，建立湖南工贸技师学院，实现了进入技工教育最高层次的关键跨越。2011 年 9 月 19 日，学院整体乔迁至株洲云龙示范区，成为湖南株洲职教大学城首家入驻院校。学院新校区占地 302 亩，建筑面积 138678m^2。

近年来，学院构建了涵盖中技工、高技工、技师、高级技师和短期培训、对口升学、大学生技能提升以及创业培训等多元化办学体系，形成了以数控、模具、电气、焊接等专业组成的示范专业群和以装饰设计、通用航空技术、电商物流以及工业机器人、3D 打印、低空无人机等专业组成的特色专业群。

学院设有现代制造系、电气信息系、机械工程系、建筑装饰系、经贸物流系、通用航空系 6 个教学系，现有教职工 291 人，全日制在校学生 5500 余人。

项目概况

项目名称：湖南工贸技师学院规划设计
建设地点：湖南省株洲市云龙示范区
设计 / 建成：2009 年 /2012 年
用地面积：16.12 公顷
占地面积：3.24 万 m^2
建筑面积：13.88 万 m^2
建筑密度：20.1%
容积率：0.86
绿化率：38.57%
在校生总体规模：5500 人
建设单位：湖南工贸技师学院
设计单位：华南理工大学建筑设计研究院有限公司
主创设计师：陶郅、杨勐
合作设计师：吕英瑾、刘琮晓、李晖浩、许伟荣

■ 鸟瞰图

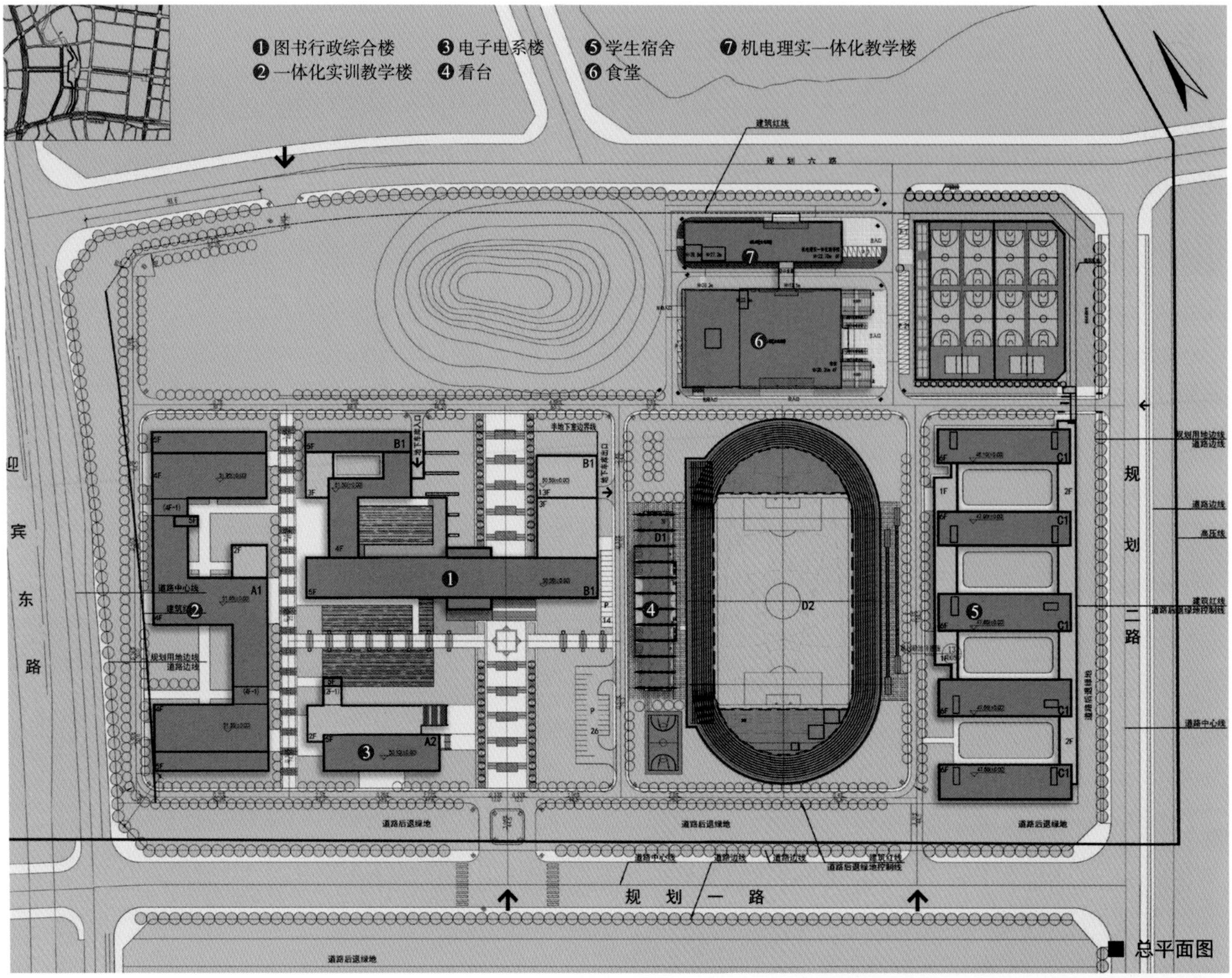
❶图书行政综合楼
❷一体化实训教学楼
❸电子电系楼
❹看台
❺学生宿舍
❻食堂
❼机电理实一体化教学楼
迎宾东路
规划一路
规划二路
■ 总平面图

■ 校区入口透视图

项目亮点

规划思路

方案并非停留于表层与指标性的物质形态规划之上，通过对株洲地域精神的深层次发掘，设计认为独特的地理形态特征造就了株洲的整体文化意蕴。

本案以此为思路，方案采用“点—线—面”整体设计的模式，将建筑组群与自然山水形态有机融合，尊重和呼应了现有地形的特征，追求建筑在自然环境中的适度自由表现，并通过轴线和环形路网增强其秩序感，从而使规划在发展中保持统一和山水景观与校园生活和谐完美。

轴线系统的总体控制

多轴线控制校园总体的建筑布局。学术轴、生活轴、共享轴呈现平行向心的带状模式，形成以共享区为中心，共享区、学生生活区、教学科研区在空间上依次向外排列的内聚型布局。这种模式使同种教育资源在一定区域内集聚，有利于资源的集约化利用。并且做到以学生的活动为主体，使学生与教学区和共享区的接触距离缩短，提高共享区和教学区的资源利用率。

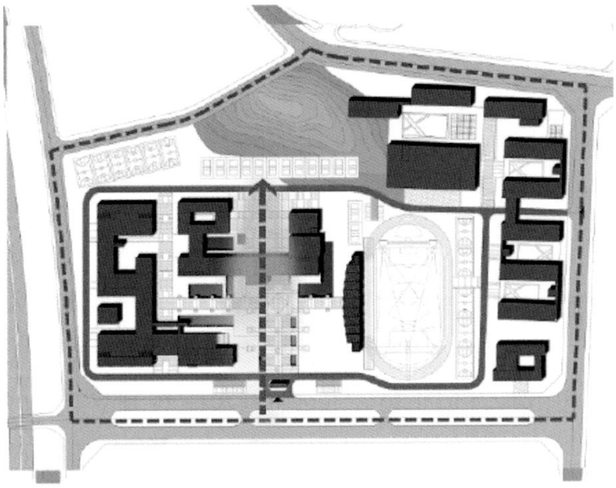

■ 规划思路示意图

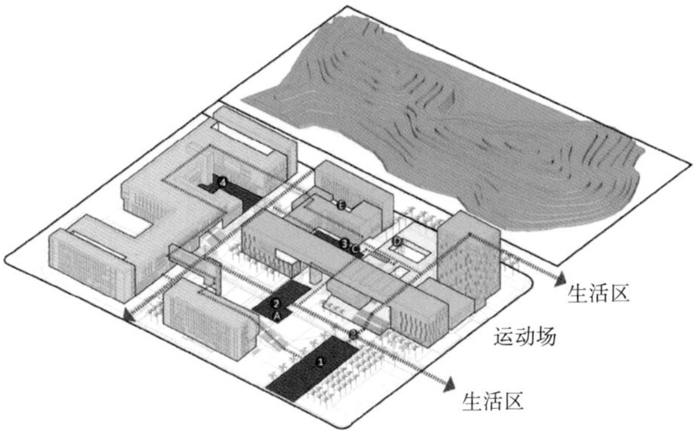
生活区
运动场
生活区

■ 轴线示意图

■ 教学楼、行政楼实景图

适应地形要求的集约化建筑布局

为了向校园提供尽可能多的大面积集中绿地和开放空间以及多样性的休闲娱乐场所，规划采用集约化的建筑布局。规划中将公共教学楼、实训车间等不同使用功能的建筑相互组合，在尊重现有地形地貌的前提下，构成具有多种使用功能和空间丰富的建筑综合体，形成一个集约化的核心教学区建筑群落。集约化的布局使建筑物之间的联系密切，学生在课间转换教室的路线更加便捷。电力、通信、网络设施的铺设更加经济，尽最大可能体现“资源节约”，同时建筑连续交错叠加形成更加复杂的内部空间和外部环境，使建筑群体的层次更加丰富，空间更加多变。

■ 食堂实景图

■ 图书馆入口

■ 行政楼连廊

■ 报告厅透视图

一体化教室

规划将分置的不同功能建筑通过底层平台或架空连廊串联成综合体。图书行政综合楼通过半地下车库和混凝土梁架将西侧两个系的教学楼和东侧的图书馆、行政楼、报告厅连成整体。教室和实训中心的结合十分紧密，教室和车间平行排列，使建筑体型显得较为敦实，大体量建筑均质排列使总图布局偏于呆板，通过对平面进行各种组合后，改变教学楼和实训车间组合的固有模式，以一种灵活的组合方式在满足使用要求的前提下，营造灵活生动的校园中心区景观，体现现代化教学新型模式。

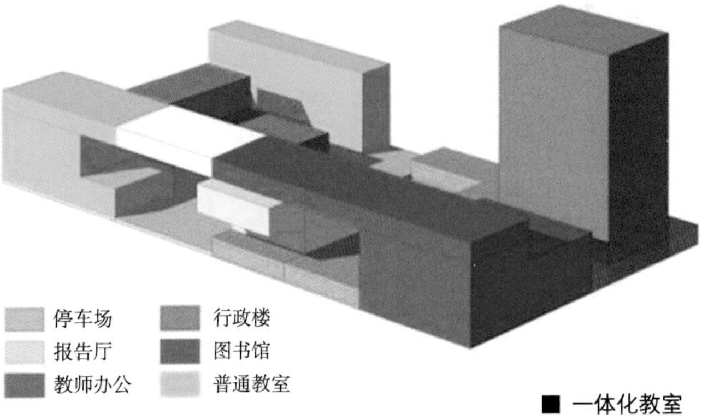
停车场
行政楼
报告厅
图书馆
教师办公
普通教室

■ 一体化教室

■ 宿舍立面

生活区

生活区位于校区的东部，包括学生食堂、交流中心和宿舍。整体布局打破了传统学生公寓军营式的排列，再利用院落的围合附加小广场、绿化、小品等来营造温馨生活气息，在宿舍楼之间的空地穿插运动设施，丰富学生的娱乐活动。

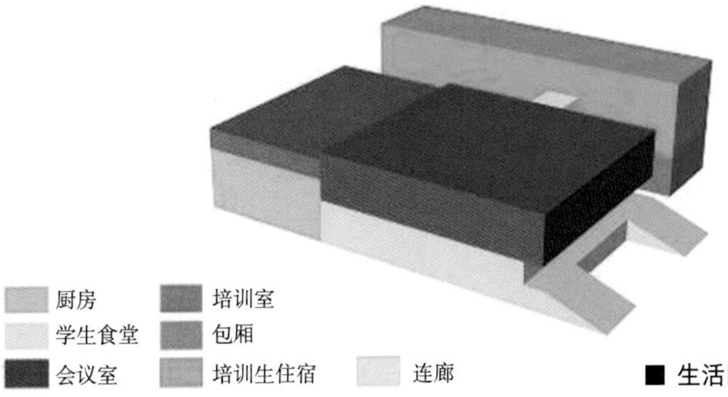
厨房
培训室
学生食堂
包厢
会议室
培训生住宿
连廊

■ 生活区

■ 实验中心半鸟瞰

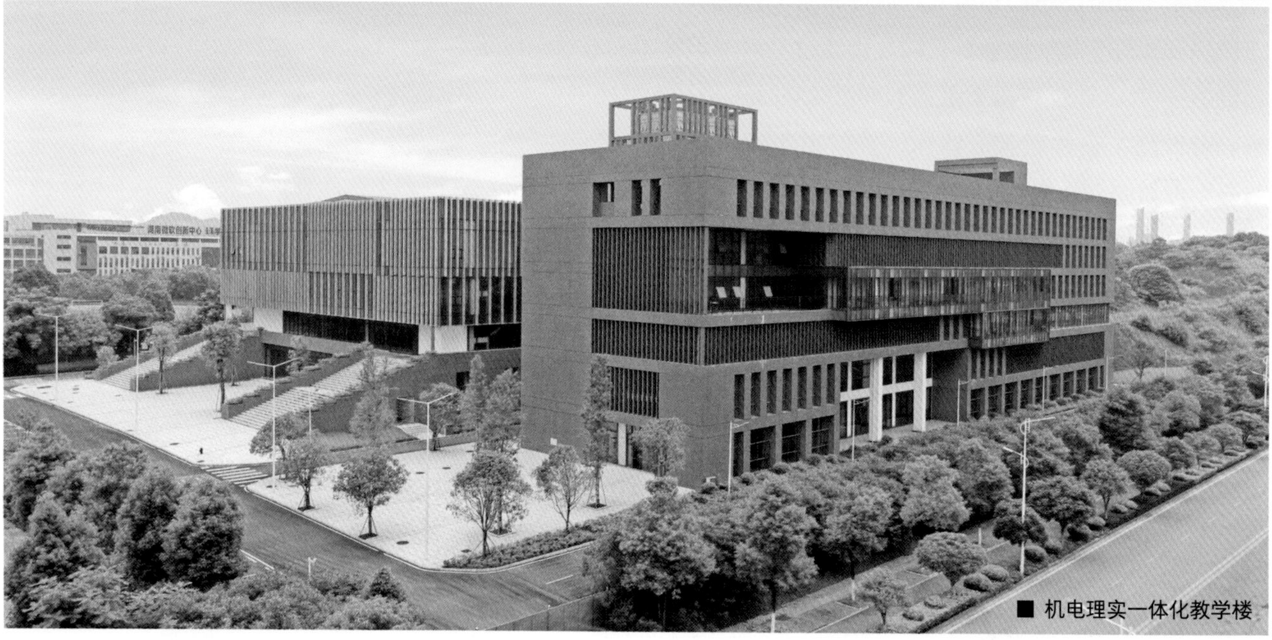

■ 机电理实一体化教学楼

实训特色

采用立体化的开发模式是校园建设的发展趋势，能在有限的用地上提高校园紧凑度。设计运用在同一建筑单体中将空间和功能差异巨大的功能房间通过左右并置与上下叠合两种模式进行功能复合，以适应不同教学模式的频繁转换。在不同功能空间的结合部位设置讨论室、报告厅、展览、庭院等公共空间，满足课间交往休闲的需求，高楼层课间的户外活动通过局部天井解决。

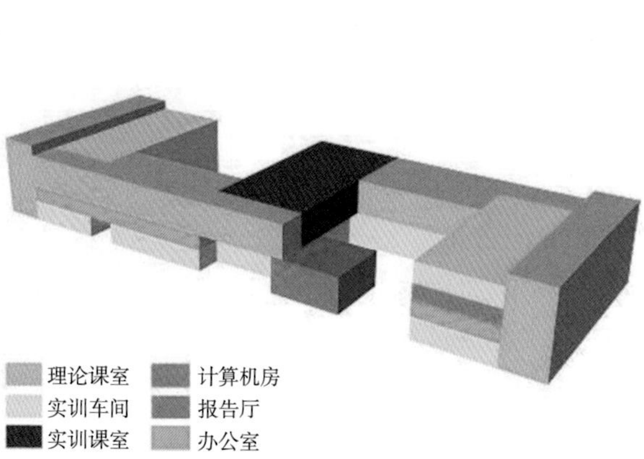
理论课室
计算机房
实训车间
报告厅
实训课室
办公室

■ 实训楼

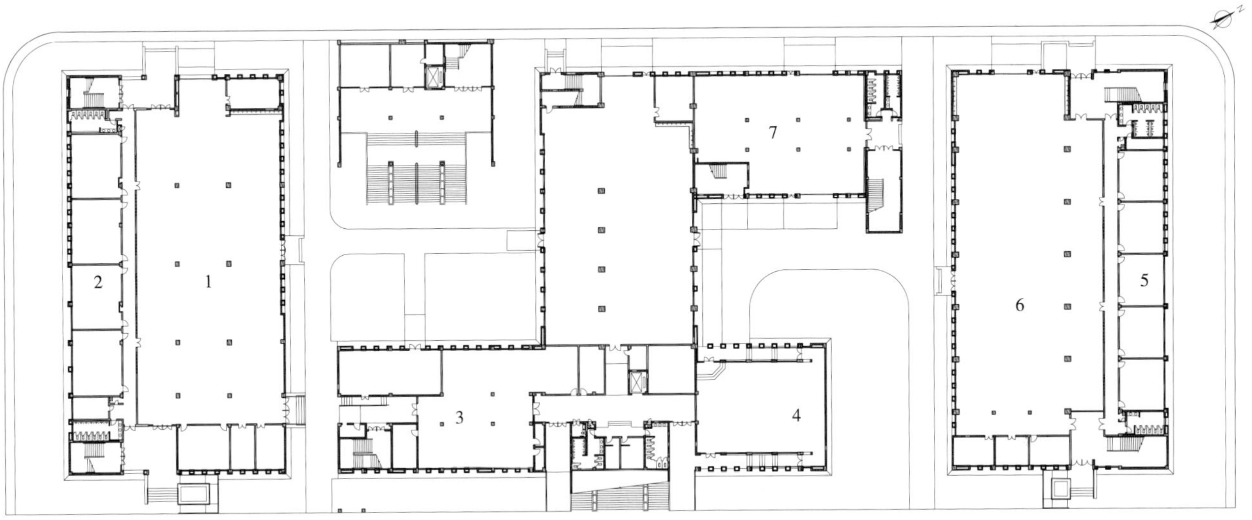

1
2
3
4
5
6
7

1 数控车间　3 数控维修　5 教室　7 汽修车间
2 设计机房　4 阶梯教室　6 钳工模具实训

■ 实训楼一层平面图

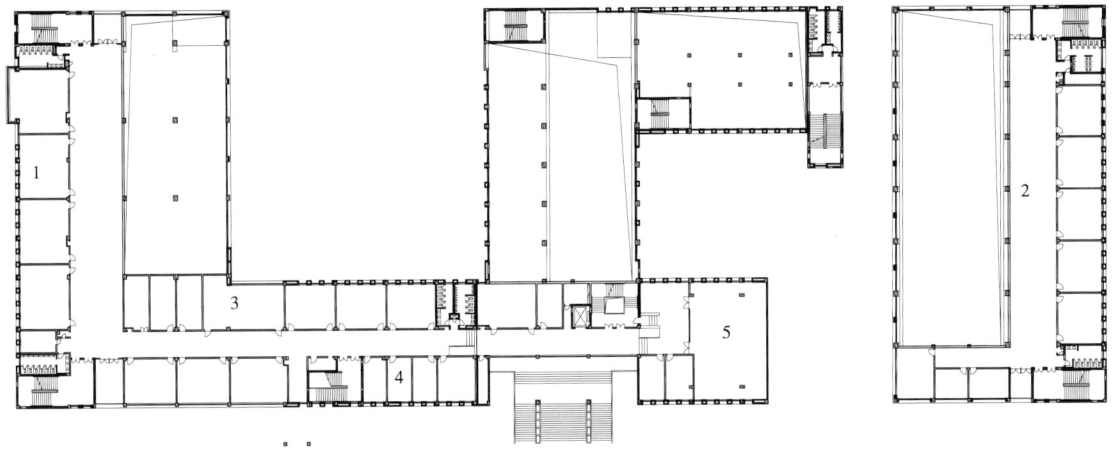

1
2
3
4
5

1 教室　3 实验区　5 作品陈列室
2 展览区　4 办公

■ 实训楼二层平面图

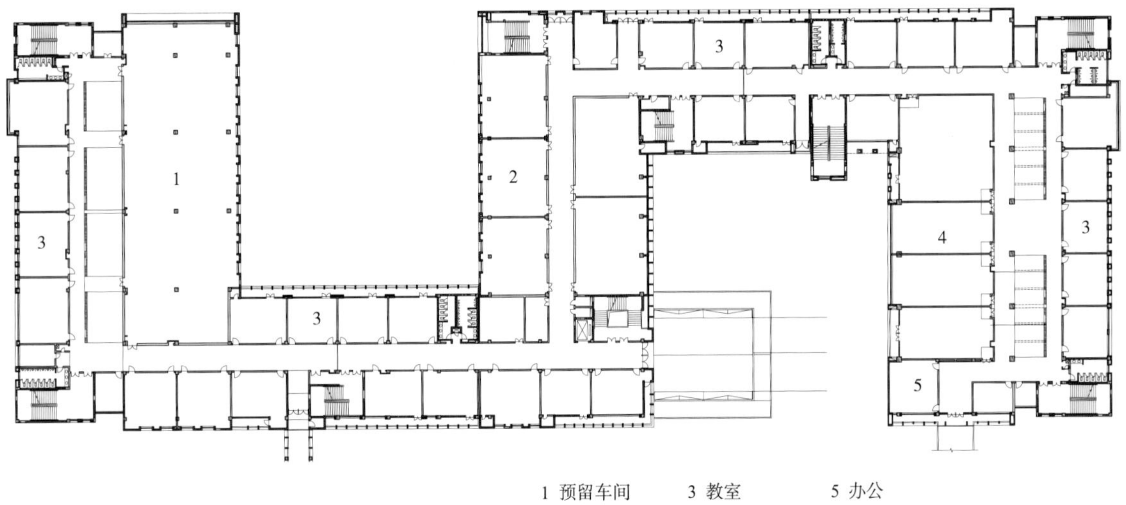

1
2
3
4
5

1 预留车间　3 教室　5 办公
2 钳工实训　4 机房

■ 实训楼三层平面图

■ 庭院景观

■ 实验中心东侧透视图

■ 连廊透视图

■ 实训场所 1

新青年 新技能

■ 实训场所 2

项目进展及未来展望

20 世纪 90 年代西方学者提出了“紧凑城市”理论，旨在解决城市的无序蔓延、实现城市的可持续发展。紧凑城市提倡一种用地适度紧凑，功能混合，社会、文化、经济具有多样性，并且有安全的步行系统和良好的生态环境的城市规划原则，其核心是紧凑度和多样性的统一。

紧凑校园的设计从校园与城市的关系出发，将校园融入城市形成一个有机的整体；根据节地原则高效利用土地，通过一体化设计手法形成紧凑的建筑空间；功能的适度混合营造出多样化的校园场所，最终形成紧凑高效、多样丰富的校园环境，促进交叉学科的发展，提升师生学习生活的幸福感。

湖南铁路科技职业技术学院规划设计

PLANNING OF HUNAN VOCATIONAL COLLEGE OF RAILWAY TECHNOLOGY

华南理工大学建筑设计研究院有限公司

项目简介

湖南铁路科技职业技术学院是经湖南省人民政府批准、教育部备案设立的公办全日制高等学校，由株洲市人民政府举办，湖南省教育厅业务管理。学院前身是株洲铁路机械学校，成立于1956年，由原铁道部批准设立，广州铁路局主管，期间于1958年更名为株洲铁道学院，举办本科教育，后因国家院系调整恢复举办中专，2005年开始举办高等职业教育，主要为铁路运输行业培养专门人才。办学以来，培养各类大中专毕业生10万多人，分布在包括我国香港地区在内的全国各地铁路和地铁线上，成为我国铁路运输行业的中坚力量。

学院位于株洲市国家两型社会建设示范区——云龙新区的湖南（株洲）职业教育科技园、长沙—株洲高速（S21）株洲出口2km处，距长沙黄花国际机场、高铁长沙南站、高铁株洲西站、普铁株洲站的距离均在30分钟左右车程。学院校园占地41万m^2，建筑面积24万m^2，拥有1栋公共教学楼、6栋专业实训楼、1座图书馆、1栋体育活动中心、1栋学生活动中心、1栋大学生创新创业中心和1栋职工培训楼。学生宿舍公寓化，校园内有线＋无线网络全覆盖，智慧化、人文化、生态化、两型化校园为全体师生提供一流的教学、工作、生活环境。

项目概况

项目名称：湖南铁路科技职业技术学院规划设计
建设地点：湖南省株洲市云龙示范区
设计 / 建成：2007年 /2009年
用地面积：409589.9m^2
占地面积：51500m^2
建筑面积：224500m^2
建筑密度：13.0%
容积率：0.55
绿化率：37%
在校生总体规模：11000人
建设单位：湖南铁路科技职业技术学院
设计单位：华南理工大学建筑设计研究院有限公司
主创设计师：陶郅、杨勐
合作设计师：吕英瑾、李晖浩、许伟荣

■ 鸟瞰图

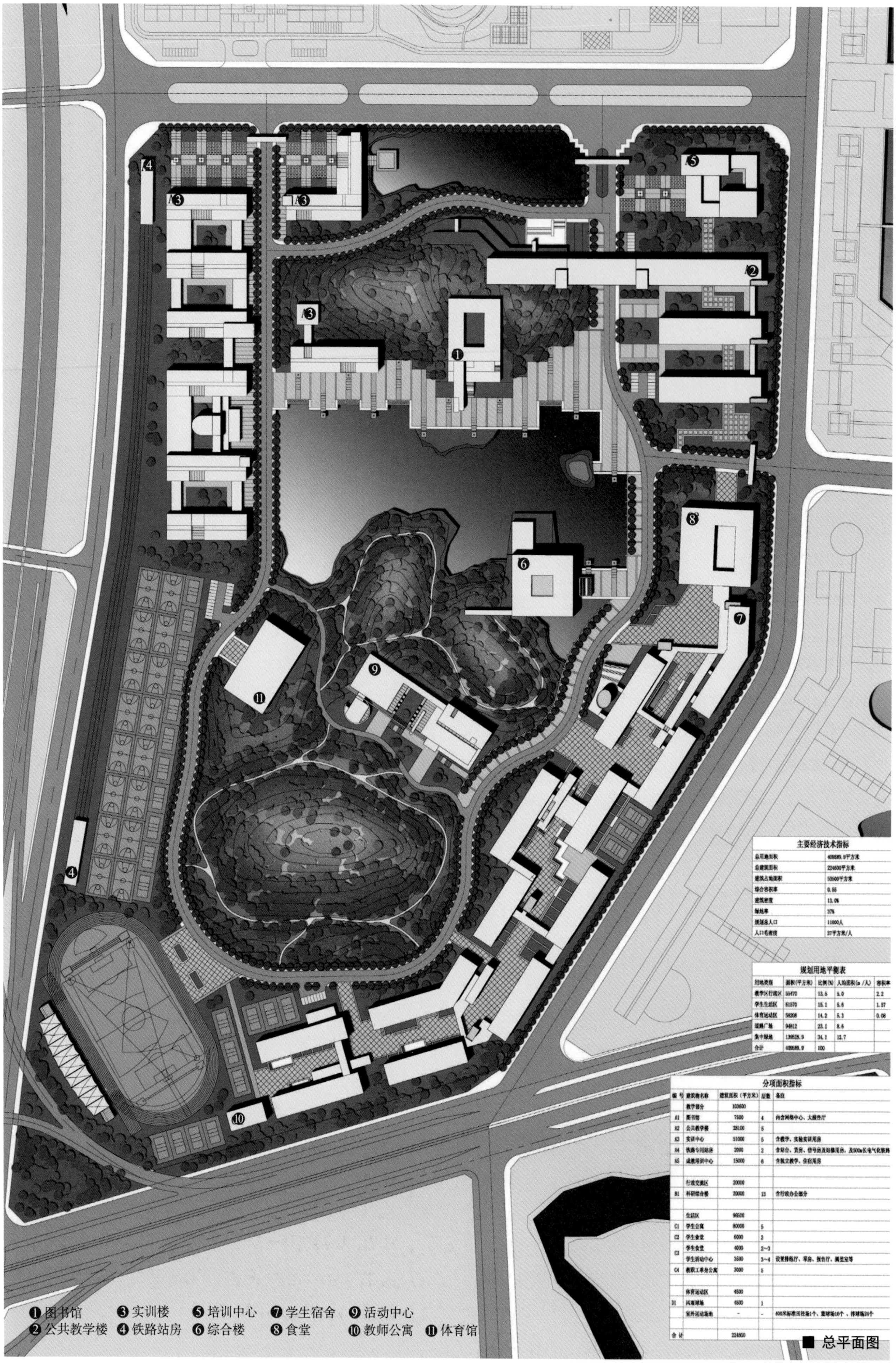
❶图书馆
❷公共教学楼
❸实训楼
❹铁路站房
❺培训中心
❻综合楼
❼学生宿舍
❽食堂
❾活动中心
❿教师公寓
⓫体育馆

主要经济技术指标

总用地面积	409589.9平方米
总建筑面积	224600平方米
建筑占地面积	53500平方米
综合容积率	0.55
建筑密度	13.0%
绿地率	37%
规划总人口	11000人
人口毛密度	37平方米/人

规划用地平衡表

用地类别	面积(平方米)	比例(%)	人均面积(m /人)	容积率
教学区行政区	55470	13.5	5.0	2.2
学生生活区	61570	15.1	5.6	1.57
体育运动区	58208	14.2	5.3	0.08
道路广场	94812	23.1	8.6	
集中绿地	139528.9	34.1	12.7	
合计	409589.9	100		

分项面积指标

编号	建筑物名称	建筑面积（平方米）	层数	备注
	教学部分	103600		
A1	图书馆	7500	4	内含网络中心、大报告厅
A2	公共教学楼	28100	5	
A3	实训中心	51000	5	含教学、实验实训用房
A4	铁路专用站房	2000	2	含站台、货房、信号房及站修用房，及500m长电气化铁路
A5	成教培训中心	15000	6	含独立教学、住宿用房
	行政交流区	20000		
B1	科研综合楼	20000	13	含行政办公部分
	生活区	96500		
C1	学生公寓	80000	5	
C2	学生食堂	6000	2	
C3	学生食堂	4000	2~3	
C3	学生活动中心	3500	3~4	设置排练厅、琴房、报告厅、阅览室等
C4	教职工单身公寓	3000	5	
	体育运动区	4500		
D1	风雨球场	4500	1	
	室外运动场地	-	-	400米标准田径场1个、篮球场16个 、排球场24个
合计		224600		

■ 总平面图

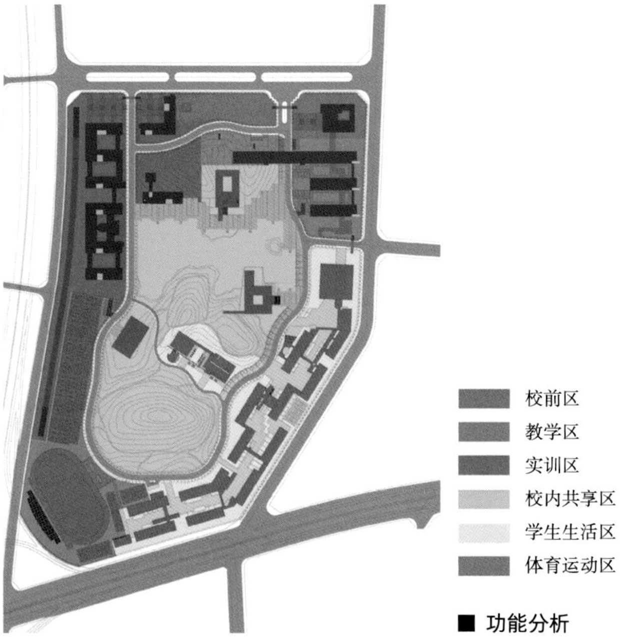
校前区
教学区
实训区
校内共享区
学生生活区
体育运动区

■ 功能分析

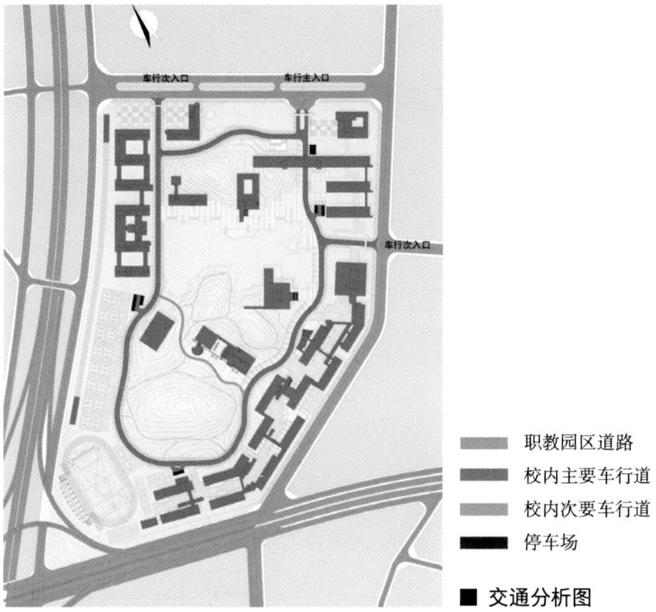
车行次入口
车行主入口
车行次入口
职教园区道路
校内主要车行道
校内次要车行道
停车场

■ 交通分析图

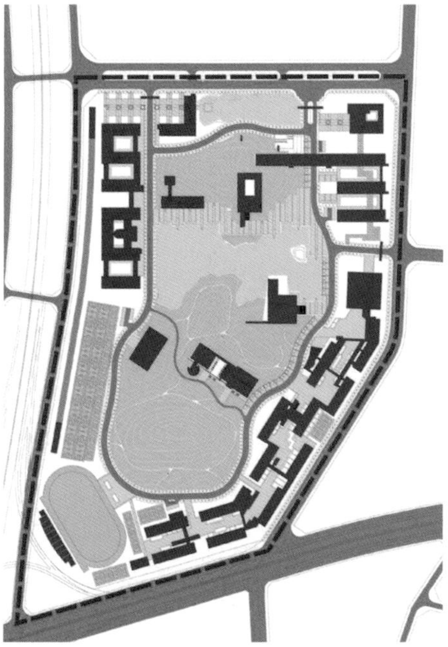

■ 景观分析图

项目亮点

功能分析

新校区从职业学校的特点出发，因地制宜，合理利用现有场地资源，形成一种灵活、有机的布局形态，采用共享融合等规划策略。

新校区主要功能分区为：校前区、教学区、实训区、校内共享区、学生生活区和体育运动区。

交通分析

出入口设计：校园北侧道路为园区的公共服务轴，建筑物退让出较大的广场形成礼仪性主入口，以一组标志性的校前区建筑群体现校园的整体形象。在东南侧设置功能性入口连接职教城中心服务区，方便生活区直接对外。同时在基地北侧设置校园次入口。

车行道路系统：校级主干道：主干道 12m 宽（机动车双车道 8m，两边人行道各 2m）作为环道连接各个功能分区。

停车：校内的机动车停车主要采用分散方式设置，设置在建筑物的周边，既方便使用，同时避免对校内的景观产生负面影响。自行车停车分散布置，结合教学区的部分架空和场外停车来解决。

景观分析

环境始终是校园空间视域的主角，通过自由流畅的道路系统和蜿蜒活泼的水体形成轻快活泼的校园结构，山体则成为校园的背景和轴线的对景。在景观设计中强调尊重现有地形生态环境，将建筑群与自然山水地形有机融合。校前区留出水体与职教城的绿化轴线呼应，同时缓和道路与保留山体的衔接。三个主次入口的视线最终都结束于中心区山环水绕的宜人景观。硬质铺地转变为水系的蜿蜒环绕，理性仪式性空间转变为感性的休闲性场所，既暗示了校园功能区域从外到内的自然过渡，也暗示了湖南地区丘陵地貌丰富多样的地理环境与三湘四水所孕育的湖湘文化。

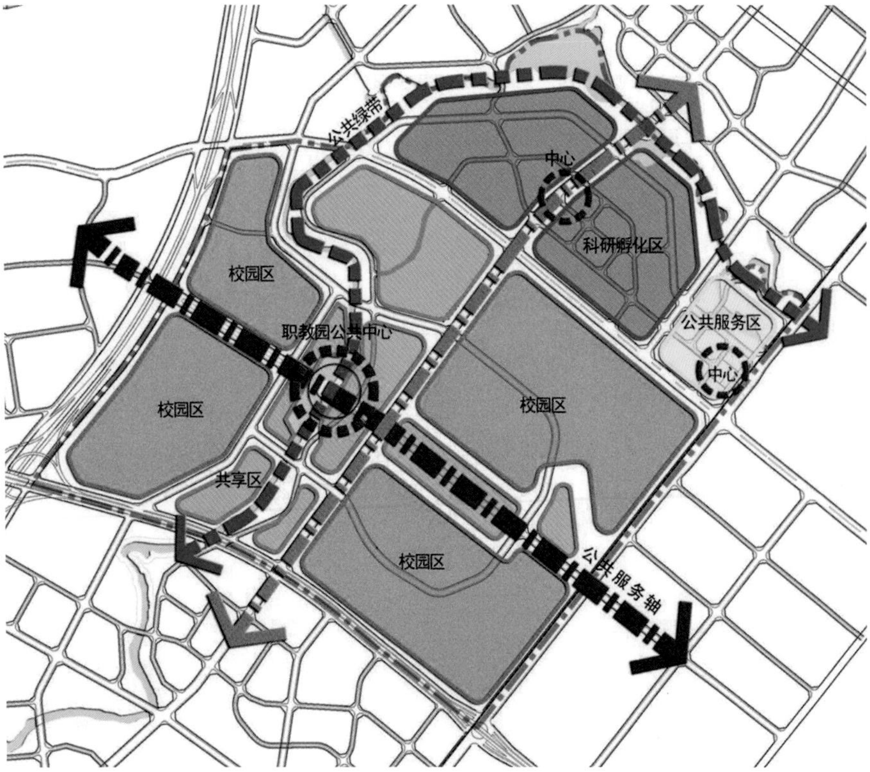
公共绿带
中心
科研孵化区
校园区
职教园公共中心
公共服务区
中心
校园区
校园区
共享区
校园区
公共服务轴

■ 向心平行带状模式

园院互动 资源共享

由于新校区用地紧邻共享区，更加便于实现学院与园区的互动，实现实训基地共享、师资力量共享、培训基地共享以及实验设备共享的总体规划思想。在规划中采用向心平行带状模式，形成共享区为中心，共享区、学生生活区、教学科研区空间上呈平行的带状，依次向外排列的内聚型布局。做到以学生的活动为主体，使学生与教学区和共享区的接触距离缩短，提高共享区和教学区的资源利用率。

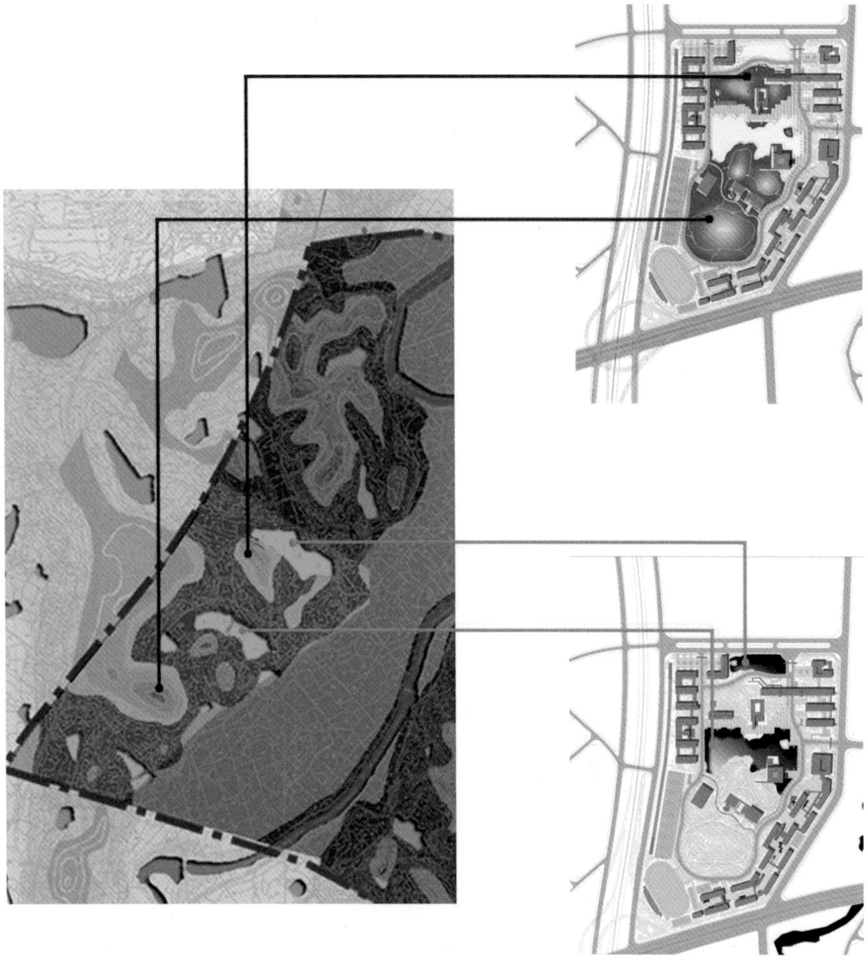

■ 环境友好的生态格局

生态优先 环境友好

以尽可能保留原有生态格局为指导思想，强调人与自然的和谐共生，充分尊重现有地形地貌，保留原有地理景观，建筑则依山就势，使整体严谨而理性的规划融入蜿蜒的原有山水形态之内，强调了自然景观环境对校园空间结构的决定意义，完成了对湖南典型丘陵地貌的回应。通过建筑和景观的深层次对话，使整个校园景观充满了艺术张力，体现了湖南特有的地域精神，表达了环境友好的设计初衷。

组团设计

共享区

校内共享区位于山水环抱的校园中心区域，为整个校园功能与景观的核心，区内主要建筑图书馆、科研综合楼和风雨操场及其高度与体量控制整个校园空间格局。

■ 湖边江景

生活区

生活区位于校园西南方向，包括学生食堂、澡堂、活动中心、宿舍组团和后勤设施。内街的设计打破了传统学生公寓的军营式排列，再利用节点的处理，附加的水体，绿化、小品等来营造温馨生活气息，在宿舍楼之间的空地穿插运动设施，丰富学生的娱乐活动。

■ 学生宿舍透视图

学院采用与用人单位“双主体”育人的办法，由用人单位全程参与培养、检查和考核，大部分学生实行“订单”或者“定向”培养，实施半军事化管理，采取“毕业证＋技能证”双证毕业制，铁路和城市轨道交通专业主要面向高速铁路、普速铁路、城际铁路、城市地铁以及大型厂矿企业专用铁路运营领域就业，其他专业面向铁路和城市轨道交通装备制造企业、国有大型企业、上市公司和成长型中小企业就业。

学院与广州铁路集团总公司合作建设的铁路综合实训（培训）基地线路总长近3000m，使用全真实铁路线上在用设备器材进行教学化改造，其中通信信号基地是广铁集团在公司外与学校共建的唯一基地，可以满足高速铁路、普速铁路和城市地铁各专业的学生实训、职工培训及技能比武、考证需要。与中车电气股份有限公司合作建设的城市轨道交通试验线，是培养轨道交通未来人才的基地。与中国铁建、西南交通大学和肯尼亚铁路学校合作建设的肯尼亚铁道学院，与马来西亚吉隆坡大学合作建设的吉隆坡大学铁道学院，是伴随“一带一路”战略走出去，培养东非和东南亚铁路人才的基地。

实训中心位于校园北侧，东北端退让出次入口广场，使沿长株迎宾大道望向共享区的视野更加开阔，强化共享区的公共服务轴线。西南端隔湖相对校园东南侧功能性入口，作为这一轴线的对景建筑。

■ 轨道交通综合实训基地 1

■ 轨道交通综合实训基地 2

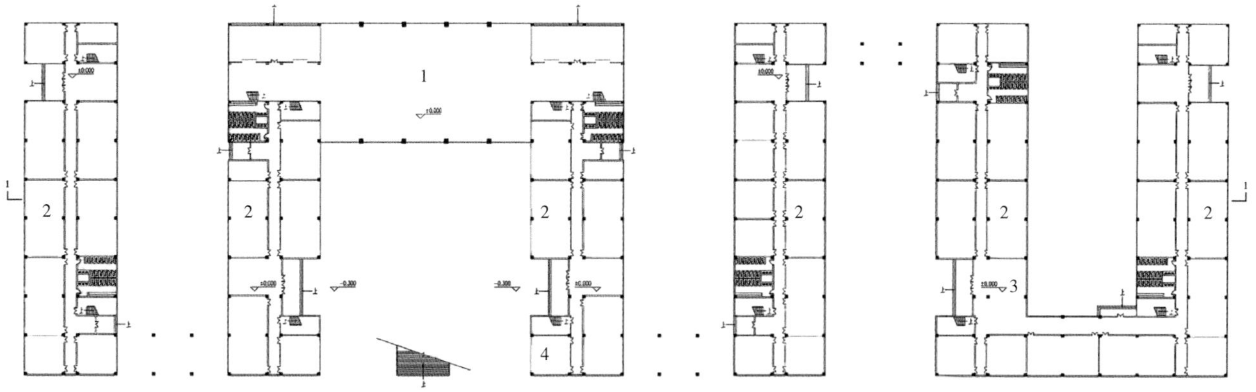
1
2
3
4
±0.000
-0.300

1 单层车间　　3 门厅
2 实习车间　　4 实验室

■ 实训楼一层平面图

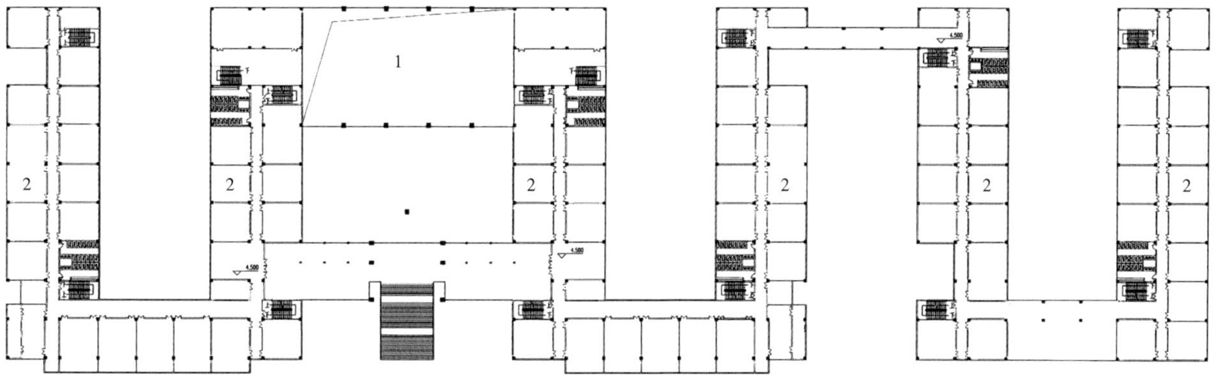
1
2
4.500

1 单层车间上空
2 实验室

■ 实训楼二层平面图

轨道交通综合实训基地

■ 轨道交通综合实训基地

校园中心景观环境

实训场所 1

实训场所 2

项目进展及未来展望

在规划设计中，将建筑融于自然，但不屈就自然，创造出一种有机生长的动态，创造与自然和谐共生的关系。校园中心区位于较校前区更为壮丽开阔的山水背景之中。科研综合楼、图书馆、风雨操场等点式的建筑形体与环境共同构成中心区最重要的图底关系，其中科研综合楼以其独立的体量和高度成为本区域的核心。配合围绕中心景观区的校园环道理性分隔校区用地，教学区、实训区、校前区、体育运动区和生活区在湖光山色之间依次展开，共同组成一个有机的校园整体。

东莞职业技术学院校园规划设计

PLANNING OF DONGGUAN POLYTECHNIC

华南理工大学建筑设计研究院有限公司

项目简介

东莞职业技术学院选址在松山湖产业园区，基地呈比较规则的四边形。地块内部现状约有 1/4 的水面，周边环境优美，尤其是大面积的中心水面，对学院的环境优化起到积极作用。东莞职业技术学院以全日制大专学历高职教育为主，学制三年。同时兼顾各类短期培训教育，在校生 10000 人规模。

项目着眼于 21 世纪高等职业技术的发展趋势和学院可持续发展的客观要求，力争把学院建设成为现代制造业高技能人才的培养基地。整个校园功能分区明确，布局合理，各分区既相互独立又紧密联系。校园内部交通系统合理组织，实现人车分流。规划方案适应先进的高等职业教育的发展模式，多层次地营造校园交往空间，使职业教育的空间不局限在课堂内，达到环境育人的效果。

规划设计遵从生态化校园、现代化校园、整体化校园和可持续校园的指导思想，融建筑、水系、坡地、绿地、园林和人文景观为一体，形成有利于人才培养的自然人文环境和有特色的校园文化氛围。

项目概况

项目名称：东莞职业技术学院校园规划设计
建设地点：广东省东莞市
设计 / 建成：2007 年 /2009 年
用地面积：55.4 公顷
建筑面积：33.08 万 m^2
占地面积：9.6 万 m^2
建筑密度：19.5%
容积率：0.60
在校生总体规模：10000 人
建设单位：东莞职业技术学院
设计单位：华南理工大学建筑设计研究院有限公司
主创设计师：何镜堂、梁海岫、刘宇波、陈勇
奖项信息：2013 年广东省优秀工程勘察设计一等奖
2013 年全国优秀工程勘察设计二等奖
2013 年岭南特色建筑设计铜奖

■ 鸟瞰图

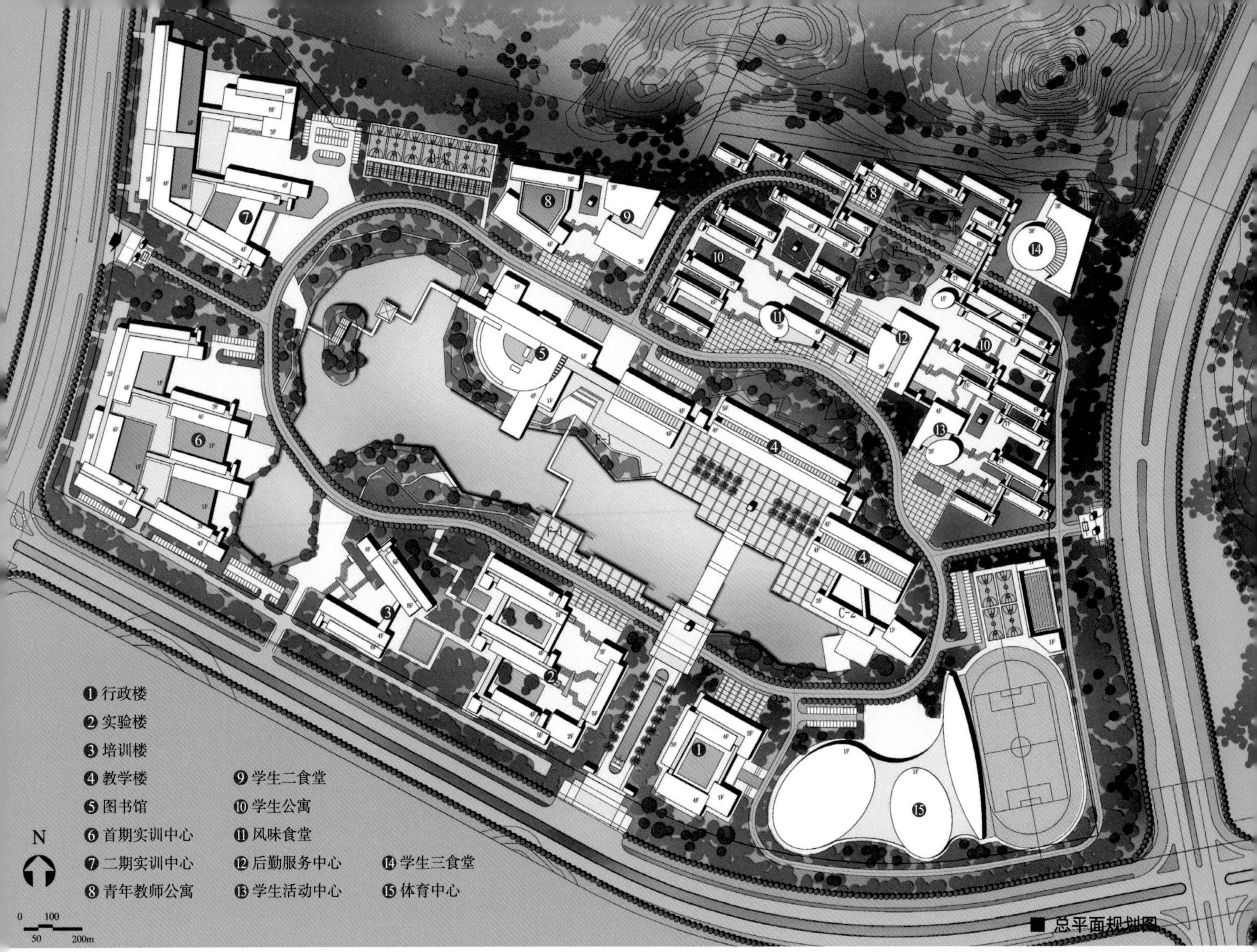

❶ 行政楼
❷ 实验楼
❸ 培训楼
❹ 教学楼
❺ 图书馆
❻ 首期实训中心
❼ 二期实训中心
❽ 青年教师公寓
❾ 学生二食堂
❿ 学生公寓
⓫ 风味食堂
⓬ 后勤服务中心
⓭ 学生活动中心
⓮ 学生三食堂
⓯ 体育中心
N
0 100
50 200m

■ 总平面规划图

■ 中轴水景鸟瞰

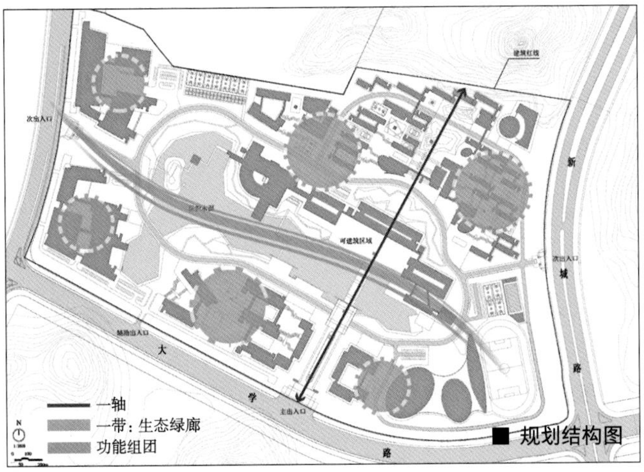
一轴
一带：生态绿廊
功能组团
大学路
新城路
■ 规划结构图

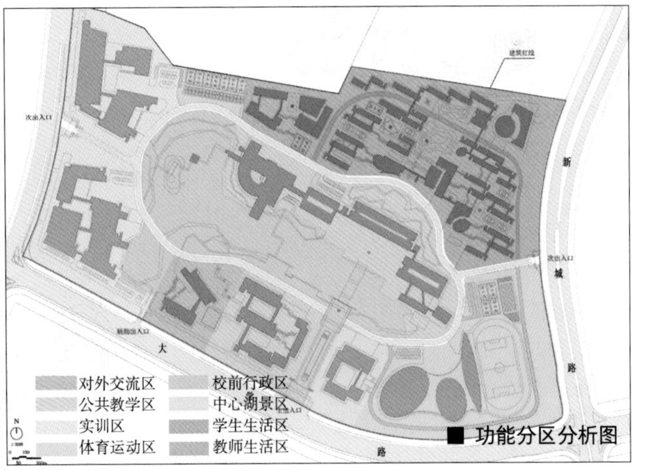
对外交流区
公共教学区
实训区
体育运动区
校前行政区
中心湖景区
学生生活区
教师生活区
大学路
新城路
■ 功能分区分析图

项目亮点

规划结构

校园整体布局依托生态湖泊和水系，布局为“一轴一带多组团”的规划结构，以系统的开放空间来加强校区的整体性。“一轴”是指南北主入口的礼仪学术轴线，从南入口广场跨湖进入教学楼组团，最后延伸到生活组团公共绿地；“一带”是指由校园内部原有的连续水面以及两岸的绿化空间共同构成的中心园林生态带，“多组团”是指各个建筑组团以内部广场园林为中心，面向中心景观带敞开。

功能分析

充分考虑建设场地中的水面景观，结合水面划分开的校园建设用地布置校园各功能分区，整个学校划分为校前行政区、实训区、中心湖景区、公共教学区、体育运动区、对外交流区、教师生活区和学生生活区 8 个功能区。中心湖景区位于场地中心，由原来场地中心的鱼塘发展而成，是场地的主要景观资源。湖的周边都是生态草坡，湖的北岸是天然的草坡，南岸是滨水广场和亲水活动带，是师生主要的室外活动区域。

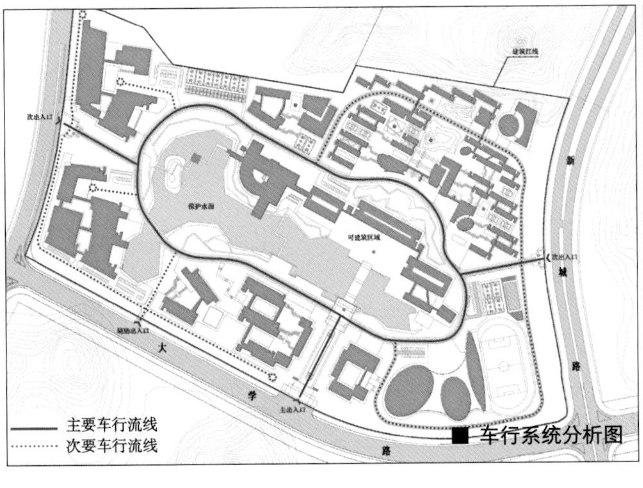
主要车行流线
次要车行流线
大学路
新城路
■ 车行系统分析图

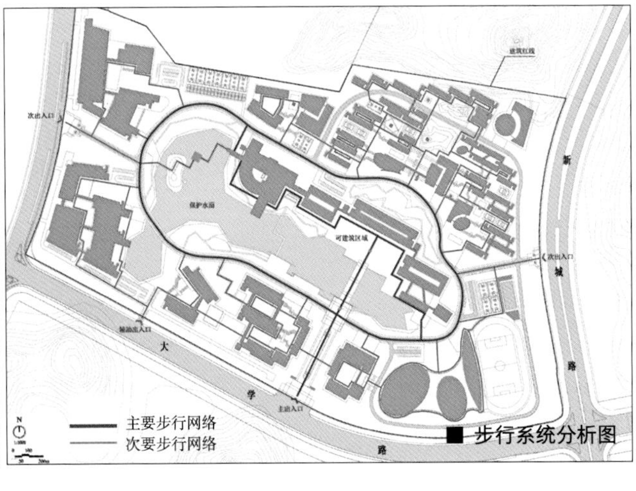
主要步行网络
次要步行网络
大学路
新城路
■ 步行系统分析图

车行系统分析图

区内部以车行环路作为主要的车行交通方式。环路可以确保各个功能区良好的可达性，又可保证教学中心区和学生生活区中心的生态带不受车流干扰，形成良好的交往空间氛围。车行环路沿水面边缘布置，最大限度地保证了水面景观的完整性。机动车停车采用集中式停车场区，均衡分布在校园内部。自行车停车分散布置，结合教学区、宿舍区的半地下和地下停车来解决。

步行系统分析图

新校区的主入口设在南侧大学路上，在东西两侧设置次入口。主要步行系统集中在园林生态带上，与车行环路相伴布置，既方便往来又拥有良好的环境氛围。在步行线路上结合人们的活动设置相应的广场或软质铺地，形成各种交往空间。

项目规划基于职业技术学院的功能分区特点，将实训区相对独立，整合相近的实训功能形成簇群，进而形成南北两大实训区域，能直接对外，有利于校企合作和社区结合，并有独立的出入口。规划中加大学生宿舍与教学主楼区域的联系面，两侧设置食堂，方便学生来往于这些区域。学校设置三条环路，外环为后勤及通过式车流，中环为主要为步行和自行车，穿湖而过的步行栈道则联系了校园的东西面，尽量保留水体，营造优美的校园环境。

在单体设计中，图书馆设计结合职业教育的特点，适当缩小规模，适当压缩部分功能房间的面积，如研究室、善本书库，增加多媒体教学用房。在实训中心则设置图书馆分馆的相应功能，结合调研所了解的情况，阅览室考虑作为学生自修室，同时，在高职院校图书馆内设置一定量的灵活性的单元房间，以适应高职教育中的项目组教学模式，此外，考虑与松山湖片区培训功能的配套，设置了学术报告厅。

项目获得2013年省优秀设计一等奖、全国优秀设计二等奖、岭南优秀设计铜奖。

■ 图书馆

科学发展 提升内涵 创建示范

■ 教学楼群

交通组织

建筑出入口设计考虑实训特点和人车分流的原则，根据各专业分类分区设置各入口门厅。车行交通结合货梯设置专用货运门厅。

功能设计

按照专业群相对集中布局的规划原则，将机械工程、艺术设计、电子电气等专业实训室分区布局。

立面造型设计

建筑设计充分考虑到整体造型与校园周围建筑的协调统一以及构成的逻辑性。建筑群采用柱廊与遮阳板相结合，形成了统一的连续界面，其丰富的灰空间适应广东亚热带多雨气候特征，增加了交往空间的层次感，沿主干道布置的建筑采用与道路尺度和角度相适应的立面处理，形成韵律感强的城市界面，体现建筑的工业感与高科技感。

■ 实训中心入口坡道

■ 实训中心内院实景

■ 实训中心

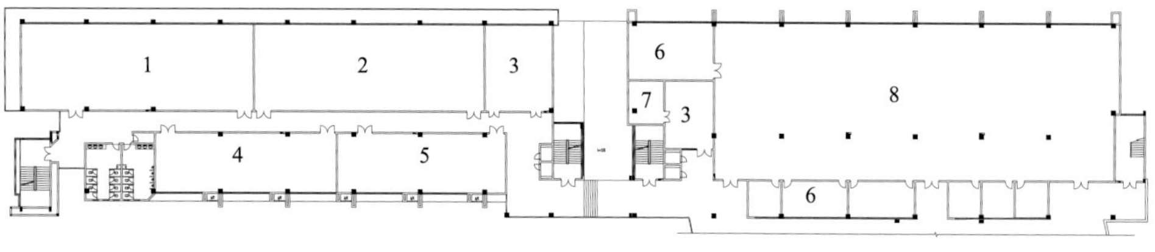

1 模具加工实训室
2 机械加工实训室
3 理论室
4 机械基础实验室
5 钳工实训室
6 库房
7 准备室
8 彩印生产技术模拟实训工厂

■ A 区二层平面图

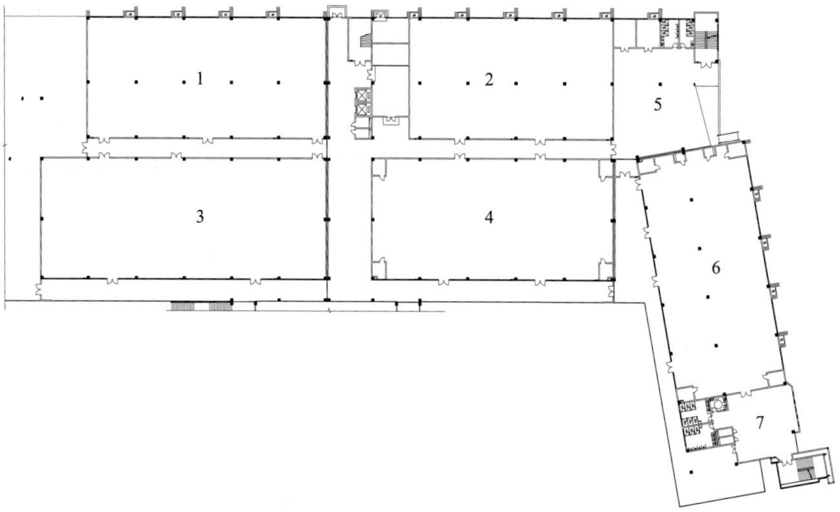

1 电子玩具工厂
2 家具生产模拟工厂
3 服装生产模拟工厂
4 时装艺术表演厅
5 架空层
6 师生作品展示厅
7 门厅

■ B 区二层平面图

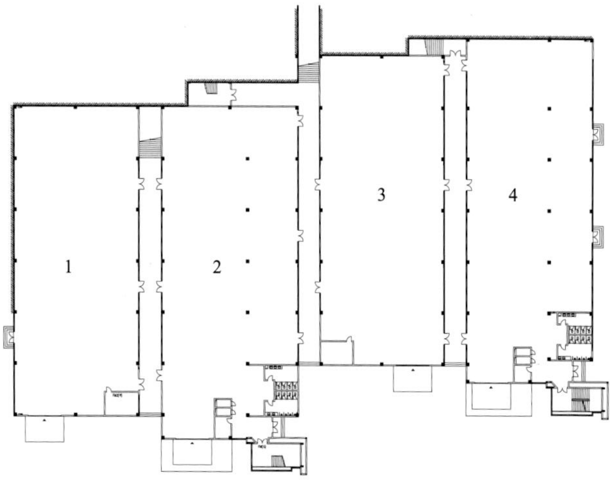

1 汽车发动机构造与维修实训室
2 汽车涂装实训室
3 汽车维修厂
4 汽车底盘构造与维修实训室

■ C 区一层平面图

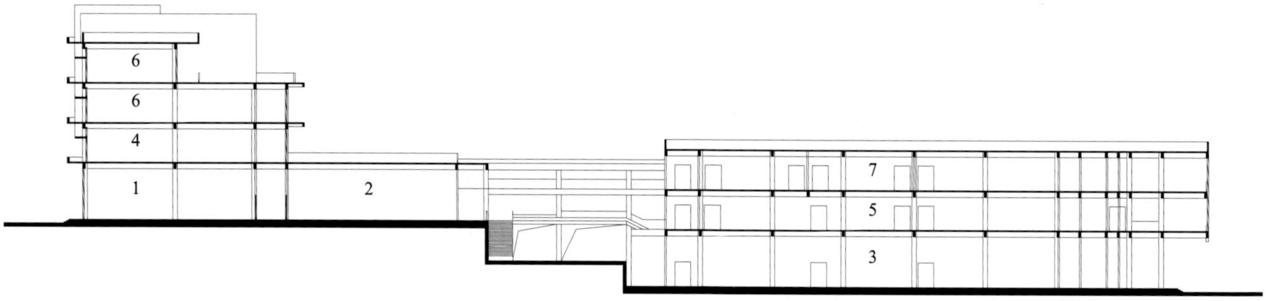

1 电子玩具工厂
2 服装生产模拟工厂
3 汽车涂装实训室
4 家具生产技术实训室
5 制冷技术系统实训室
6 彩印机械及维修技术实训室
7 PLC 变频器及单片机实训室

■ 剖面图

■ 实训中心鸟瞰图

实训特色

实训区位于基地的西侧，可以独立成区，方便使用，同时也紧邻道路，有利于向社会开放。由于实训区体量较大，首期又是有三个相对独立的专业类别，设计中利用体块的错动组合将其分解成与周边建筑相呼应的尺度，利用连廊连接，形成放射型的总平面，可以将中心水景引入建筑群中。结合高差设置台地，西面道路比中心湖泊道路区的标高相差 8m，利用三个台地组织大尺度的空间，每个“手指”为一个类别专业，分工明确。

实训中心高度为 22.7m，采用 U 形平面的组合比较容易满足实训要求，可以组织不同空间、荷载、工艺要求的实训室，同时也较好地解决通风采光问题，节约用地。实训中心将底层中段架空，U 形中间为大空间的制造业类实训室（如汽车），二层则利用局部退台设置了需要无柱大空间的家具实训模拟工厂，标准层为内廊式中小型实训室，根据不同类别实训室要求划分为不同进深、不同面宽的实训空间，可以组合成更大的实训室。分析每个专业的教学流程及条件，做特定的理实一体化功能设计。实训中心为一座多功能的组合体，设计了交流、休息、展览、资料存储和阅览的相关功能。

■ 实训中心湖滨实景图

数控维修实训室

电工技能实训室

图书馆内部庭院

项目进展及未来展望

东莞职业技术学院是东莞唯一一所公办高职院校。实训中心建筑面积 4.5 万 m^2，规划有 30 个专业的各类实验室及实训室。按照建设东莞特色全国一流实训室的建设要求，目前已建成 45 个实训室，实际使用面积达 2.8 万 m^2，还有近 20 个实训室正在建设中及 15 个待建实训室，现有各类仪器价值 1 亿多元。主要有金工、数控、模具、电工电子、自动化、计算机、动漫、物流、工业设计、家具、园林、服装、印刷、工商管理、酒店管理、财经等实验实训室。

实训中心围绕“四个中心，两个基地”来规划建设，即建设成为实习实训教学中心、竞赛考证服务中心、社会技能培训中心、技术创新与咨询服务中心、产学研合作基地、对外协作加工基地。实现资源共享、优势互补、服务社会、辐射周边的目标，为实现社会和经济的“双转型”作出积极贡献。

南海东软信息技术职业学院（现广东东软学院）三期规划设计

PLANNING OF NEUSOFT INSTITUTE GUANGDONG

哈尔滨工业大学建筑设计研究院

项目简介

南海东软信息技术职业学院是广东东软学院的前身，是经国家教育部批准设立，由东软出资举办的一所民办普通高等院校。2004 年被广东省教育厅确定为“广东省首批省级示范性软件学院”；2005 年被广东省教育厅认定为“国家计算机应用与软件技术专业技能型紧缺人才培训基地”；2013 年被中国青年报评为“全国职业院校就业竞争力示范校”；2014 年经教育部批准，升格为普通本科学校——广东东软学院，开展全日制本科教育。办学以来，学校以教育创造学生价值为理念，构建了产教融合、面向应用的办学体制，形成了校政行企合作、协同共赢的运行机制，以培养学生学习能力、实践能力和创业就业能力为主线，实施了专业教育与创新创业教育和素质教育相融合的一体化应用型人才培养方案，已累计为社会培养了 2.3 万余名毕业生，人才培养质量得到了用人单位、社会各界的广泛认可。南海东软信息技术职业学院规划三期共由四块地组成，合计规划用地面积 116131.484m²。四块用地呈“C”形环绕山体，用地内的山体为生态控制绿地。

项目概况

项目名称：南海东软信息技术职业学院（现广东东软学院）三期规划设计
建设地点：广东省佛山市南海软件科技园内
设计 / 建成：2010 年 /2014 年
总用地面积：116131.484m²
建筑面积：71293m²
地上 69693m²，地下 1600m²
建筑密度：18.97%
容积率：0.60
绿化率：38.72%
建设单位：南海东软信息技术职业学院（2014 年更名为广东东软学院）
设计单位：哈尔滨工业大学建筑设计研究院
主创设计师：曲冰
合作设计师：陈滨志、王东海、王绯、徐丽莎、常斌、赵常彬、王风波、唐传军、樊明亮、肖光华、张蓉
获奖信息：黑龙江省优秀工程设计二等奖

■ 鸟瞰图

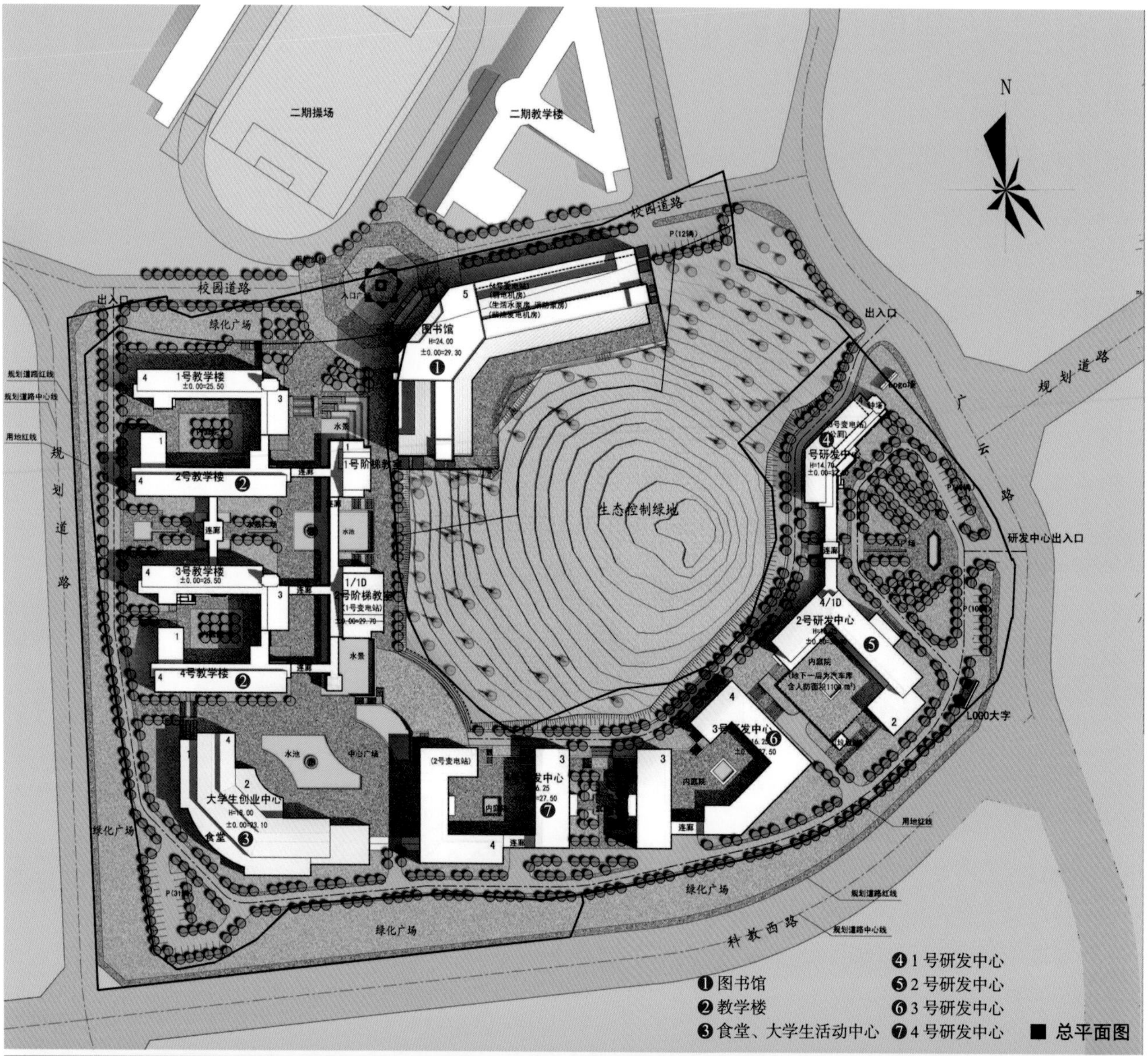
二期操场
二期教学楼
校园道路
出入口
绿化广场
图书馆
1号教学楼
2号教学楼
3号教学楼
4号教学楼
1号阶梯教室
生态控制绿地
研发中心出入口
LOGO大字
大学生创业中心
食堂
中心广场
绿化广场
科教西路
规划道路
规划道路
广云路
❶图书馆
❷教学楼
❸食堂、大学生活动中心
❹1号研发中心
❺2号研发中心
❻3号研发中心
❼4号研发中心
■ 总平面图

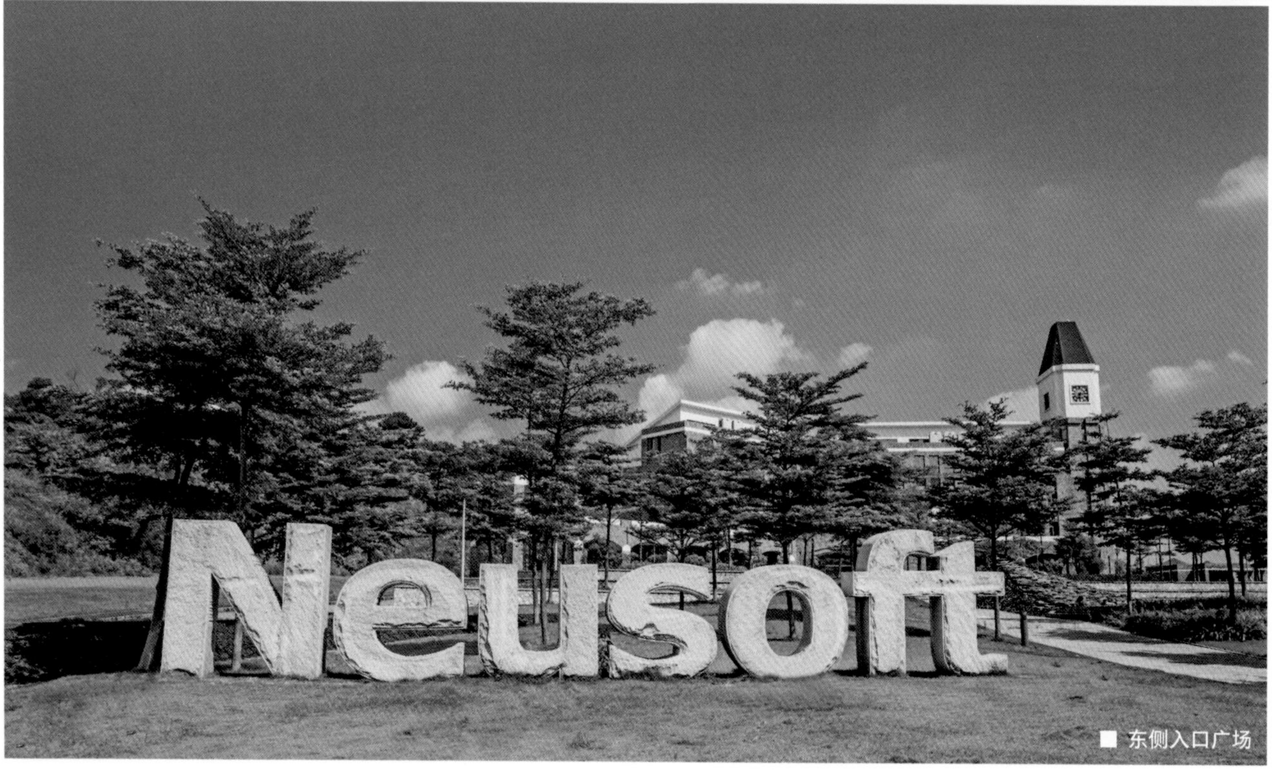
Neusoft
■ 东侧入口广场

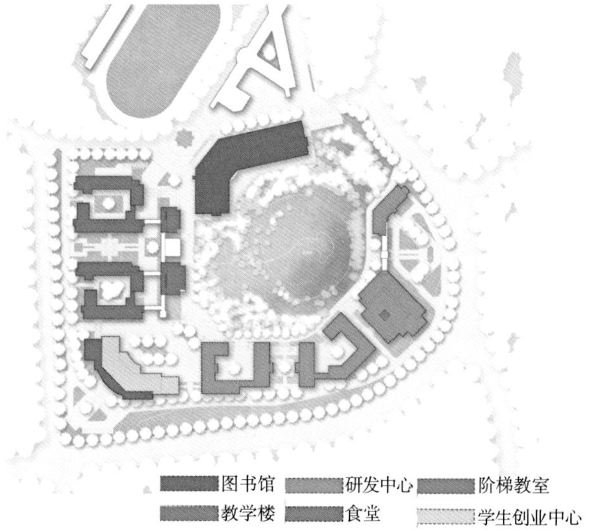
图书馆
研发中心
阶梯教室
教学楼
食堂
学生创业中心

■ 功能分析

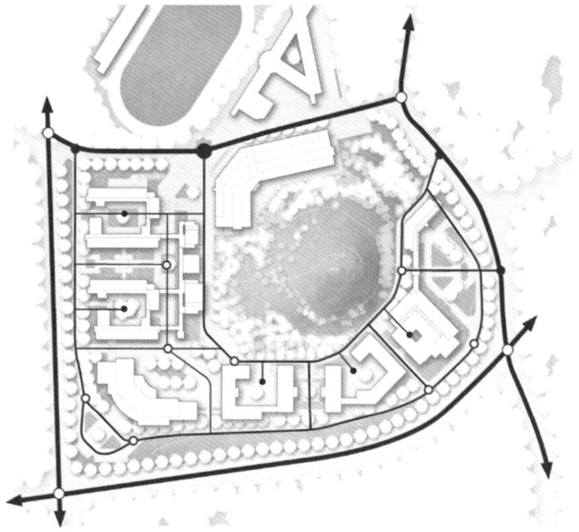

■ 交通分析

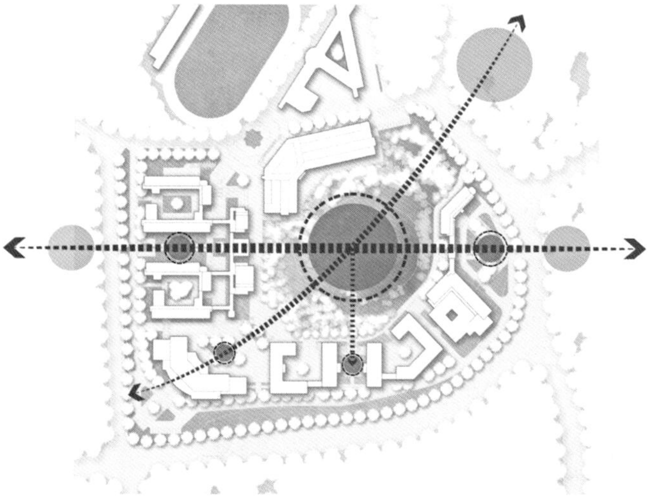

■ 景观分析

项目亮点

功能分析

规划各建筑的功能主要为教学楼、研发中心、图书馆以及大学生创业中心、食堂。场地的西侧为教学区，场地的东侧与南侧为研发区，场地的西南角为大学生创业中心、食堂，场地的北侧紧邻二期教学楼为图书馆。这样的功能布局既方便了与校园原有教学用房的联系，又方便了学校与社会的联系，同时兼顾了生活配套为各区域的服务。

空间组织

规划以庭院式空间组合来组织建筑。经过对基地特征的剖析，采用了非对称式的院落布局，灵活错接以适应场地曲折的形状及地形的起伏。

教学楼由于平面关系要求适当展开又联系密切，采用了层层延续的院落布局，使内外空间及各庭院之间相互渗透，相互依托，形成丰富的空间层次。

研发中心既要兼顾社会功能，又要兼顾科研功能。校前区处的研发中心，采用折线形建筑，布置成充满动态的开放式院落，以开放的姿态迎接城市。随着建筑向校园纵深延续，逐渐变化为围合的院落，为师生创造出宁静、幽雅的创业和研发氛围。

在空间的组织上，庭院与广场之间，利用架空的廊道使建筑空间相互联系，形成了一系列变化丰富，与地形紧密结合又极富情趣的动态空间。

交往空间与活动场所的创造，是营造校园环境的关键，也是校园空间特色的体现。设计试图以动态的建筑围合，富有变化的院落空间，营造出一种极具有人情味的“聚合性交往空间”。每组建筑均根据周边的地形、地势、朝向和交通等条件来确定其形态，没有机械的轴线定位。高低不同，形态各异的庭院空间相互穿插，形成了一系列个性鲜明的室外活动场所，为增强师生的交往提供了适宜的结构平台。插入庭院中的阶梯教室廊道与层层架空的平台，更使校园中的交往空间立体化。

总体构思

规划由于用地条件十分复杂，利用好自然地形，使建筑更好地与自然环境相结合是设计的关键。

通过分析规划用地的形态及坡度特点，在竖向上将场地划分为两处台地，建筑群体以院落的组合方式，顺台地环绕山体布置，院落形态既要关注城市道路的界面形象，又要注重将山体景色引入，并要遵守规划设计要点对城市景观视觉通廊的保留要求。

■ 校园实景

■ 内院

建筑形象创作

建筑外立面造型保持了东软集团建筑厚重、质朴的风格，强烈的阴影效果，竖向线条的运用，仿石材效果的面砖，这些都因袭了东软集团建筑的语汇，只是经过尺度、比例的推敲，使其更适合校园环境。造型设计也非常关注地域性的表达，设计单坡屋面的大挑檐、坡度都是对南国建筑坡屋面的简化提取。建筑细部的构造工艺与细节也以适应当地气候特点为重，各种遮阳节能措施为建筑立面创造出独特的效果。

E2

■ 教学楼外观

■ 阶梯教室

实训特色

开放性

产学研互动，培养实用型人才，是东软的办学特色，学院提供投资、研发、实验实习、学生创业孵化等资源供教育与产业互动。设计的研发创业区是学校为学生虚拟兴办公司，进行企业定制培训、实习实训的基地，并承担着对外学术交流与合作的功能。规划时将此区域布置在朝向城市道路的山坡上，建筑围合出的入口广场成为整个学校的校前区，迎接着城市的来访。同时在社会资源共享的前提下，研发创业区的开放性建设，也便于此区域服务社会，高校的科技潜能体现出更大的社会效益与经济效益。

人文性

传承企业文化

长久以来东软集团在发展过程中，形成自己独特的企业文化，其中就蕴含着建筑文化。进行南海校区的单体设计时，提炼集团原有建筑的元素，在空间尺度、建筑材质、建筑色彩、建筑风格等方面与集团原有建筑相呼应，单体方案很快就得到认可。

塑造场所精神

利用好地形，采用灵活的布局方式，依照功能的需求形成有机的空间形态，是本设计的关键。

（1）从校区北入口向南延伸的步行轴线，连接起了一个个空间多样，层次丰富，立体交织的校园空间节点。校区北入口邻接学校原有教学区、运动场，是大量学生人流的方向，此处布置了规划的教学区，使学校教学区相呼应。

（2）步行空间采用线性布局，既起到了交通的功能，又强调空间的导向型，并伴随着集散、交往等相关活动。与线性的步行广场相连通的是随山就势，与地形紧密结合的开放空间与庭院空间。这些空间根据使用性质及使用时间上的不同，承担着礼仪、教学、交往、集会、休闲的功能，校园场所的多样性得以体现，整个校园呈现出丰富多彩的精神气息。

（3）空间与场所的形态要根据周边的地形、地势、朝向和交通来有机地塑造。礼仪性空间与公共空间代表着校园主题形象，根据周边环境状况和校区规模来确定其尺度，以大台阶、广场、喷水池、空地、草坪来营造场所氛围，适宜各种集体活动。交往、休闲空间尺度相对较小，设计时注意了营造空间层次的丰富性，各种层次的架空廊道，不同标高的平台，使场所的通达性很强，激发了场所的活力。

D
■研发中心

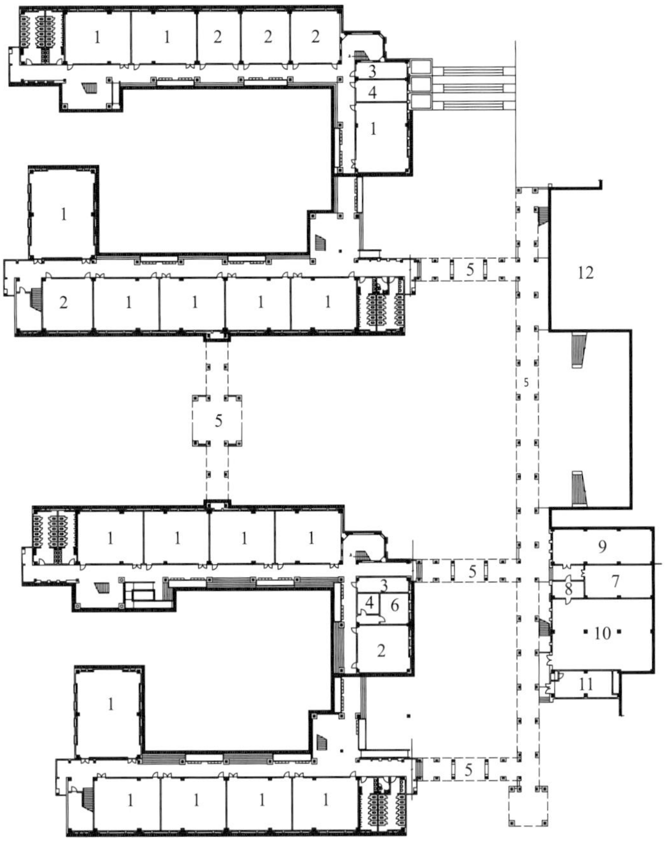

1 中教室
2 小教室
3 弱电室
4 配电室
5 连廊
6 广播室
7 消防控制室
8 值班休息室
9 弱电机房
10 变配电站
11 柴油发电机房
12 山体

■ 2号研发中心一层平面图

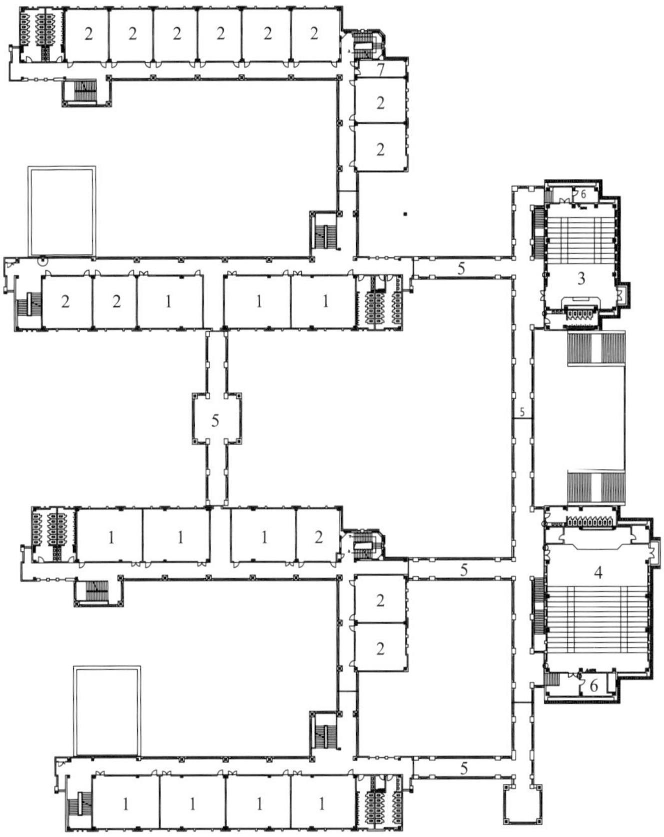

1 中教室
2 小教室
3 1号阶梯教室
4 2号阶梯教室
5 连廊
6 空调机房
7 广播室

■ 2号研发中心二层平面图

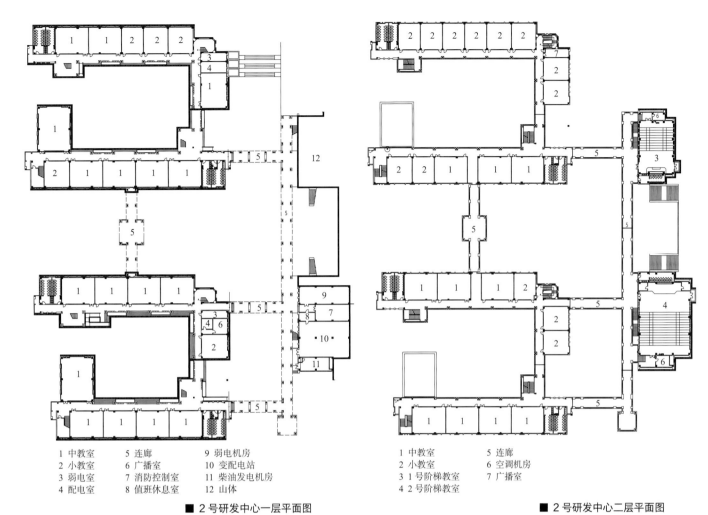

■ 教学楼西向连廊

■ 教学楼连廊

■ 教学场景

■ 小组讨论

中共广东东软学院业余党校第二十八期入党积极分子培训班

■ 阶梯教室

■ 操场

项目进展及未来展望

项目已于 2014 年 3 月完成竣工验收并投入使用，师生反馈良好。复合式多功能用房，在不同时段为不同学生活动提供活动场所。

校园建筑外立面简洁大气，承袭了东软建筑的一贯风格，提升了校园整体的环境质量。图书馆功能流线设计合理，使用便利，其中的咖啡、沙龙、展区组成了高品质的学生自发性互动空间。它具有全面的无障碍设施，体现了学校的人文关怀。该项目技术先进，照明、空调等设备设施使用舒适，节能表现优秀。图书馆的设计和建造体现了适用、经济、美观的建筑理念。图书馆投入使用为广大师生的学习和阅读提供了一个划时代意义的平台，对学校未来的发展具有战略意义。

重庆工程职业技术学院江津校区规划设计

PLANNING OF JIANGJIN CAMPUS OF CHONGQING VOCATIONAL INSTITUTE OF ENGINEERING

华南理工大学建筑设计研究院有限公司

项目简介

重庆工程职业技术学院是一所由重庆市人民政府举办，重庆市教育委员会主管的全日制普通高等职业学校。学校始建于1951年，1998年起举办高等职业教育，2001年升格为高等职业院校。2010年建成全国100所国家示范性高等职业院校，2019年建成国家优质高职院校，同年被遴选为中国特色高水平专业建设计划学校。学校设有智能制造与交通学院、大数据与物联网学院、土木工程学院、财经与旅游学院、资源与安全学院、测绘地理信息学院、艺术设计工程学院、马克思主义学院、通识教育学院、体育与国防教学部、继续教育学院、国际学院12个二级教学院部。学校是国家建设行业紧缺人才培养基地、国家矿业人才培养基地、重庆市信息技术软件人才培养实训基地和重庆市高技能人才培养基地。

校区整体生态环境良好，交通便利。西侧隔缙云中路可远眺风景秀丽的国家级风景区缙云山脉，东侧为重庆主城至江津城区的交通主干线津马路，紧邻渝昆高铁江津北站、重庆市轻轨5号线滨江新城站。

项目概况

项目名称：重庆工程职业技术学院江津校区规划设计
建设地点：重庆市江津区滨江新城职教园区东北角
设计/建成：2010年/2014年
用地面积：71.89公顷
占地面积：59.57万m^2
建筑面积：46万m^2
建筑密度：15%
容积率：0.77
绿化率：48.5%
在校生总体规模：16000人
教职工规模：1000人
建设单位：重庆工程职业技术学院
设计单位：华南理工大学建筑设计研究院有限公司
主创设计师：郭卫宏
合作设计师：陈识丰、吴航、涂劲鹏
获奖信息：教育部2011年优秀工程勘察设计规划设计三等奖

■ 鸟瞰图

科教北路
云中路
津马公路
科教中路
❶图文信息中心
❷公共教学楼
❸实训中心
❹学术交流中心
❺科技孵化中心
❻行政办公楼
❼学生宿舍组团
❽学生食堂
❾学生活动中心
❿综合体育馆
⓫校医院
⓬景观湖

■ 总平面图

■ 校园中心景观

项目亮点

规划布局

整个校园的建筑布局与原有地形地貌相结合，建筑依山势而建，把丘陵留出来作为景观元素，校园建筑布局向校园公共开敞景观开放，把景观引入建筑组团内，形成山、水、建筑一体化的校园空间。功能分区保留了校园主要丘陵地形的肌理格局，利用丘陵及景观水体等自然要素来分隔各个功能区。

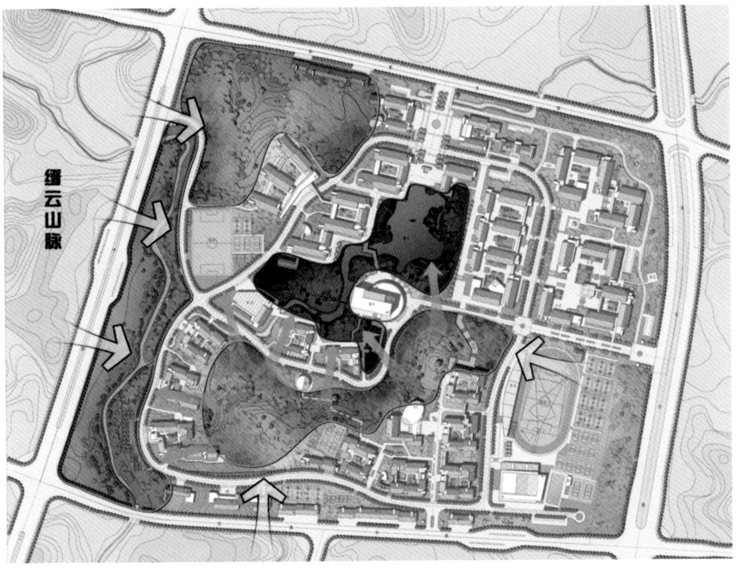

缙云山脉

自然生态保护区
中央生态景观区
生态景观渗透

■ 生态景观分析图

功能分区

地块北面核心区主要设为教学及实训区，东南部设为体育运动区，南面沿山体主要设置学生生活区，从而形成联系紧密的品字形结构。

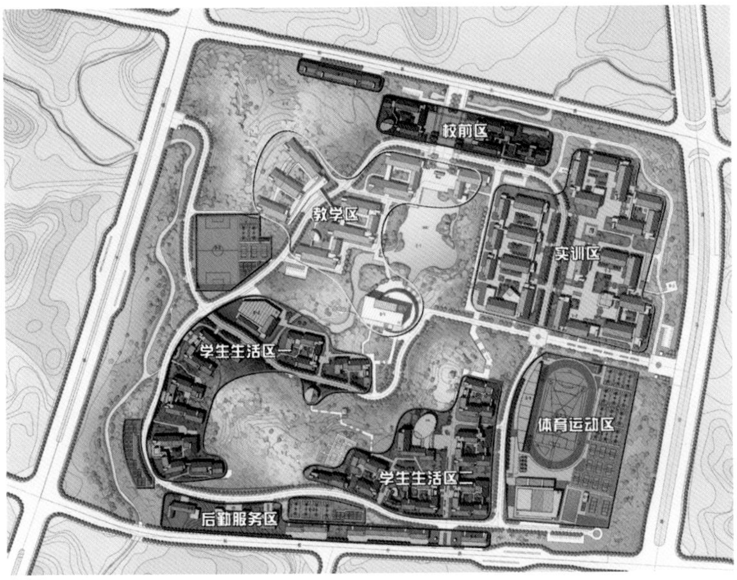

校前区
教学区
实训区
学生生活区一
体育运动区
学生生活区二
后勤服务区

校前区　学生生活区
教学区　体育活动区
实训区　后勤服务区

■ 功能分区分析图

交通设计

在校园北侧中部设置校园仪式性主入口，便于展示校园整体风貌；校园东侧中部设置主要使用性质的校园出入口，与津马公路相接；校园南部近东部位设置生活区入口，便于与城市公共交通换乘点连接；校园西侧近北部设置一个辅助入口，便于校园与外界的联系。

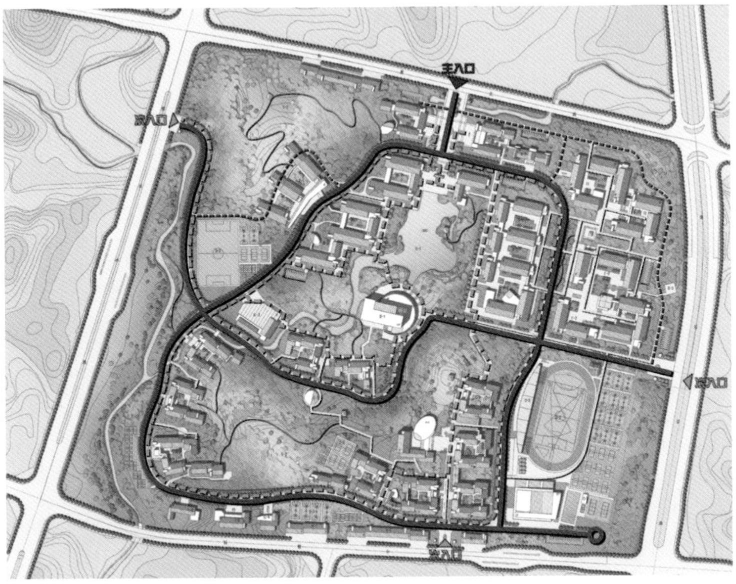

主入口

主要车行道路　次要人行道路
次要车行道路　林间步道
主要人行道路　停车场

■ 交通流线分析图

山水环抱的校园

规划在校园总体空间组织上着意创造层次丰富、形式多样的空间形态，每组建筑群形成各具特色的庭院空间，完成从室内空间到公共活动空间的过渡，为校园师生提供充满活力、富有人情味的交流场所。

校园基地现状山地树木茂盛，品种繁多，山虽不大，但整体绿化植被较好，空气清新，且山形自然生动，还有连绵成片的低洼地、水塘，为营造富有特色的校园生态环境创造了较为有利的条件。因此新校区规划设计中，以山水环抱作为校园环境的主题，尽可能地保护基地现状的生态系统，建筑与山地相融的生态环境和校园景观。建筑分布于生态绿野中，采用散点式自由灵活式布置，从而形成了自由形态为主，建筑分布在山体与水体之间的总体布局。山体在基地内呈指状渗透的势态，在山水之间布置建筑空间，各组团均形成背山面水的优美环境。同时，建筑空间与生态空间在形态上形成一种指状互补咬合的关系，既保护了原生的生态环境，又能实现建筑与生态空间的最大程度融合。

■ 图文信息中心

■ 校园中心景观

重庆工程职业技术学院有宽敞、明亮、技术先进的实训基地，为专业教学提供了坚实的硬件基础，近年来，亮点专业也取得了骄人的实训成绩。

工业机器人技术专业

工业机器人技术专业以机电一体化技术专业（该专业连续招生 68 年，被评为煤炭部重点专业，综合实力雄厚）为基础，立足重庆，面向西南地区应用工业机器人的机械装备制造行业，能胜任工业机器人操作、编程、安装调试、运行维护、销售等工作。

校内实训室（853 个工位）与校外 7 个实训基地共同完成该专业的实践实训。学生在技能竞赛中分别取得省部级以上职业技能竞赛获奖 24 项；教师团队在工业机器人应用与维护方向，成功申报首批国家级职业教育教师教学创新团队立项建设单位。

计算机应用技术专业

大数据与物联网学院的计算机应用技术专业，采取深入实施导师制学徒制的实践教学模式。建有产教一体化数字媒体技术实训中心 1 个，协同创新工作室 2 个。与科技公司、传媒公司、动画公司等 9 家行业企业开展实践教学合作，完成《PHOTOSHOP 基础》。市级在线开放课程摄制、“欧文英语优秀员工事迹微电影”“重庆通航集团直升机虚拟现实驾驶视频”等数字媒体技术实践项目 80 余项。

机电一体化技术专业

该专业经过多年的大力建设，在创新创业教育、师资队伍建设、科学研究成果、学生技能大赛和教师讲课比赛、教育教学改革、实习实训基地建设和科研与社会服务 7 个方面，共取得 22 项国家级标志性成果，19 项市级标志性成果。随着国家“一带一路”倡议深化，结合学校国际化发展需求，利用本专业的优质教育资源，积极开展外国留学生的培养。

■ 工业机器人操作与调试实训室

■ 计算机应用技术专业实训室

■ 罗克韦尔协同创新中心

■ 机电一体化专业学生实训室

■ 实训中心沿湖立面

实训中心

尽可能地保护原生态格局和自然环境，利用好原来的山体、植被，营造别具特色的自然生态校园景观。考虑到地形有较大的高差，建筑布局相对灵活，因地制宜，错落有致，营造多层次的学习环境。实训楼沿着滨水步道依次布置四个建筑组团，各个组团根据地形的高差不同形成层层升高且具有韵律感的校园景观。由北往南三个组团采用相同的形式，而最南边的第四个组团在构成手法上有一定的变异，强调韵律性的同时达到空间的多样化。建筑的南北向基本为六层，最南边为七层，而东西向的建筑则控制在四层的高度。这样的处理既能保证空间围合，又不会使空间过于封闭。建筑在东西两侧部分通过连廊作为组团之间的交通联系，连廊的架空处理在满足应急车道的空间需求之余，也使得庭院与外部空间得到相互的渗透。

■ 实训中心实景图

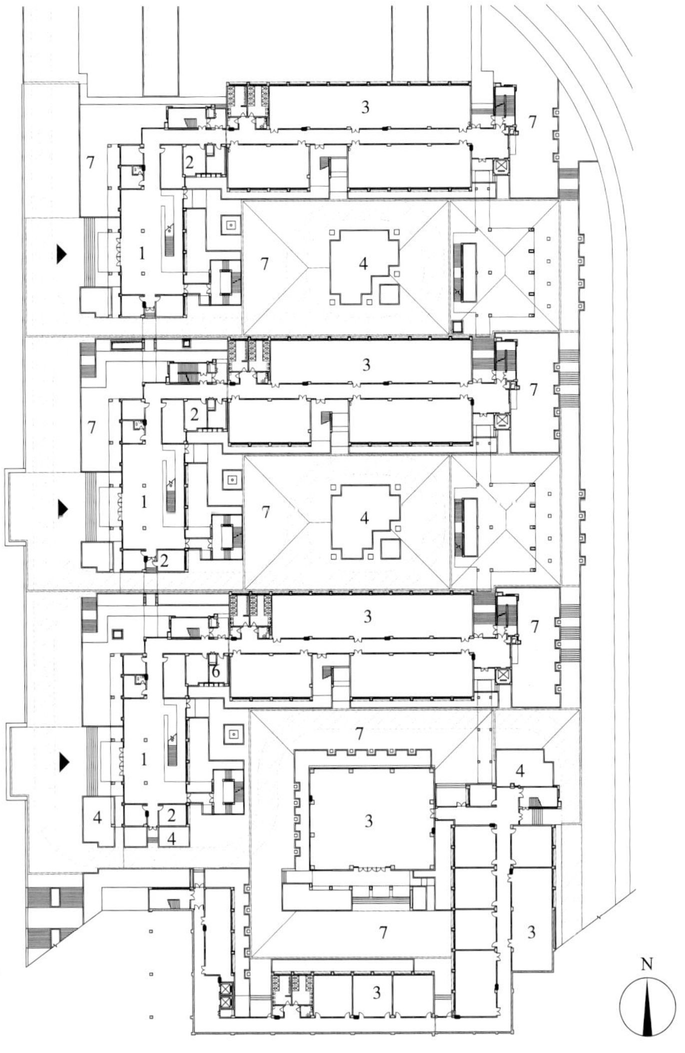
N

1 门厅　2 办公室　3 实训基地　4 花池　5 卫生间　6 设备间　7 庭院　8 加工中心上空

■ 实训中心首层平面图

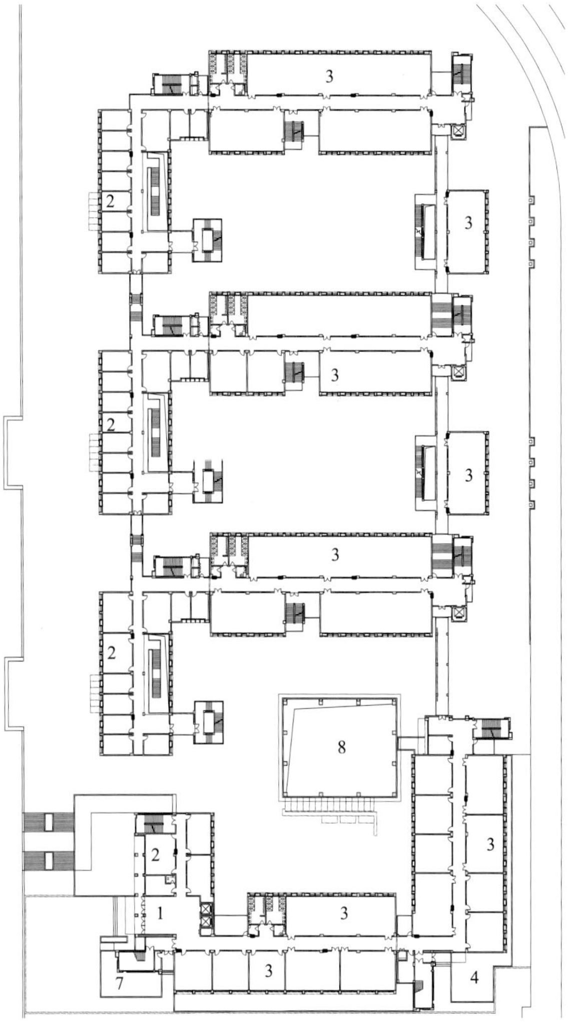

■ 实训中心二层平面图

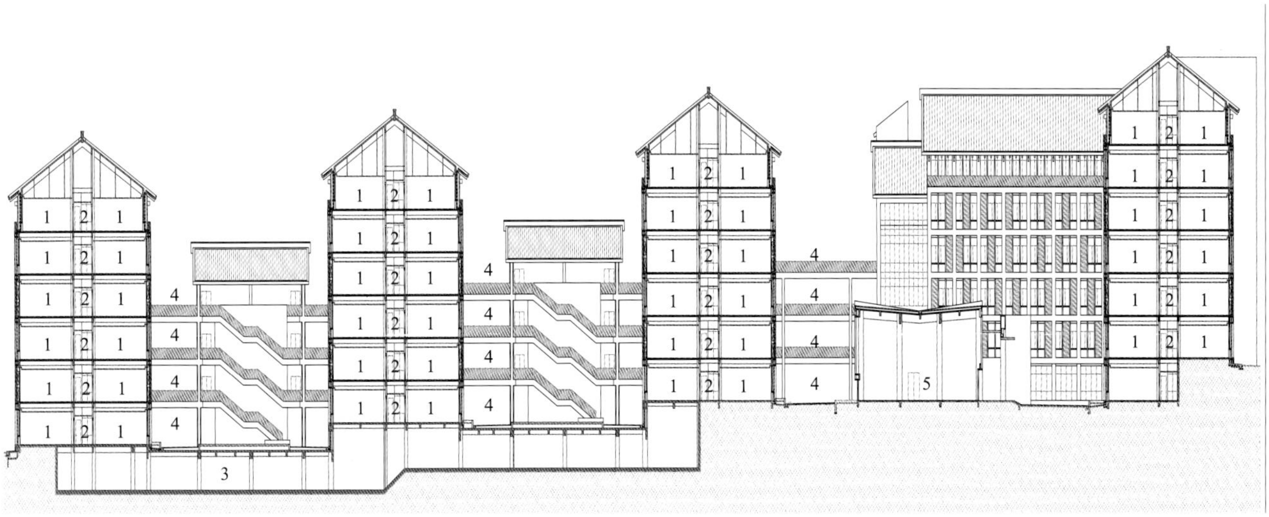

1 实训基地　2 走道　3 地下车库　4 连廊　5 加工中心

■ 实训中心 1–1 剖面图

矿业与环境工程学院

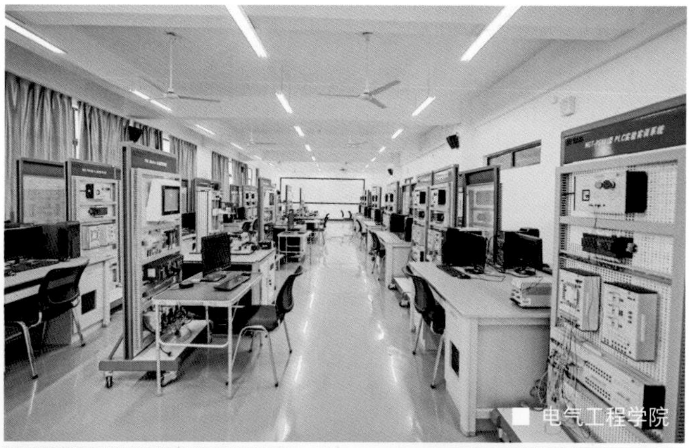
电气工程学院

机械工程学院

建筑工程学院 1

建筑工程学院 2

建筑工程学院 3

项目进展及未来展望

重庆工程职业技术学院校区项目地处长江中上游，美丽的山城重庆市，校区建设项目核准占地面积1110亩，核准总建筑46万m^2，核准总投资163000万元。作为国家示范性高等职业院校，为重庆市煤炭、测绘、建筑等行业高技能人才的培养和继续教育做出了较大贡献，通过江津校区项目建设，进一步提升办学实力和办学规模，更好地服务于国家长江经济带建设规划、促进国家智能制造与智慧物流等中国制造2025产业规划发展，为国家和重庆市培养更多高素质、高技能人才。江津校区项目的建设符合江津区滨江新城城市总体规划，符合国家大力发展职业教育的精神，有利于培养地区急需的技术技能型人才、知识技能型人才和复合技能型人才，对促进地区经济发展，扩大就业，具有重要意义。

（供稿：刘骁、熊波、张筱军、邵乘胜、侯军伟）

四川城市职业学院眉山新校区规划设计

PLANNING OF MEISHAN NEW CAMPUS OF URBAN VOCATIONAL COLLEGE OF SICHUAN

同济大学建筑设计研究院（集团）有限公司
上海同济城市规划设计研究院有限公司

项目简介

四川城市职业学院为四川省人民政府批准、教育部备案的民办普通高职学院，于 2008 年 4 月正式成立。学院是在具有十余年本科办学历史的四川师范大学外事学院、四川师范大学信息技术学院的基础上组建而成，现有管理类、服务类、工程类、艺术类、外语类等 40 多个专业，在校学生人数 12000 人。随着社会知名度的提高与办学规模的不断扩大，需要拓展新的办学空间，2013 年初，四川城市职业学院眉山新校区的规划开始启动，2015 年，新校区一期工程完工，师生正式搬入新校区，校区主体设施投入使用。新校区将按“一次规划、分期建设”的模式实施。一期建设满足 5000 人使用需求。二期建设满足 4000 人使用需求，并预留适度的发展空间。新校区规划贯彻“以服务为宗旨，以就业为导向，走产学研结合发展道路”的办学指导思想，实行“工学结合、校企合作、顶岗实习”的人才培养模式，整合资源、尊重市场，充分发挥专业特色和优势，确立了为先进制造业、现代服务业、工程技术、时尚创意、信息、商贸、金融等行业培养适应生产、建设、服务和管理一线的、具有良好的职业道德和敬业精神的高素质技能型专门人才的培养目标。

项目概况

项目名称：四川城市职业学院眉山新校区规划设计
建设地点：四川省眉山市岷东新区
设计 / 建成：2013 年 /2015 年
总用地面积：49.3 公顷
建筑面积：44 万 m^2
　　地上 39.1 万 m^2，地下 4.9 万 m^2
占地面积：10 万 m^2
建筑密度：20.3%
容积率：0.79
在校生总体规模：9000 人
教职工规模：1000 人
建设单位：四川城市职业学院
设计单位：同济大学建筑设计研究院（集团）有限公司
　　上海同济城市规划设计研究院有限公司
主创设计师：张勇、肖达
合作设计师：彭一伟、龙艳、张治、甘智超、舒世豪、黄震、范江、吴树杰、蒲锐、卞微、徐文雯

■ 鸟瞰图

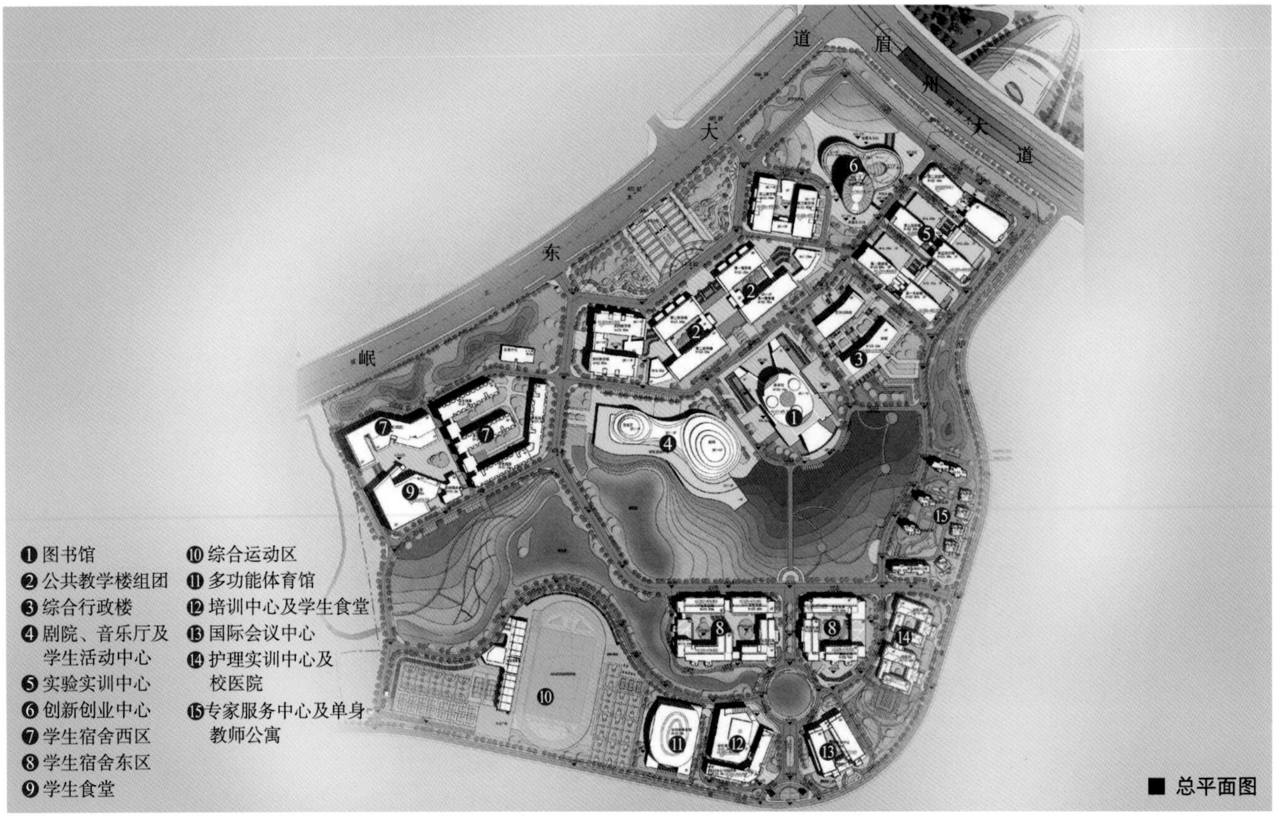
岷东大道
眉州大道
❶图书馆
❷公共教学楼组团
❸综合行政楼
❹剧院、音乐厅及学生活动中心
❺实验实训中心
❻创新创业中心
❼学生宿舍西区
❽学生宿舍东区
❾学生食堂
❿综合运动区
⓫多功能体育馆
⓬培训中心及学生食堂
⓭国际会议中心
⓮护理实训中心及校医院
⓯专家服务中心及单身教师公寓
■ 总平面图

项目亮点

规划在总体布局和建筑设计中力图展现新颖的创意和独特的风格，创造具有时代精神与人文底蕴、功能完整、生态系统完备独特，体现高职院校以职业技术教育为主题的山地型校园。

学院秉承开放办学、服务区域产业、产学研结合、校企合作的精神办学。

规划重视基地原有的生态系统，充分利用现状地形和优良的自然景观资源，合理布局学校功能，建筑群落与自然地势相结合，塑造浓厚的教育文化底蕴和优美的生态环境，力求校园环境与原有生态相融合，以生态环境意识为根本，使行为环境和形象环境有机结合，通过高起点的环境艺术及景观设计创造一个有地域特点的校园环境以及人与自然、建筑与自然浑然一体的生态空间，体现可持续发展的理念。

■ 入口透视图

规划分析

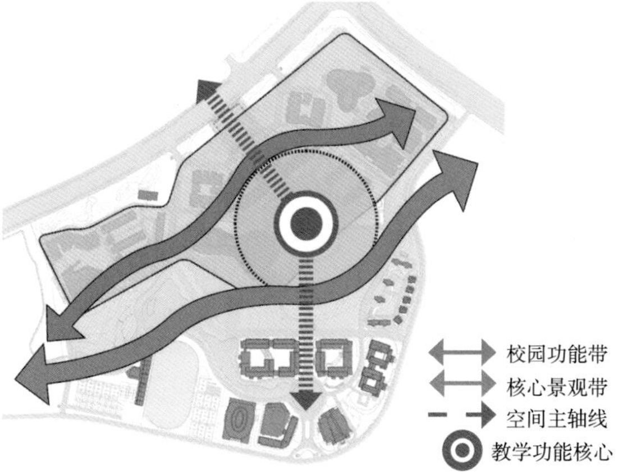
校园功能带
核心景观带
空间主轴线
教学功能核心

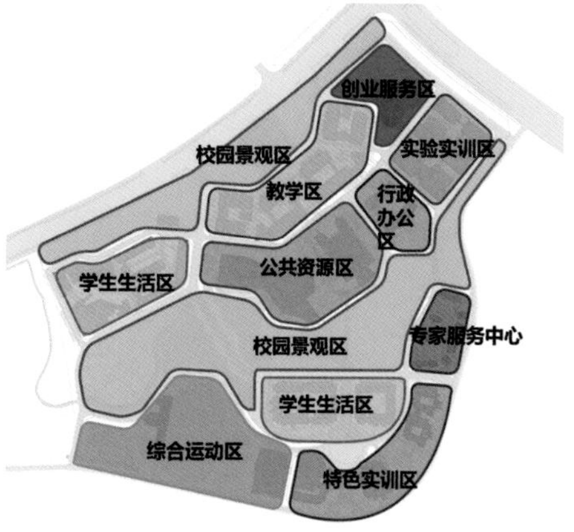
创业服务区
实验实训区
校园景观区
教学区
行政办公区
学生生活区
公共资源区
校园景观区
专家服务中心
学生生活区
综合运动区
特色实训区

一心两轴，山水共生

图书馆布置于校园地势最高处，以图书馆作为公共核心向四周展开各类教学空间，通过规整且组团化的建筑形成了有序、理性的空间环境，具有鲜明统一的整体形象。

两轴是指由礼仪入口延伸至图书馆的空间主轴线以及由图书馆延伸至校园南入口的空间次轴线。由半坡台地展开的学校建筑群所构成的校园功能带以及依托丘陵地势设置的草坡景观带。规划采用现代城市设计手法，以构建高密度、大尺度的公共建筑组合群体来彰显高职学校特色。

开放集约，山校互映

整体以开放性布局为基础，体现了高职院校的社会化办学理念，同时规划充分结合地形地貌特征，建筑集中紧凑布局，沿着山势营造坡地建筑特有的高低起伏韵律，极富生长弹性，是一种“山校互映”式的空间关系。

充分考虑学院的功能融入城市空间，将综合运动区、实验实训区、特色实训区、创业服务区沿城市界面布置，同时也力求与水库、滨水绿带等周边优质景观资源取得良好的对应关系。整体布局疏密有致，建筑群落与中心的疏林草坡相得益彰。

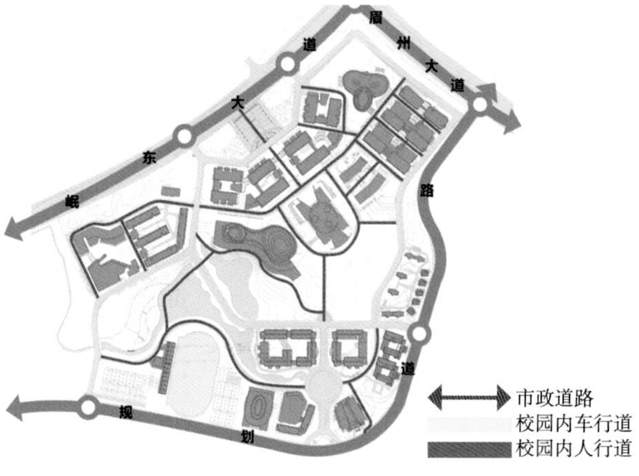
眉州大道
岷东大道
市政道路
校园内车行道
校园内人行道

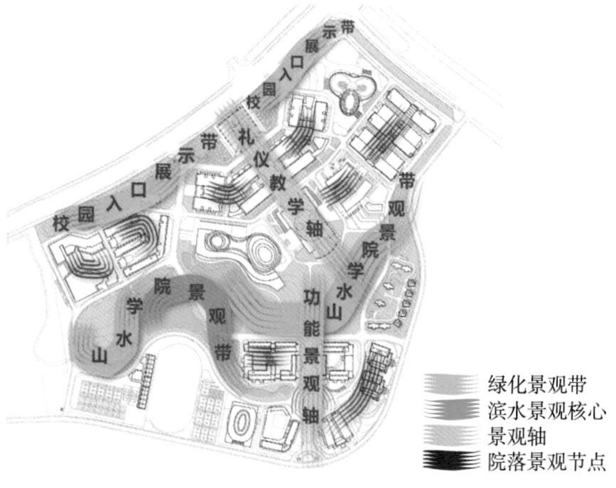
校园入口展示带
礼仪教学轴
山水学院景观带
功能景观轴
绿化景观带
滨水景观核心
景观轴
院落景观节点

人车分流，动静分区

规划从“以人为本”的思路出发，设置 12m 宽的环状车行主干道，顺着地势起伏，在各个功能组团之间穿行，将各功能区连接成一个整体，一方面解决教学、公共活动带来的大流量交通疏散问题，一方面创造出丰富变化的车行景观。

环路以内则以步行空间为主，达到人车分流的目的，充分考虑山地校园以步行为主的需求，加宽步行空间，形成起承转合的空间序列，覆盖整个校园网络。

山水相依 生态园林

山水成画卷，校园如园林。设计上留青山，疏绿水，通路径，景到随机，在涧共修兰芷。景观结构为两轴两带，其中北侧为校园入口展示带，中部为山水学园景观带，两者通过教学功能轴连接，而功能景观轴又贯穿了图书馆与南大门，创造出多元包容的空间。全新打造的开放空间使校园变得惬意舒适，以人为本，建筑和环境紧密相连，充分反映项目的设计愿景：山水校园、生态校园、园林校园。

■ 公共教学楼主入口透视

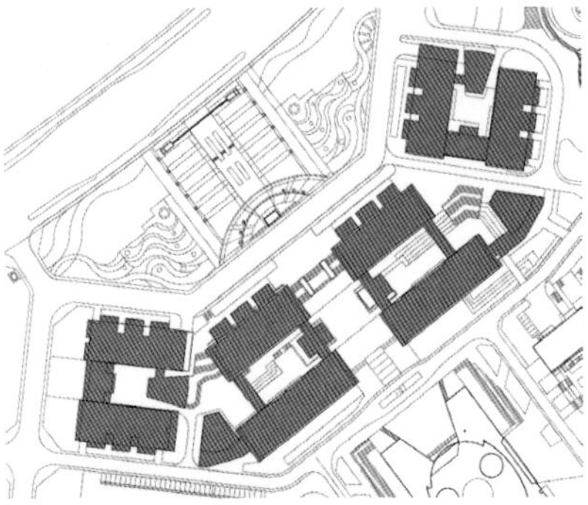

公共教学区

公共教学区位于校园主入口，由两栋公共教学楼和两栋学院教学楼围合组成，形成完整大气的入口形象。充分利用场地高差，将建筑错层布置，形成立体的空间关系，使学生能方便地从不同标高进入教学空间。同时通过设置空中连廊、下沉广场、屋顶阶梯广场、台地绿化等形成丰富的室内外学习空间。

■ 公共教学楼透视

■ 公共教学楼阶梯教室

■ 公共教学楼多功能厅

■ 公共教学楼下沉庭院

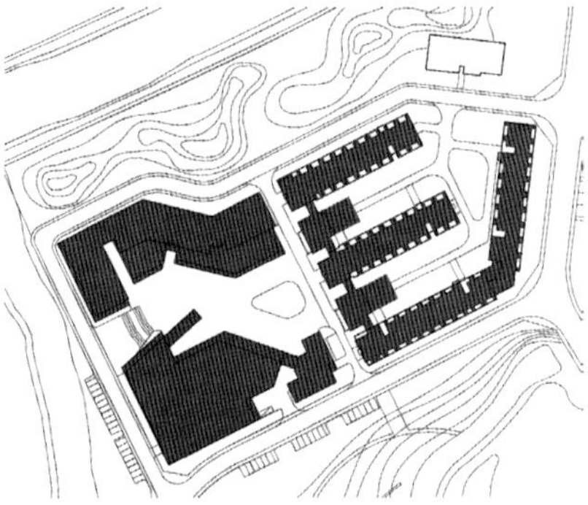

学生生活区

学生生活区靠近公共教学区，以学生食堂为中心并在临近学生食堂的广场一层设置配套服务用房，给学生提供超市、面包房、水果吧、咖啡厅、健身中心等服务功能，并利用场地高差将食堂错层布置，方便学生从不同标高进入各层，利于食堂大量瞬时人流的引导与疏散。

■ 学生生活组团透视

■ 实验实训中心鸟瞰

实训特色

实验实训区域主要分为校内的实验实训中心与对外的创新创业中心，校内的实验实训中心由三栋建筑沿场地高差呈台地布置，并通过空中连廊串联成一个实训组团。创新创业中心和实验实训中心布置在校园东北角，方便对外，体现了学院开放共享的办学理念。

实验实训中心第一、第二实验楼东侧为经济管理学院，西侧为公共服务学院，第三实验楼为预留实训室。在实验实训中心设置了具有城市学院特色的校企合作模式——“成都地铁订单班”、“京东订单班”、“元迪教育订单班”等实训室。

经管学院主要由物流、创业及京东相关实训室组成。根据物流专业对大空间的需求将其设计在负一层，一层主要设置电商及计算机专业实训用房，金融类及配套的政务中心、商务洽谈中心、财务共享中心、ERP实训教室等相关空间设计在二、三楼，四、五楼主要是京东对口专业及创新创业等专业。

公共服务学院由轨道交通专业、酒店管理专业、播音主持专业和护理专业组成。为满足各专业的使用，将轨道交通专业的大空间实训教室放在负一层与一层，二楼为酒店管理专业，三楼布置幼儿护理、感统、奥尔夫、模拟幼儿园、电钢琴和钢琴房等实训教室，四、五楼作为护理专业实训室。

■ 地铁实训教室

护士站

■ 护理实训教室

政务服务大厅

■ 政务实训教室

■ 京东实训教室

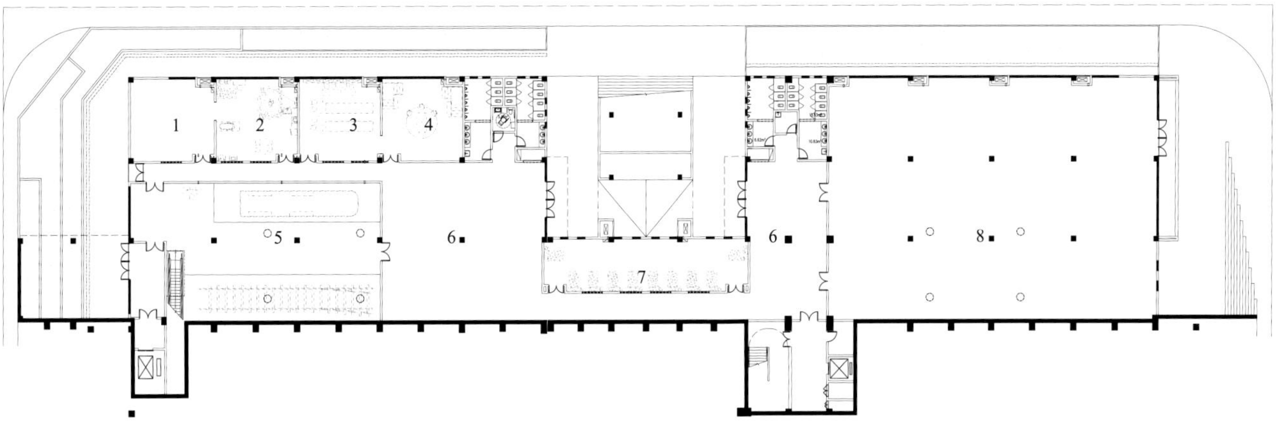
1
2
3
4
5
6
6
7
8

1 移位助行及康复实训室
2 模拟养老实训室
3 健康促进实训室
4 模拟体验实训室
5 轨道仿真实训室
6 门厅
7 护理实训室
8 物流仓储与配送实训室

■ 实验实训中心第一实验楼负一层平面图

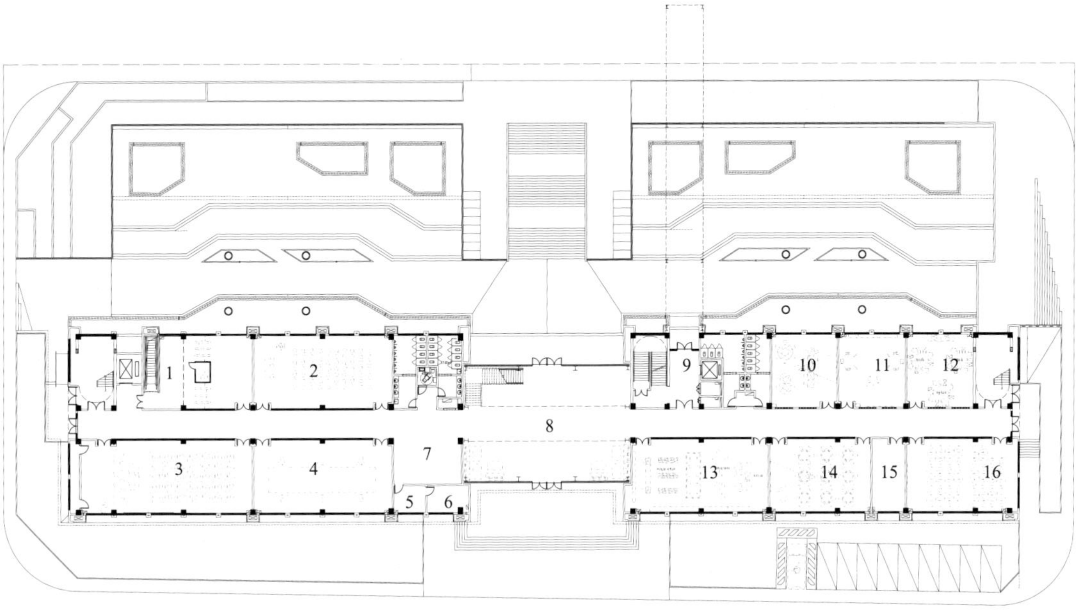

1 AFC 票务
2 车控室
3 OCC 实训室
4 沙盘实训室
5 办公室
6 储藏室
7 展示厅
8 门厅及休息区
9 电梯厅
10 策划中心
11 摄影工作室
12 综合办公室
13 O2O 移动电商应用体验区
14 视觉效果实训室
15 计算机机房
16 电商运营中心

■ 实验实训中心第一实验楼一层平面图

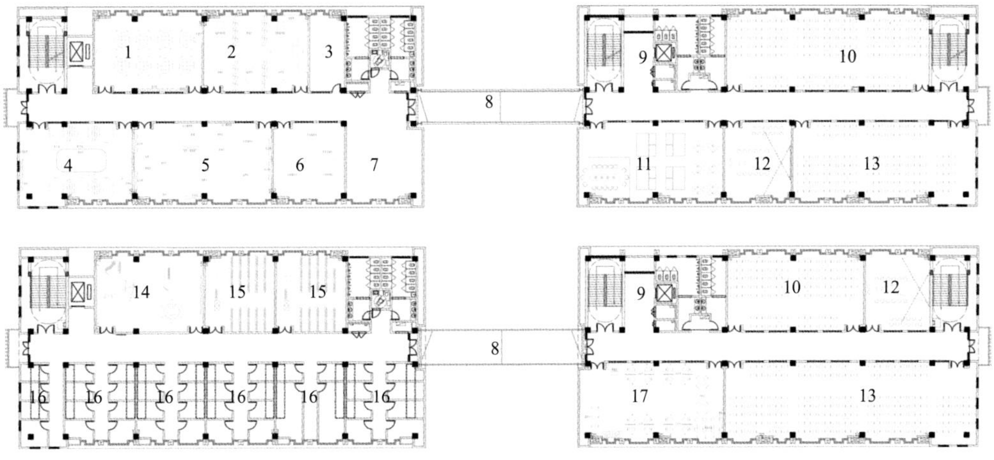

1 模拟手工制作室
2 幼儿模拟室
3 录制室
4 蒙台梭利教室
5 模拟幼儿游戏活动室
6 模拟保育室
7 成果展示区
8 钢结构连廊
9 电梯厅
10 培训区（京东实训）
11 休闲室
12 会议室
13 坐席区（京东实训）
14 奥尔夫教室
15 钢琴教室
16 琴房
17 创新创业中心

■ 实验实训中心第一实验楼标准层平面图

■ 实验实训中心入口门厅

■ 酒店实训教室

■ 茶艺实训教室

■ 图书馆透视

项目进展及未来展望

按照“统一规划、分期建设、分步实施”的原则建设，校园一期建成包括公共教学楼、行政楼、学生食堂（一期）、学生宿舍（一期），二期已建成实验实训中心、图书馆和创新创业中心，充分展现了学校办学的特色，全国有近百所职业学院来参观学习并举办了多次全国职业学院规划和建设的讨论会议。

同时学院建设是以面向世界的现代化大学为建设目标，在建筑设计中充分考虑绿色建筑的设计理念，努力将校园打造为可持续发展的全国示范校园。其中校园中心建筑图书馆获得了国家绿色建筑三星级建筑的标识及四川省第三届“李冰奖·绿色建筑”设计大赛一等奖。

贵州水利水电职业技术学院规划设计

PLANNING OF GUIZHOU VOCATIONAL AND TECHNICAL COLLEGE OF WATER RESOURCES AND HYDROPOWER

华南理工大学建筑设计研究院有限公司

项目简介

贵州水利水电职业技术学院是经贵州省人民政府批准、国家教育部正式备案成立的全日制公办普通高职院校，前身为1956年创建的贵州省水利电力学校，隶属于贵州省水利厅。贵州水利水电职业技术学院新校区位于贵阳市清镇职教城乡愁校区，地貌具有良好的自然生态，属山地浅丘地形，场地总体东北、东南高，西北、西南低，用地整体自北向南，自西向东逐渐升高，海拔高程在1250～1280m之间。最低点位于地块西北侧，最高点位于东北，高差变化30m。规划中充分考虑了规划布局对自然现状的尊重和对植被的保护利用，以体系化、自然化和生态化的原则去营造校园环境的景观体系，营造具有水利特色的“水院文化”校园。项目建成后，在校学生规模达8000人，全部为高职学生。学院设有水利工程系、电力工程系、管理工程系、土木工程系、继续教育部、公共基础部、国际教育部、思政教学部共8个教学系部。建校以来，学院面向地方和水利电力行业培育了数万名水利电力类的应用型合格人才，为贵州水利水电事业做出了积极贡献，被贵州省水利厅授予“贵州水利人才摇篮”殊荣。

项目概况

项目名称：贵州水利水电职业技术学院规划设计
建设地点：贵州省贵阳市清镇职教城乡愁校区龙井路1号
设计 / 建成：2013年/2018年
总用地面积：约550亩
建筑面积：30.705万m^2
地上26.41万m^2，地下4.295万m^2
占地面积：6.833万m^2
建筑密度：19.67%
容积率：0.729
在校生总体规模：8000人
教职工：400人
建设单位：贵州水利水电职业技术学院
设计单位：华南理工大学建筑设计研究院有限公司
主创设计师：郭卫宏、王智峰、佘万里
合作设计师：曾健全、刘洪文、杨一峰

■ 鸟瞰图

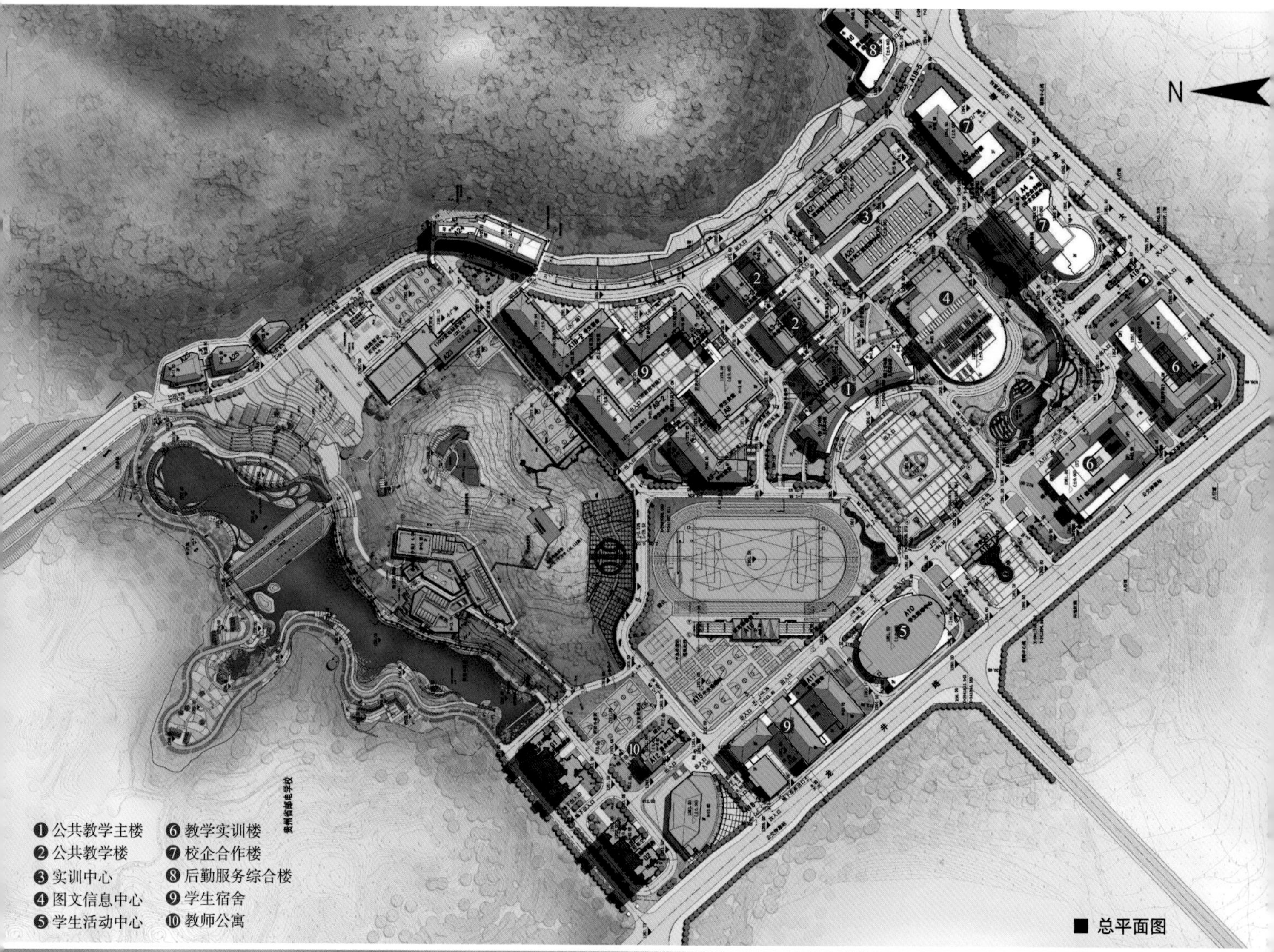
N
❶公共教学主楼
❷公共教学楼
❸实训中心
❹图文信息中心
❺学生活动中心
❻教学实训楼
❼校企合作楼
❽后勤服务综合楼
❾学生宿舍
❿教师公寓
■ 总平面图

■ 校园中轴实景半鸟瞰

项目亮点

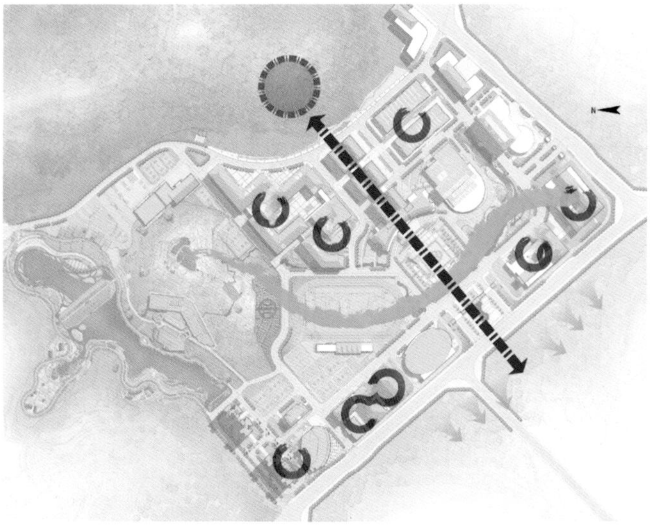

N

■ 生态景观分析图

规划布局——“两轴一心一带一环”

“两轴”：分别指校园礼仪主轴和东西走向的绿化空间轴。

“一心”：两条相交的轴线，形成一个中心广场，主教学楼紧靠中心广场，左右两侧景观通过中心广场连通成为一个流动的中心水景观。

“一带”：蜿蜒的绿化空间带，该绿化带由北面的代管山体开始，经过主运动场、中心广场、中心叠水景观区，结束于东面的图书馆。

“一环”：规划顺应地势在校园内形成环绕整个学院的9m宽的环型校道，不仅明确校区功能结构分区，并且贯穿起整个校园各个不同功能的区域。

N

■ 功能分区分析图

功能分区

地块东南为核心教学区，以图文信息中心作为接合点，以景观化设计的行政楼和以水利元素构建的主楼形成了一个相得益彰的整体，共同围合了中心生态水景，形成校园的教学静区。

生活区和运动区位于校园的北面，通过入口中轴线和教学区分开，其中一二生活组团和教学区做到一一对应，形成良好的步行联系。

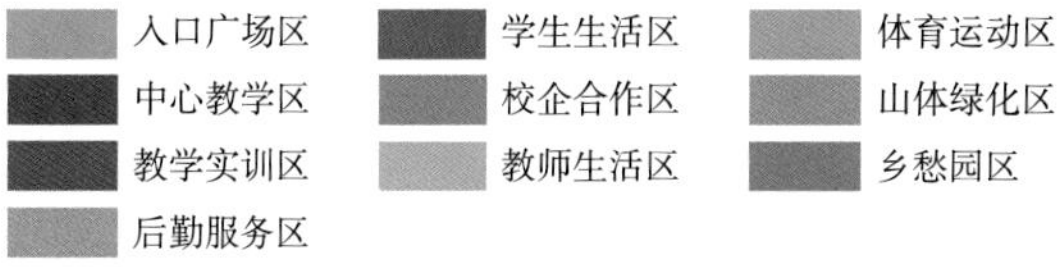

入口广场区
学生生活区
体育运动区
中心教学区
校企合作区
山体绿化区
教学实训区
教师生活区
乡愁园区
后勤服务区

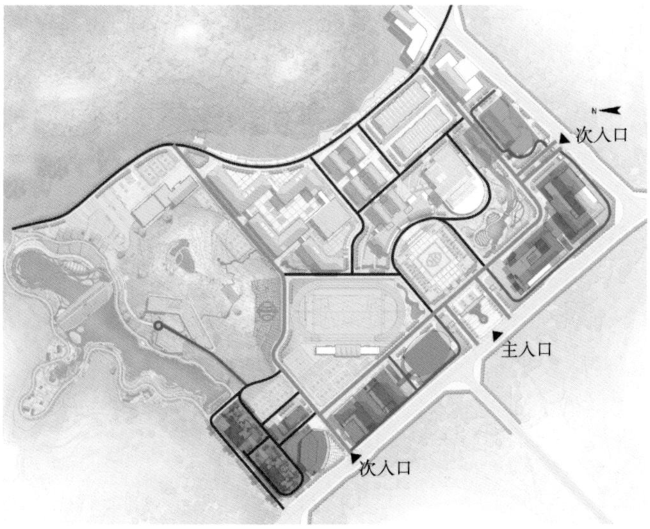

N
次入口
主入口
次入口

■ 交通流线分析图

道路设计

校园南面为仪式性主入口，设置以水利为主题的入口广场和大门；北面设后勤辅助的次入口。在廻龙大道再设入口进入教学区。

校园设置环形车行道路，利用地形高差条件，设置地下室作为平战结合的车库使用，利用学生宿舍的架空层作为非机动车停车使用。

9m 道路
5m 道路
7m 道路
4m 道路
机动车库

山水文化校园

校园规划以凸显水文化为特色，在中心景观运用跌级水景打造集实训教育功能和休闲观赏功能于一体的综合水体，围绕文渊馆呈东面高、西面低的“L”形水带，自下而上分为三个区域：下游的古代水利工具展示区、中游的都江堰水利工程仿真区及上游的现代坝体构造区展现学校水利特色。

校园建筑大量运用深蓝色的玻璃幕墙和四坡屋顶，建筑外墙便采用混凝土的冷灰色，用学校传统专业之一电专业的象征色——红色作为过渡色。室外水体面积约 4400m^2，配合新校区规划轴线、弧形的水体文化廊道，呈“品”字形分布在校园主入口及广场两侧，实现建筑空间与生态空间的最大程度融合。

■ 校园中心景观

■ 校园中轴实景半鸟瞰

组团设计

教学办公区

教学办公区位于校园中心，它是由一栋教学办公主楼及三栋教学楼组成，教学主楼外形为贵州山区典型坝型——双曲拱坝造型，设计独具匠心。三栋教学楼通过空中连廊串联成一个教学组团，充分利用场地高差，将建筑错层布置，形成立体的空间关系，使学生能方便地从不同标高进入教学空间。

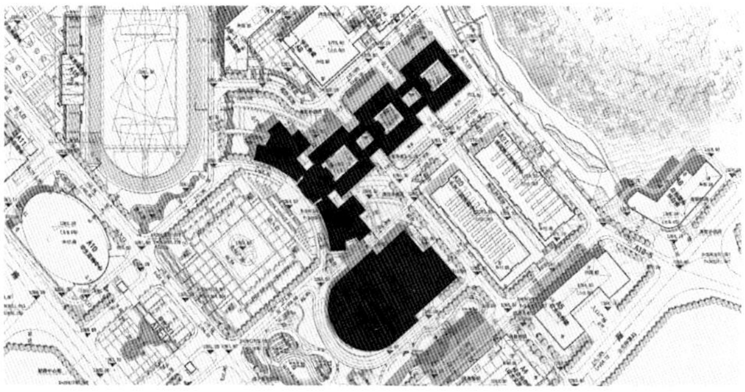

■ 教学办公区与中心景观

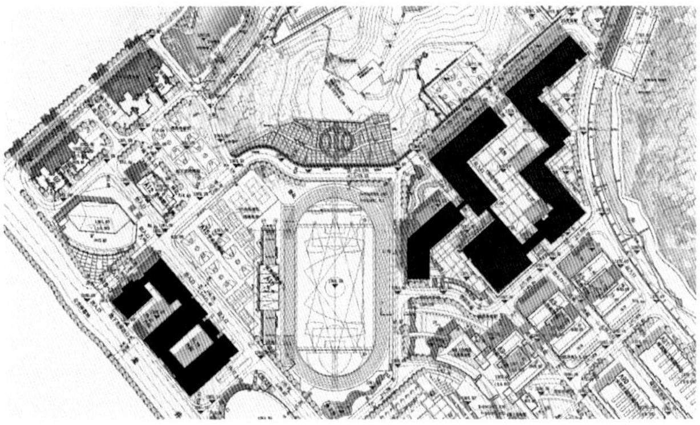

学生生活区

生活区分为两个组团，第一组团为学生宿舍（地坤居）和学生第一食堂组成，第一组团根据地形的特点，设置地下架空层，利用其作为学生活动场所，配套设置集中淋浴房、超市、菜鸟驿站等；第二组团为第二学生食堂和学生宿舍（思源居）。根据地形的特点，设置成跌级的形式，学生生活区内设置环形的架空风雨廊体系，配套设置学生服务中心、超市等。

■ 宿舍低点透视

■ 教学实训楼（尚技楼）

实训特色

学院现有各类实训室近 60 个，主要分布在崇实楼、尚技楼、水利工程实训中心（大禹馆）和建筑工程实训中心（鲁班馆）。崇实楼和尚技楼由两栋建筑沿场地呈台地布置，并通过空中连廊串联成一个实训组团，在校园东北角有水利工程实训中心（大禹馆）和建筑工程实训中心（鲁班馆），这些实训中心承担着学院相关课程的实训。

水利工程实训中心

水利工程实训中心（大禹馆）建筑面积 3800m^2，是国内一流、省内唯一、集水利水电专业教学实训、职工培训、科研、科普、学术交流等多种综合功能于一体的大型综合实训中心，也是贵州省省级开放实训基地。学生可在馆内开展水工建筑认知实习、雨量、流量、流速等实测实训、水工建筑物水力计算以及水利工程信息化应用等实训，实现线上线下自主学习。

建筑工程实训中心

建筑工程实训中心（鲁班馆）是一个集观摩、实操、技能培训、鉴定为一体的大型综合实训中心，在省内处于领先水平。2017 年被贵州省教育厅评为贵州省产教融合实训基地。鲁班馆共有三层，分为教学展示区、教学实操区、学生讨论区、钢筋工法楼、材料堆放场及智能家居样板间。鲁班馆能满足建筑工程技术、造价工程、建筑工程监理等专业的施工实训需求。

■ 建筑施工实训中心（鲁班馆）

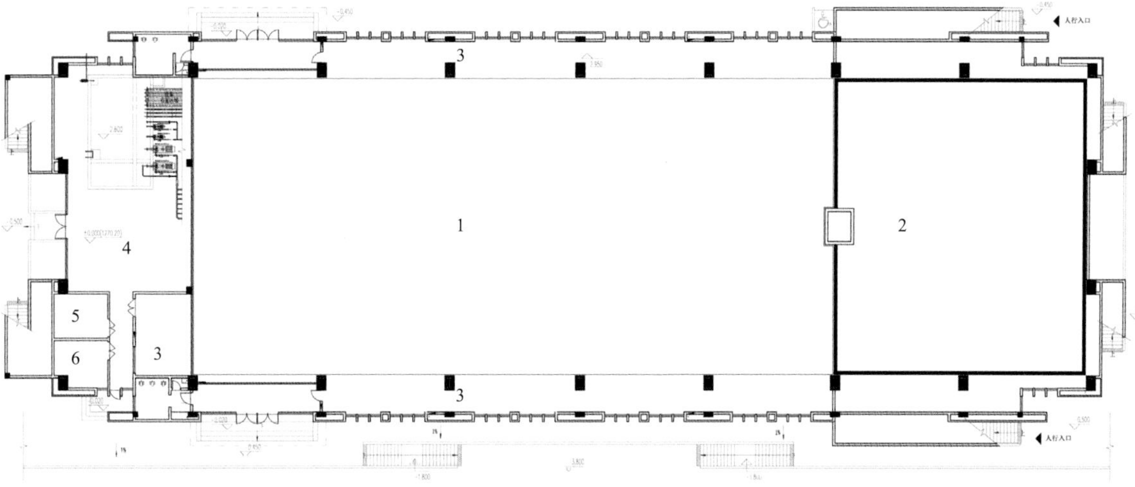

1 水工实训模型布置区域　　3 储藏间　　5 弱电间
2 回填区域　　4 观摩门厅　　6 配电间

■ 水工实训中心一层平面图

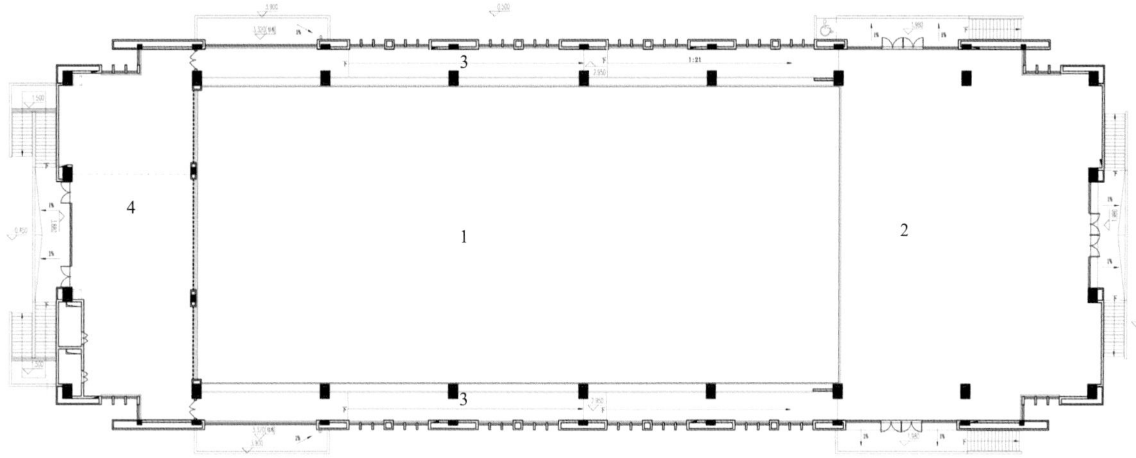

1 水工实训模型布置区域　　3 参观坡道
2 水工实训中心　　4 参观平台

■ 水工实训中心二层平面图

1 降雨系统
2 重力坝
3 农田灌溉系统区
4 城镇供水系统区
5 双曲拱坝枢纽区
6 面板堆石坝枢纽区
7 参观平台

■ 水利工程实训中心（大禹馆）

BIM 综合实训中心

BIM 综合实训中心是以能够完整地实现一个项目从设计、建造、运营全过程管理皆结合 BIM 技术的目的来建造，使得建筑相关专业的学生都能够运用 BIM 技术开展本专业对应的岗位工作，并能够与其他专业进行协同。BIM 综合实训中心是由实训中心、培训认证中心、虚拟体验中心和创业中心组成，通过案例教学、项目体验可以将各专业学生的理论知识与 BIM 相结合，并利用 VR、AR 等技术手段使学生掌握建筑施工技术、加强质量安全意识等教学目的，还可作为学生 BIM 创业实践中心。

施耐德电气技术实训室

施耐德电气技术实训室是在中国发展研究基金会的支持下，由法国施耐德电气（中国）有限公司捐赠，学院投资按施耐德公司标准安装建设而成。实验室占地面积 139m^2，可提供实训工位 40 个。可完成接地系统、电机控制和照明控制等教学实训任务。

茶艺实训室

茶艺实训室的建设坚持实训的仿真性，环境布置突出中国传统文化氛围，配备 30 个工位，设备齐全，满足学生的日常训练要求。实训室的主要设备有：茶桌、茶椅、冷藏柜、各种茶具、评茶工具等。茶艺实训室面向管理工程分院旅游管理、酒店管理、高铁乘务专业开设，是以培养学生茶艺技能，提高学生文化修养，陶冶学生情操，帮助学生提高就业率为主要目的的实践性教学场所。

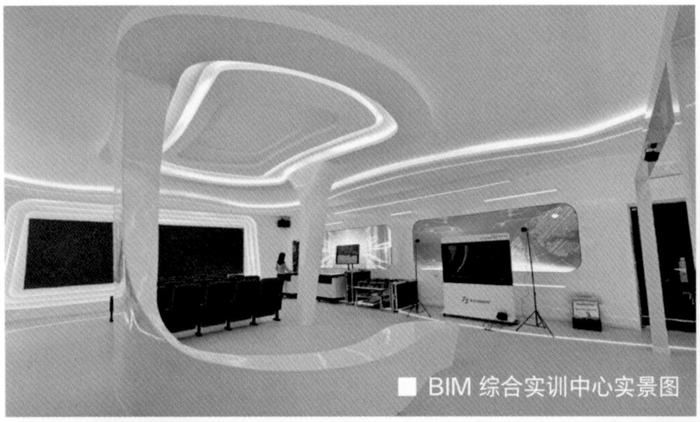
■ BIM 综合实训中心实景图

■ 施耐德电气技术实训室实景图

■ 茶艺实训室实景图

■ 智能家居样板实训室实景图

项目进展及未来展望

学校按照“统一规划、分期建设、分步实施”的建设原则，截止目前，学校已经完成总建设量的 85% 左右，校园规划贯彻学院“以服务为宗旨，以就业为导向，走产学研结合发展道路”的办学指导思想，充分展现了学校办学的特色，学院建设是以面向世界的现代化大学为建设目标，在建筑设计中充分考虑了“水院”的特点，结合贵州当地的特点，以绿色人文为辅助手段，努力将贵州水利水电职业技术学院打造成为全国一流的水利类院校示范校园。

保山中医药高等专科学校新校区规划设计

PLANNING OF NEW CAMPUS OF BAOSHAN COLLEGE OF TRADITIONAL CHINESE MEDICINE

云南省设计院集团第三建筑设计研究院

项目简介

保山中医药高等专科学校创建于1965年6月，前身是国家级重点中专——保山卫生学校，2006年2月经教育部批准升格为云南省唯一一所中医药学科特色鲜明、中西医专业协调发展的公办全日制普通高等专科学校。学校新校区位于云南省保山市青阳片区职业教育园区内，学校于2017年3月投入使用，校园总占地面积544亩，建筑面积17.7万m^2，总投资约10亿。学校现有各类在校生11000余人，其中普专生5928人、五年制高职专科生2360人、成人学历教育学生3408人，印度尼西亚留学生1人。

学校2011年通过高职院校人才培养工作评估；2014年通过公共体育课程教学评估；2016年通过特色评估；2017年通过思想政治理论课建设评估、特色骨干高职院校验收和临床教学基地评估；2018年学校被遴选为云南省职业院校管理水平提升行动计划示范建设单位；2019年学校成功入选全国首批1+X证书制度试点院校。多年的办学历程中形成了“注重实践能力，贴近职业岗位，面向基层，辐射周边，专业教育与中国传统文化相融合”的办学特色。建校以来，已培养了各类医疗卫生技术人才3万余人，为边疆少数民族地区经济社会发展、医疗卫生事业改革和全民健康做出了重要贡献。

项目概况

项目名称：保山中医药高等专科学校新校区规划设计

建设地点：云南省保山市中心城市青阳片区职业教育园区

设计/建成：2014年/2020年

用地面积：36.27公顷

建筑面积：17.7万m^2

地上17.33万m^2，地下0.39万m^2

建筑密度：22.75%

容积率：0.63

在校生总规模：11000人

教职工规模：283人

建设单位：山中医药高等专科学校

设计单位：云南省设计院集团第三建筑设计研究院

设计师：董鬼、李能浩

■ 鸟瞰图

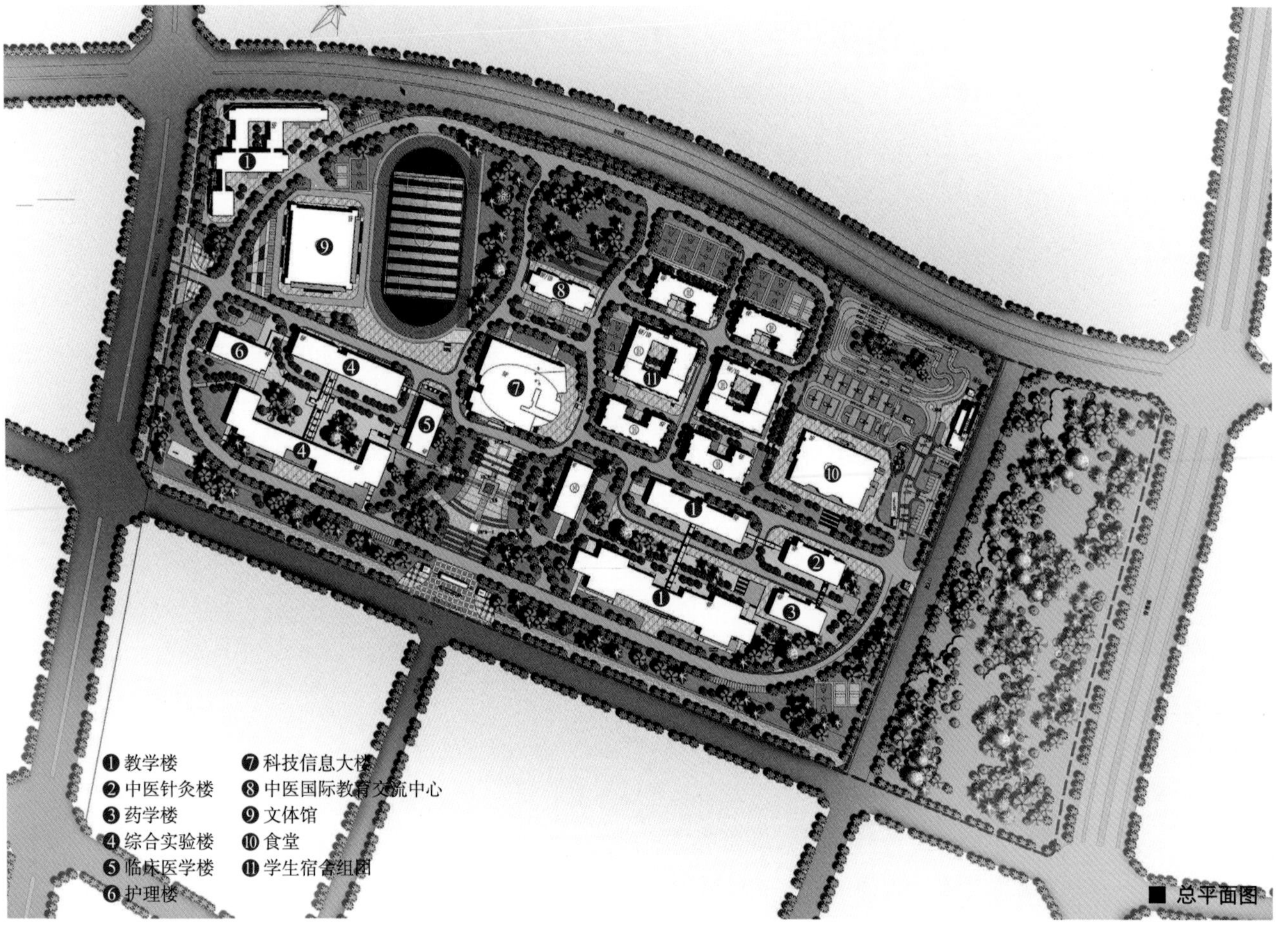

❶ 教学楼
❷ 中医针灸楼
❸ 药学楼
❹ 综合实验楼
❺ 临床医学楼
❻ 护理楼
❼ 科技信息大楼
❽ 中医国际教育交流中心
❾ 文体馆
❿ 食堂
⓫ 学生宿舍组团

■ 总平面图

图书馆

■ 校区入口

项目亮点

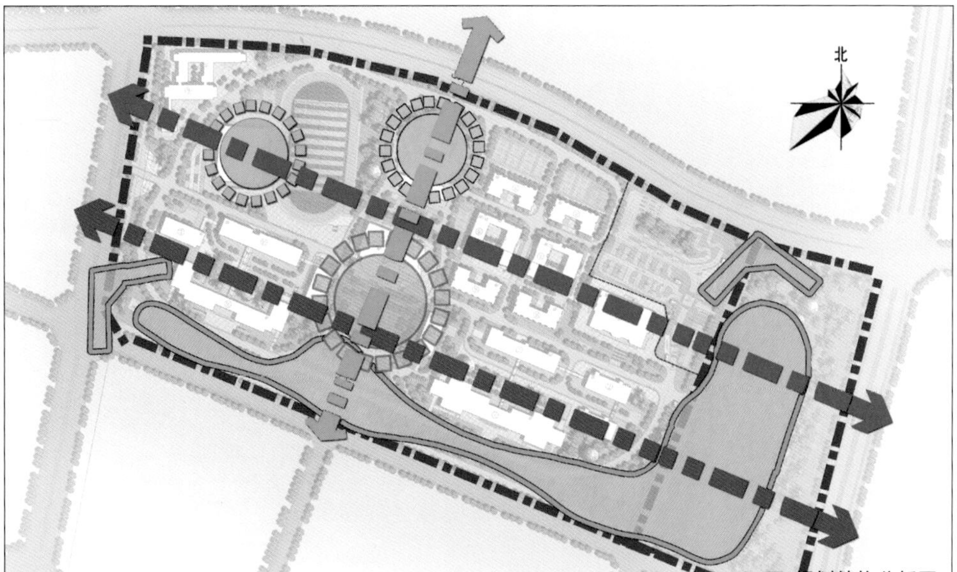
北
■ 规划结构分析图

规划结构

完善学校功能，提升学校形象，展现学校风貌，校园规划采取规整式布局与自由式布局相结合的方式，充分解读场地的基础元素，形成“三核、一带、三轴”的校园空间格局。

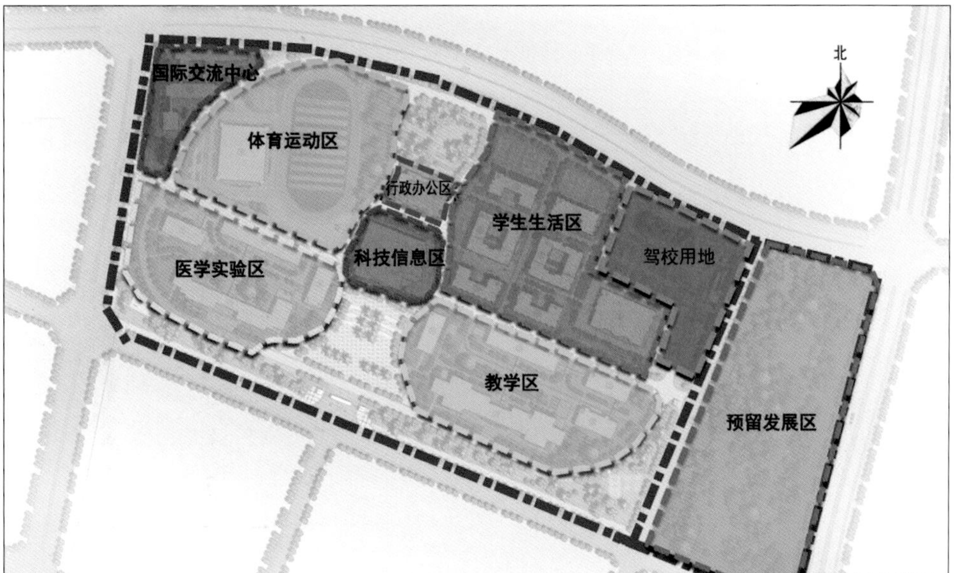
北
国际交流中心
体育运动区
行政办公区
学生生活区
科技信息区
医学实验区
驾校用地
教学区
预留发展区
■ 功能分区分析图

功能分区

校园建设应当突破学科领域的限制，加强不同学科、不同领域教学建筑之间的联系，创造更多的可以融汇不同学科领域知识的交往空间。校园规划中应完善专业教学、医学实验实训功能、景观绿化等功能。

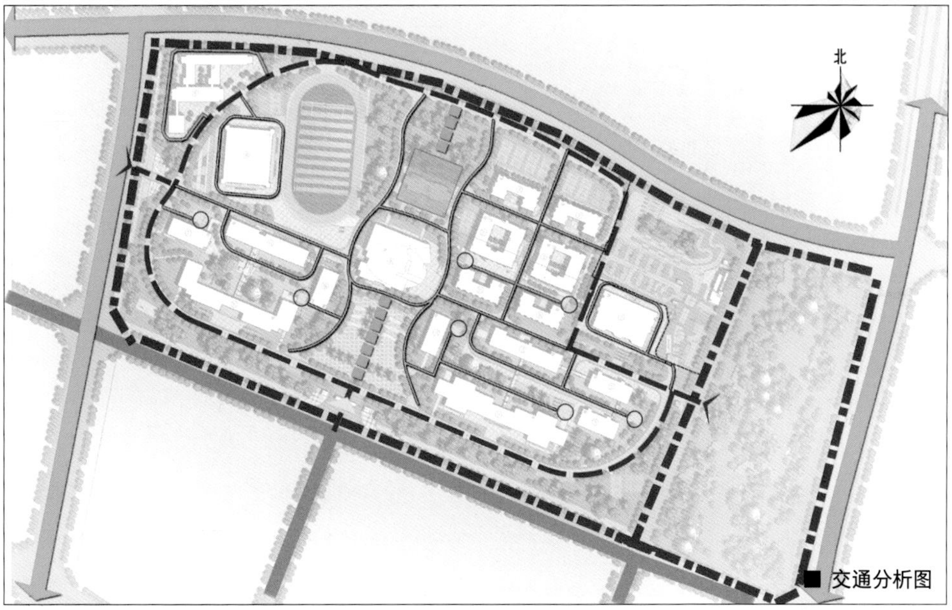
北
■ 交通分析图

交通设计

合理组织机动车交通与步行交通，尽量做到人车分流。强调交通组织以人为本、以步行为本。

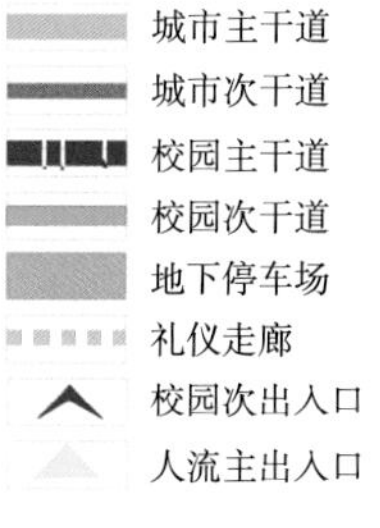
城市主干道
城市次干道
校园主干道
校园次干道
地下停车场
礼仪走廊
校园次出入口
人流主出入口

■ 公共教学区实景

规划思想

校园是人才培养的基地，是科技创新的场所，应当体现出以人为本的规划思想。布局科学合理、功能完备适用、高职教育特色鲜明，建筑规格适度超前。建成后的校区应成为一所现代化、信息化、生态化、地域化、园林化、文化气息浓郁、可持续发展的新型校园。

（1）现代化校园

医学教育的培养目标是面向服务第一线的技术应用型人才，集教育性和职业性为一身。规划应当把握医学教育发展趋势，顺应医学教育教与学紧密结合的特征。校园的规划、建筑和设施，要适度超前，体现出一定的前瞻性，符合新世纪医学教育的理念，跟上现代教育技术的发展趋势。通过现代先进的设计理念、先进的功能配置以及现代先进材料的运用，体现出时代的特色。融合中外现代校园建设的成功经验，全面体现出现代校园建设的美观性、适用性和经济性。

（2）信息化校园

规划以所处时代特征为指导：总体布局采用有利于学科交叉、资源共享的细胞模式系统化布局。以整体集中，个体独立的方式，既满足学科交叉、高效便捷的要求，又满足各局部功能相对独立的要求。

（3）生态化校园

以生态环保意识为指导，人与自然共存。充分利用现有地形、地貌、沟渠、营造高雅、有文化氛围、有活力的校园环境，并在单体布局中，尽可能满足节能通风和环保的要求。充分利用基地现有自然条件，因地制宜，人工建筑与自然环境相融合，突出建筑群布置的层次感，同时加强校园环境景观的配套设计，体现校园花园化、生态化。

（4）地域化校园

作为教书育人和科技创新的基地，学校应具有自身的文化氛围，并体现出学校“创新、创效、创业、创造”的“四创”校训思想和全国一流高职院校的特征。

（5）园林化校园

以规划、景观、建筑三位一体的整体化校园设计为目标，在外部空间的设计中，从整个校园生态环境到单体建筑内部，营造多层次的园林空间，立足于提高修养、陶冶情操，起到“环境育人”的作用。以高起点的环境艺术及景观设计营造个性化的学院环境氛围，加强校园环境的整体性。

（6）可持续发展的校园

校园的可持续发展除了生态环境方面的考虑，还体现在不用尽现有资源，为将来发展留有余地。采用动态发展规划，制定利于扩展、具有弹性的校园总体规划，不仅考虑分期建设的可行性，做到近远期结合，而且注重节约用地，给远期发展留有余地，实现校园建设的可持续发展。

规划结构

三核——校园文化核心、体育运动核心、入口景观核心。

校园文化核心：位于校园中部，由教学楼、图书馆（科技信息大楼）、实验楼等建筑，配以学校名人广场、五行文化广场、学校林荫大道，环境小品，并遍植葱郁的树木，形成文化气息浓厚，自然环境优美的校园文化核心区，是师生交流与文化传播的主要场所。

体育运动核心：位于校园西北部，结合梯田式的台地绿化营造一个体育公园，由一个多功能文体馆和若干球类场地等组成，作为校园的体育中心，相对独立，结合绿化梯田布置天然的看台，形成富有特色的运动休闲场所，便于学生日后开展体育活动。

入口景观核心：位于校园中南部，以一系列广场和景观形成具有标志性、序列感的入口空间，成为校园的礼仪走廊，入口景观核心区。

一带——贯穿校园东西向的生态景观绿带。

三轴——校园文化主轴、校园文化次轴、校园景观次轴。

校园文化主轴：位于校园南部，由校园东南侧的教学楼，经试验楼群，以校园西入口为结束节点设置校园文化主轴线，中央绿地、自然谷，贯穿校园南部东西向的校园文化轴。

校园文化次轴：位于校园北部，由校园东北侧经学生食堂、学生活动中心、学生公寓、礼仪走廊、体育场及风雨操场，以中医药国际教育交流中心为结束设置校园文化次轴，展示校园的生活及学习氛围，体现校园文化的丰富性。

校园景观次轴：连接校园南北向出入口的景观走廊，以南部校园主出入口为景观起点，经校园礼仪走廊，穿越标志性建筑科技信息大楼，布置山地景观及植物，以校园人流出入口为结束，形成校园主要景观轴线。

圖書館
■ 科技信息大楼

■ 护理楼实景

考虑到医学实验实训的专业需求，结合地形地貌，将医学实验区布置于用地东南区域。医学实验区主要由护理楼、临床医学楼、综合实验楼组成。紧邻教学区布置与教学区紧密联系但又相对独立。目前，校园综合实验实训区尚未建设完成。在新校区规划设计中，学校结合“一带一路”倡议的实施，充分挖掘、总结50多年的办学经验、文化积淀、社会声誉，经不断探索实践，反复酝酿，最终形成了“一室一谷三馆六中心”为主的校内实验实训平台。一室：中医综合实训室；一谷：中药谷；三馆：中药标本馆、人体生命科学馆、高黎贡山民族医药陈列馆；六中心：基础医学实验中心、针推技能实训中心、护理技能实训中心、临床技能实训中心、中药实验中心、检验技能实训中心。

“三型四化”人才培养实训体系

以“三型四化”人才培养实训体系建设为抓手，彰显学校“注重实践能力，贴近职业岗位，面向基层，辐射周边，专业教育与中国传统文化相融合”的办学特色，积极探索适应经济发展方式转变和产业结构调整要求，面向基层，校内外联动、校企合作，通过打造仿真车间、模拟医院、六大实训中心，构建“三型四化”人才培养实训体系，培养出职业素质高、专业技能强、动手能力强的“实用、好用、能用”人才。

一是立足实际，构建人才培养实训标准。“三型”人才标准即：基层型人才去向为县级医院、社区卫生服务中心、乡镇卫生院、村卫生室等，服务面向基层；复合型可在医学领域的多个岗位开展服务工作的一专多能人才；技能型注重学生实际应用能力，可运用所学技能熟练开展医疗服务。“四化”人才培养要求即：职业化，在教学过程中，与必须的、对口的职业资格证书相对接、对应；一体化，借助校内实验实训平台，强调理实一体化，教、学、做、用一体化；标准化，合理制定人才培养方案，参照临床一线操作要求进行教学、技能训练，统一标准；规范化，管理规范化、实验实训规范化、培训规范化。

二是立足优势，夯实实训平台基础。教学标准对接职业标准，建成具备生产胶囊剂、片剂、颗粒剂等剂型的教学实训室和达到中小试剂生产要求的药物制剂仿真车间；参照医院的布局设置打造临床、护理实训、基础医学仿真实训为一体的模拟医院；产教融合，对接岗位需求，建设现代生命科学、公共卫生与传统医学有机融合六大实训中心。

三是立足本土，彰显社会服务功能。充分利用地理优势，整合高黎贡山中草药资源，加大科技创新和成果转换力度，建成滇西中草药研究所、省级科学普及教育基地，加强中草药种苗繁育研究和人工种植技术示范推广，开放共享大型科学仪器设备，面向社会宣传普及中医药传统文化和科学知识，提高服务地方经济社会能力。

■ 杏林楼

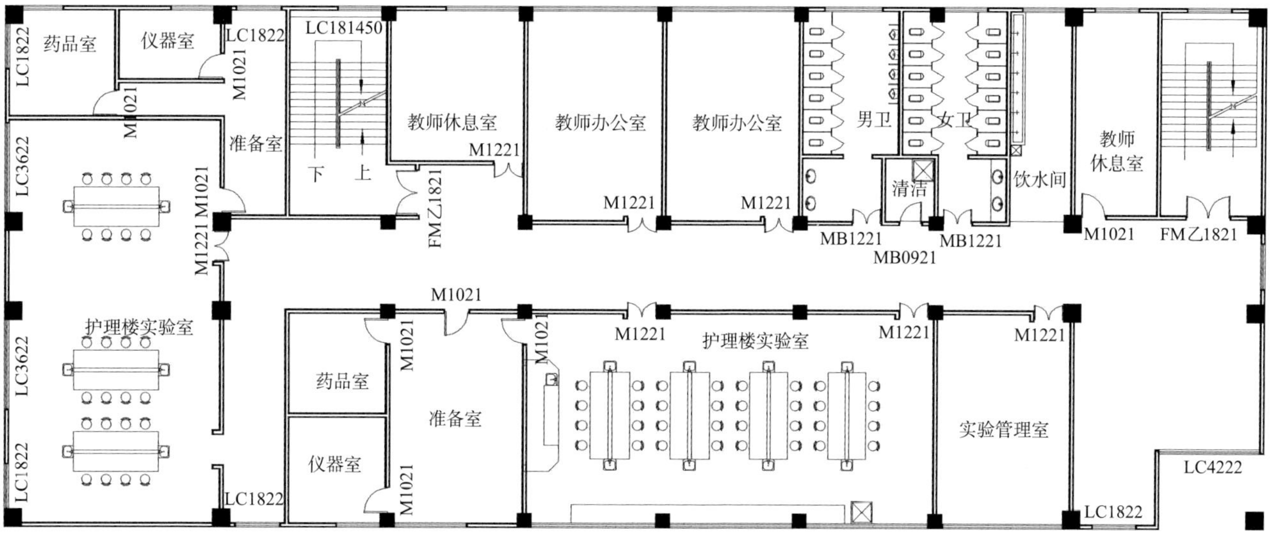

药品室
仪器室
LC1822
LC181450
M1021
准备室
下
上
教师休息室
M1221
FM乙1821
教师办公室
教师办公室
男卫
女卫
清洁
饮水间
教师
休息室
MB1221
MB0921
MB1221
M1021
FM乙1821
LC3622
M1221
护理楼实验室
LC3622
LC1822
LC1822
M1021
药品室
准备室
仪器室
护理楼实验室
实验管理室
LC4222
LC1822

■ 护理楼平面图

中药谷位于保山中医专新校区南大门东西两侧，总占地面积80亩，总投资约2000万元，是集风景园林、教学实践、科普教育、中医药文化教育及实训基地于一体的保山药用植物园科普示范基地项目。项目于2014年启动，2019年建设完成，主要承担学校中医药专业实践教学、中医药文化熏陶、珍稀濒危药用植物保护、药用植物科学研究、对外交流与合作、服务地方经济建设等方面的职能职责。

保山中医专中药谷是滇西面积最大、品种最多的药用植物园，主要由药用植物乔木、灌木、草本、水生植物、阴生植物组成。为方便教学，学校将园内所有药用植物进行数字化标签管理，学生利用手机扫一扫，即可了解每一棵药用植物的药名、学名、科名、药用部位、功效等信息。园内常年配备3名专业技术人员作为实训指导教师，一次可提供100余人进行药用原植物识别、鉴定、药用植物引种、栽培、管理等实训，是药用植物学、中药学、中药鉴定技术、药用植物栽培技术等课程的天然实践课堂，是培养中医药技能型实用人才的教学实习基地。

保山中医专中药谷，先后申报“保山市特色药用植物栽培技术研究项目”和“保山药用植物园科普示范基地建设项目”，是全市乃至云南药用植物爱好者参观学习的理想场所。

■ 中药谷

泌尿系统
■ 人体生命科学馆

■ 中药标本馆

■ 中药炮制车间

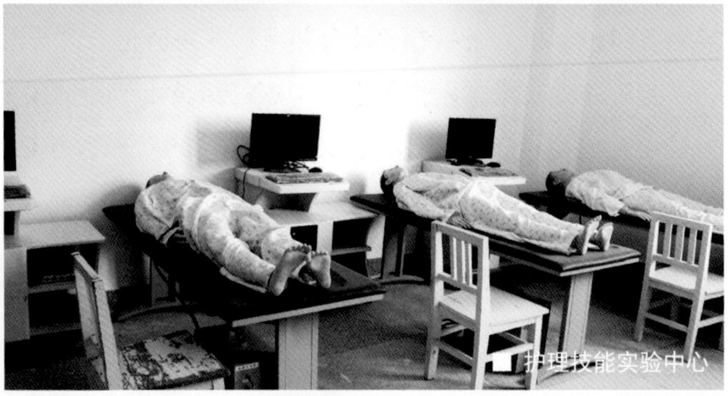
■ 护理技能实验中心

■ 中药谷科普教学

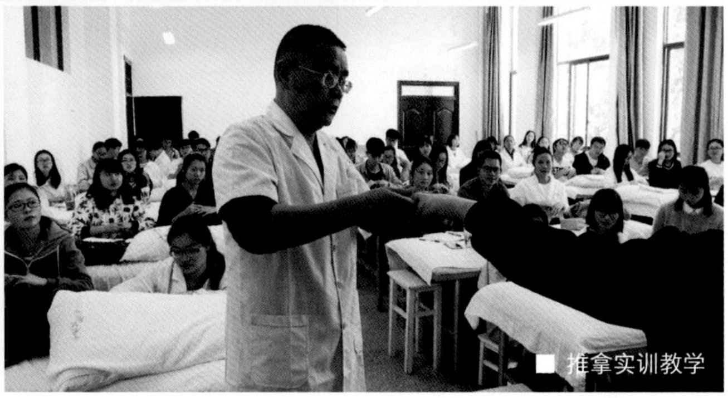
■ 推拿实训教学

项目进展及未来展望

项目于2014年正式开工建设，目前已基本建设完成。项目投入使用后，学校实验实训教学质量明显提高，学校人才培养、特色专业建设、科学研究和社会服务等方面成效显著，为滇西乃至云南的中医药事业的发展和全民健康做出了重要贡献。针灸推拿、中医学、中药学专业3个专业被列为国家《高等职业教育创新发展行动计划（2015—2018年）》骨干专业项目，2019年，学校被确定为国家中医类别医师资格考试实践技能考试基地。

项目建成后，学校通过选派科技人才服务企业、三下乡公益活动、举办中医培训班、承接中医医师资格考试、对外开放中医药传统文化科普等丰富多彩的形式，积极开展社会服务工作。2018年以来，累计开展社会服务100余次；培训农村专业合作社、药材加工等人员1000余人次；为滇西培养了8批次共876名乡村医生，培训和鉴定中级保健按摩师3000余人、医药商品购销员2000余人；接待周边国家及省内外各类交流人员2800余人次。

2018年学校招生规模在云南省医药类高职高专中已凸显主要优势，率先开办的云南省医药类高职高专中首个养老服务与管理专业，2018届年初就业率已达100%，已为保山市、丽江市、迪庆州、临沧市、怒江州、普洱市等州市培育各级各类卫生技术人员近3000人。建校以来，已为云南培养各类医疗卫生技术人才3万余人，为边疆少数民族地区经济社会发展、医疗卫生事业改革和全民健康做出了重要贡献。

（供稿：保山中医药高等专科学校党委宣传部李华、洪雪婷）

宝鸡职业技术学院规划设计

PLANNING OF BAOJI VOCATIONAL & TECHNICAL COLLEGE

浙江大学建筑设计研究院有限公司

项目简介

宝鸡职业技术学院是经陕西省人民政府批准，由凤翔师范学校、宝鸡师范学校、宝鸡市工业学校、宝鸡市卫生学校、宝鸡市中医学校宝鸡市财经学校六所中专学校合并组建的一所全日制普通高等学校。

宝鸡职业技术学院位于宝鸡国家高新技术产业开发区。北临渭水，南倚秦岭，自然条件优越。具体位置在渭滨区八渔镇淡家村地区，西宝南线以北，渭河以南，规划的城市南北向道路以东。

根据宝鸡职业技术学院目前办学规模及远景规划，学院新校区建设规模为综合大学全日制在校生 15000 人。占地面积 1207 亩（含代征道路 202 亩），东西向高新大道将学校分成南、北两校区。南校区建设用地 684 亩，北校区建设用地 321 亩。校区总体规划分为家属生活区、对外交流服务区和教学校区三区域。项目建设一次规划，分期实施。

项目概况

项目名称：宝鸡职业技术学院规划设计
建设地点：宝鸡国家高新技术产业开发区
设计 / 建成：2010 年 /2014 年
用地面积：80.47 万 m^2
规划建设用地面积：67.00 万 m^2
建筑面积：70 万 m^2
建筑密度：19.8%
容积率：1.04
绿化率：40.8%
在校生总体规模：15000 人
建设单位：宝鸡职业技术学院
设计单位：浙江大学建筑设计研究院有限公司
主创设计师：殷农、王健
合作设计师：吴雅萍、高蔚、高峻、林涛、龙涛、任华时、顾灵、连铭、张智勇、霍飞、张翩翩、黄宇文

■ 鸟瞰图

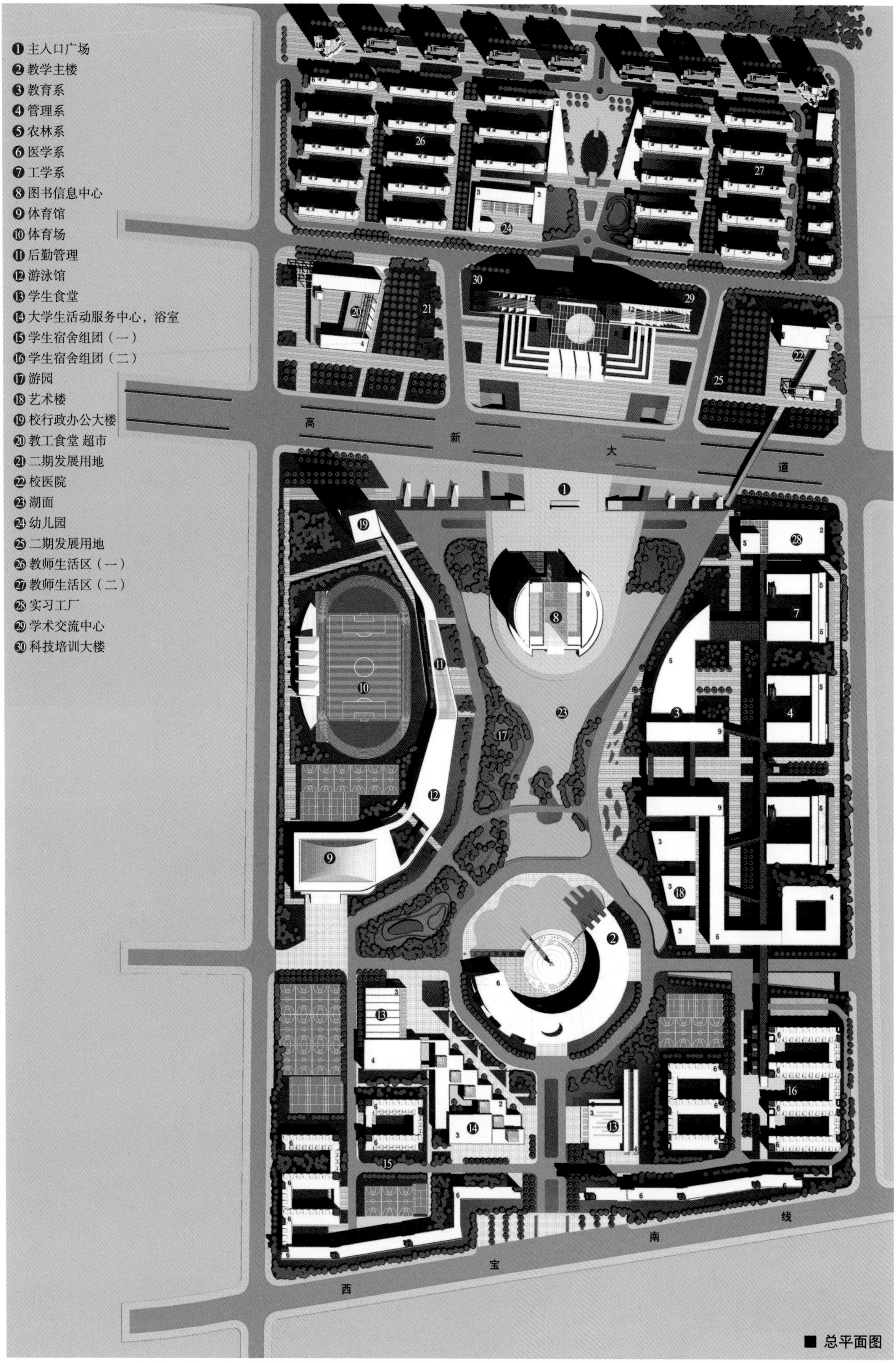
❶主入口广场
❷教学主楼
❸教育系
❹管理系
❺农林系
❻医学系
❼工学系
❽图书信息中心
❾体育馆
❿体育场
⓫后勤管理
⓬游泳馆
⓭学生食堂
⓮大学生活动服务中心，浴室
⓯学生宿舍组团（一）
⓰学生宿舍组团（二）
⓱游园
⓲艺术楼
⓳校行政办公大楼
⓴教工食堂 超市
㉑二期发展用地
㉒校医院
㉓湖面
㉔幼儿园
㉕二期发展用地
㉖教师生活区（一）
㉗教师生活区（二）
㉘实习工厂
㉙学术交流中心
㉚科技培训大楼
高新大道
西宝南线
■ 总平面图

渭 河
总平面图
教室生活区
核心绿地
对外服务区
体育文化区
学院实验区
学生宿舍区
入口广场
行政办公区
对外交流中心
图书信息中心

■ 功能分区分析图

项目亮点

规划布局

三层区域结构由秦岭至渭河依次展开：

（1）校园区域以核心绿地作为校园空间的组织核心，将学院实验区、文化体育区、教学中心、宿舍及后勤生活服务设施设置到其周边。

（2）城市区域强调开放性，沿高新大道设置城市广场、校前广场、水景喷泉和绿化开放空间。

（3）生活区域以渭河及河滨生态公园为依托，以社区中心花园为核心分为东西两个区域。

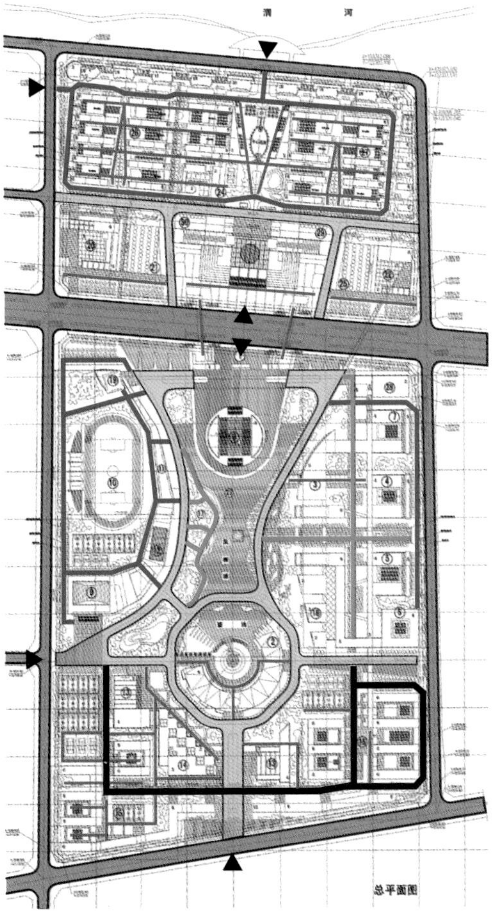
渭 河
总平面图
城市道路
校园主车道
校园次车道
校园小车道
景观人行道
人行道
校园入口

■ 交通规划分析图

交通系统

南部主校区设置四个出入口。南入口为学生生活区入口；北入口临高新大道，为校园主入口；西侧入口为后勤与体育休闲区服务；东入口与学校未来发展预留入口。

北部为教工生活区，考虑封闭式管理，设三个出入口。南北两侧入口位于景观轴线上，与中心绿地相对；西侧为交通辅助入口。

南部主校区采用双环机动交通，连通各入口及功能区块。干道采用一块板式设计，以适应大学校园钟摆式交通特点，提高道路使用效率。

步行交通系统的设置充分考虑人性原则，在教学区、体育区设置大面积步行广场。具体道路中设置“近路”。

项目亮点

海纳百川，交融共享

六校合并的宝鸡职业技术学院是一所学科配置齐全、学生众多的综合性高校。它应该有海一样的包容，为师生提供丰富多样的不同性质的空间场所。

人文化

学校——是人才摇篮，强调人的因素。

地方传统文化——宝鸡是周秦文化的发祥地，汲取地方文化，将“山、水、塬、林”作为设计的主题。

人文尺度的建立——75m 的人文尺作为校园空间构架的模数，对学校空间人文性确立了构架基础。

生态化

秦岭、渭河、北塬、城市生态绿地；以绿为核，引水入园，构筑校园、校园建筑本身的绿色设计，节能减废。

开放性

面向社会，强调开放性是高校的现代职能。

■ 校区公共教育中心

■ 实训学科组团鸟瞰

后　记
POSTSCRIPT

随着改革开放的不断深入，科教兴国战略的实施，我国教育事业蓬勃发展，校园面貌也焕然一新，拥有了大量高品质校园，校园已成为文化传承、价值熏陶、研究创新、人才培养的重要基地。

走进新时代，担当新使命，我们呼吁学校管理者、校园建设者、设计师们在校园的规划建设中，扎根中国大地，传承创新优秀文化，紧紧围绕学校发展定位、事业发展规划、人才培养和办学需求，树立与先进办学理念有机融合的科学规划建设理念，注重多规合一，采用最新绿色规划建设标准，积极运用建筑信息模型、人工智能、装配式、再生循环材料等新技术、新工艺、新材料，创造出以绿色校园为基础，以美的教育为灵魂，以环境育人为功用，充分体现低碳节能、安全洁净、宜学宜教、绿化美化等特点的新校园，为教育事业持续健康发展提供办学条件保障，推动学校形态的深刻变革，加快一流大学和一流学科建设，实现教育内涵式发展。

为深入贯彻落实党的十九大及全国教育大会精神，推进职业教育内涵式发展，展现高职院校校园建设，教育部学校规划建设发展中心组织有关单位，对高职院校校园与建筑进行专题研究，精心遴选优秀案例，内容涵盖了项目的基本概况、设计理念、规划特色、新技术运用、运营维护及获得的经济、社会、环境效益等方面，同时配有设计图、实景照片等可视化信息，力求提升图集的示范价值和实际效用，希望能给予教育工作者一定的启迪，能为学校建设提供有益借鉴，引领新时代校园规划的新方向。

中国职业技术教育学会会长、教育部原副部长鲁昕为本图集作序，各高校建设者、中国绿色校园设计联盟及有关设计院、设计师为图集提供了详实和丰富的资料，教育部学校规划建设发展中心何奇同志全程参与了图集的征稿、校对、联络等工作，谨在此表示衷心感谢！

教育部学校规划建设发展中心